T0254045

Regenerative Energietechnik

Gerhard Reich • Marcus Reppich

Regenerative Energietechnik

Überblick über ausgewählte Technologien
zur nachhaltigen Energieversorgung

2. Auflage

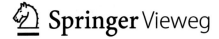

Gerhard Reich
Fakultät für Maschinenbau
und Verfahrenstechnik
Hochschule Augsburg
Augsburg, Deutschland

Marcus Reppich
Fakultät für Maschinenbau
und Verfahrenstechnik
Hochschule Augsburg
Augsburg, Deutschland

ISBN 978-3-658-20607-9   ISBN 978-3-658-20608-6 (eBook)
https://doi.org/10.1007/978-3-658-20608-6

Die Deutsche Nationalbibliothek verzeichnet diese Publikation in der Deutschen Nationalbibliografie;
detaillierte bibliografische Daten sind im Internet über http://dnb.d-nb.de abrufbar.

Springer Vieweg
© Springer Fachmedien Wiesbaden GmbH 2013, 2018
Das Werk einschließlich aller seiner Teile ist urheberrechtlich geschützt. Jede Verwertung, die nicht ausdrücklich
vom Urheberrechtsgesetz zugelassen ist, bedarf der vorherigen Zustimmung des Verlags. Das gilt insbesondere für
Vervielfältigungen, Bearbeitungen, Übersetzungen, Mikroverfilmungen und die Einspeicherung und Verarbeitung
in elektronischen Systemen.
Die Wiedergabe von Gebrauchsnamen, Handelsnamen, Warenbezeichnungen usw. in diesem Werk berechtigt
auch ohne besondere Kennzeichnung nicht zu der Annahme, dass solche Namen im Sinne der Warenzeichen- und
Markenschutz-Gesetzgebung als frei zu betrachten wären und daher von jedermann benutzt werden dürften.
Der Verlag, die Autoren und die Herausgeber gehen davon aus, dass die Angaben und Informationen in diesem
Werk zum Zeitpunkt der Veröffentlichung vollständig und korrekt sind. Weder der Verlag noch die Autoren oder
die Herausgeber übernehmen, ausdrücklich oder implizit, Gewähr für den Inhalt des Werkes, etwaige Fehler oder
Äußerungen. Der Verlag bleibt im Hinblick auf geografische Zuordnungen und Gebietsbezeichnungen in
veröffentlichten Karten und Institutionsadressen neutral.

Lektorat: Dr. Daniel Fröhlich

Gedruckt auf säurefreiem und chlorfrei gebleichtem Papier

Springer Vieweg ist ein Imprint der eingetragenen Gesellschaft Springer Fachmedien Wiesbaden GmbH und
ist Teil von Springer Nature
Die Anschrift der Gesellschaft ist: Abraham-Lincoln-Str. 46, 65189 Wiesbaden, Germany

Vorwort

Die Herausforderungen des 21. Jahrhunderts bestehen in der Versorgung einer stetig wachsenden Weltbevölkerung mit Nahrungsmitteln, Trinkwasser und Energie in ausreichender Menge und Qualität. Nach Aussagen des führenden amerikanischen Systemanalytikers und Ökonomen Dennis L. Meadows ist die Tragfähigkeit unseres Planeten seit den 80er-Jahren des vergangenen Jahrhunderts erschöpft. Demnach übersteigen die gegenwärtigen Konsumbedürfnisse der Menschheit die verfügbaren natürlichen Ressourcen der Erde um etwa 30 Prozent. Der in den Industrieländern erreichte Wohlstand war und ist mit einer beispiellosen Inanspruchnahme und Zerstörung der natürlichen Umwelt sowie Ausbeutung von Rohstoffen verknüpft. Aufgrund der dynamischen wirtschaftlichen Entwicklung in den Schwellenländern steigt der Bedarf an immer knapperen Ressourcen in den kommenden Jahren enorm an. Zur Gewährleistung der Existenzgrundlagen nachfolgender Generationen müssen die anthropogenen Einflüsse auf das Klima drastisch begrenzt werden. Die klima- und umweltverträgliche Energieversorgung der Zukunft erfordert daher nachhaltige, innovative Konzepte auf Grundlage kohlenstoffarmer Technologien.

Das vorliegende Lehrbuch entstand auf Grundlage der Lehrveranstaltung „Regenerative Energietechnik", die wir seit mehr als zehn Jahren an der Hochschule Augsburg in Bachelorstudiengängen anbieten, sowie der Lehrveranstaltung „Energieverfahrenstechnik" im Masterstudiengang Umwelt- und Verfahrenstechnik. Mit diesem Buch möchten wir der wachsenden Bedeutung der regenerativen Energiequellen bei der Schaffung einer nachhaltigen Energieversorgung Rechnung tragen und einen Beitrag zur ganzheitlichen Betrachtung verschiedener Energieumwandlungsverfahren leisten. Neben der Darstellung physikalischer und technischer Grundlagen ausgewählter ressourcen- und umweltschonender Energietechniken werden deshalb auch wirtschaftliche und ökologische Aspekte berücksichtigt.

Das Lehrbuch wendet sich vorrangig an Studierende ingenieurtechnischer Studiengänge an Hochschulen und Universitäten. Es vermittelt neben technologischen Grundlagen auch elementare Kenntnisse zur Bewertung regenerativer und konventioneller Energieumwandlungstechnologien. Darüber hinaus bietet das Buch Studierenden wirtschaftswissenschaftlicher Studiengänge sowie in der Praxis tätigen Ingenieuren eine fundierte, gleichzeitig aber mühelos erfassbare Einführung in Nutzungsmöglichkeiten erneuerbarer Energiequellen. Zur Erleichterung des Verständnisses wird auf die Herleitung komplexer physikalischer und mathematischer Zusammenhänge weitgehend verzichtet; stattdessen wurden anwendungsfreundliche Berechnungsmethoden berücksichtigt.

Ausgehend von der gegenwärtigen Situation der globalen Energieversorgung, die im Wesentlichen auf der Verbrennung kohlenstoffintensiver fossiler Energieträger beruht, wird die Notwendigkeit abgeleitet, regenerative Energiequellen in zunehmendem Maße zu nutzen. Eine nachhaltige Energieversorgung muss gesellschaftliche, wirtschaftliche und ökologische Anforderungen gleichermaßen erfüllen. Der Einsatz regenerativer Energiequellen ist neben konventionellen Kraftwerkstechnologien unverzichtbarer Bestandteil einer nachhaltigen Energiewirtschaft. In Deutschland stellen der beschlossene Verzicht der Nutzung der Kernenergie bis zum Jahr 2022 sowie die gesteckten ehrgeizigen Ziele des dynamischen und gleichzeitig kosteneffizienten Ausbaus erneuerbarer Energien Politik, Gesellschaft und Wirtschaft vor völlig neuartige Herausforderungen. Im Lehrbuch werden Kriterien eingeführt, die den technischen, wirtschaftlichen und ökologischen Vergleich verschiedener Technologien zur Energieumwandlung ermöglichen. Am Beispiel ausgewählter regenerativer Energiequellen werden physikalische und technische Grundlagen der Funktionsweise der zugehörigen Umwandlungsanlagen erläutert. Hierbei ging es uns keineswegs um eine vollständige Beschreibung möglichst vieler verfügbarer erneuerbarer Energiequellen, da Lehr- und Fachbücher auf diesem Gebiet außerordentlich zahlreich zur Verfügung stehen. Der Schwerpunkt wurde vielmehr auf diejenigen Technologien gesetzt, die weltweit derzeit den größten Zuwachs erfahren bzw. zukünftig erwarten lassen – die Nutzung der Windkraft und die Nutzung der Solarstrahlung. Darüber hinaus werden Funktion, Aufbau und Einsatz von Brennstoffzellen behandelt, die ein großes Potenzial für die dezentrale stationäre Energieversorgung sowie für mobile Anwendungen bieten.

Das Lehrbuch wird durch praxisnahe Berechnungsbeispiele ergänzt, deren Lösungswege nachvollziehbar dargestellt werden.

Unser herzlicher Dank gilt dem Verlag Springer Vieweg, insbesondere Kerstin Hoffmann, Ulrich Sandten, Ralf Harms sowie Dr. Daniel Fröhlich, für die Inspiration zu diesem Lehrbuch, die Unterstützung und die Geduld bei der Erstellung des Manuskriptes sowie die angenehme Zusammenarbeit. Weiterhin bedanken wir uns bei Kathrin Binder für die Recherche zu solarthermischen Kraftwerken und für die Erstellung der zugehörigen Grafiken. Für Hinweise und Anregungen zur Verbesserung dieses Buches sind Autoren und Verlag stets dankbar.

Augsburg   Gerhard Reich
Juni 2013   Marcus Reppich

Vorwort zur 2. Auflage

Die trotz zahlreicher Lehrbücher auf dem Gebiet der Regenerativen Energietechnik erfreuliche Resonanz auf die erste Auflage dieses Lehrbuchs, insbesondere aber die dynamische technologische Entwicklung der Nutzung erneuerbarer Energiequellen in den vergangenen Jahren unter veränderten wirtschaftlichen und energiepolitischen Randbedingungen haben uns bewogen, eine überarbeitete und erweiterte zweite Auflage vorzulegen. Hierbei wurden auch Fehler der ersten Auflage berichtigt. Für alle eingegangenen Hinweise und Ratschläge bedanken wir uns herzlich.

Die erweiterte Auflage beinhaltet nun auch die Erzeugung und die Speicherung von Wasserstoff. In Kap. 3 werden die neuesten solarthermischen Kraftwerke vorgestellt, in Kap. 5 wurden neueste Anwendungsbeispiele von Brennstoffzellen ergänzt.

Wir hoffen, dass die Neubearbeitung wiederum zahlreiche Leserinnen und Leser findet und zahlreiche Studierende im Studium der Regenerativen Energietechnik begleitet. Dem Verlag Springer Vieweg, vor allem Dr. Daniel Fröhlich, danken wir für die hervorragende Zusammenarbeit. Ihren kritischen Anregungen zur weiteren Verbesserung dieses Buches sehen wir interessiert entgegen.

Augsburg
Oktober 2017

Gerhard Reich
Marcus Reppich

Inhaltsverzeichnis

Formelzeichen

Formelzeichen	Erläuterung	Einheit
A	charakteristische Anlagengröße (z. B. elektrische Leistung)	kW
A	durch- bzw. angeströmte Fläche	m^2
A	Querschnittsfläche des Rotors einer Windkraftanlage, überstrichene Fläche	m^2
A	Konstante der Tafel-Gleichung, Gl. 5.63	V
A_K	Kollektorfläche	m^2
A_P	Profilfläche	m^2
A_R	projizierte Profilfläche	m^2
a	Annuität, Amortisationsfaktor	1/a
a	standortabhängiger Skalierungsparameter in der Weibull-Verteilung	m/s
a_i	Aktivität	–
b_P	Profilbreite	m
Bft	Windgeschwindigkeit nach der Beaufort-Skala	–
BIP	Bruttoinlandsprodukt	€
BSP	Bruttosozialprodukt (auch Bruttonationaleinkommen)	€
C_1, C_2	Konstanten, Gl. 5.76	–
C_1	von der Anlagengröße unabhängige Fixkosten	€
C_2	Koeffizient zur Bestimmung der Investitionskosten, Gl. 2.20	€
C_3	Investitionskosten für Speichersysteme	€
C_B	jährliche Betriebs- und Wartungskosten	€/a
C_{EK}	jährliche Kosten für Primärenergieträger	€/a
C_{ges}	jährliche Gesamtkosten	€/a
C_K	jährliche Investitionskosten	€/a
C_p	molare Wärmekapazität bei konstantem Druck	J/(mol K)
C_S	jährliche Steuern oder Subventionen	€/a

c	Lichtgeschwindigkeit	m/s
c_A	Auftriebsbeiwert	–
c_M	Momentenbeiwert	–
c_P	spezifische Wärmekapazität bei konstantem Druck	J/(kg K)
c_P	Leistungsbeiwert	–
c_{Pmax}	Betzscher Leistungsbeiwert	–
c_W	Widerstandsbeiwert	–
D	Rotordurchmesser einer Windkraftanlage	m
E	Energie	J
E	Energieaufwand	kWh
E	Endenergiemenge	kWh
E	kinetische Energie	J
E	Emissionsfaktor	g/kWh
E	Energieertrag	MWh/a
E_a	Jahresenergiebereitstellung	kWh/a, GJ/a
E_{ein}	eingesetzte Energie	kWh
E_L	während der technischen Lebensdauer bereitgestellte Endenergie	kWh
E_V	Energieverluste	kWh
E_{zu}	zugeführte Primärenergiemenge	kWh
$\dot{E}$	zeitlich variable Anlagenleistung	kW, GJ/s
$\dot{E}$	spezifische Strahlungsleistung	W/m^2
$\dot{E}_A$	absorbierte Strahlung	W/m^2
$\dot{E}_{aus}$	ausgesendete Strahlung	W/m^2
$\dot{E}_{dif}$	Diffusstrahlung	W/m^2
$\dot{E}_{dir}$	Direktstrahlung	W/m^2
$\dot{E}_E$	emittierte Strahlung	W/m^2
$\dot{E}_G$	Globalstrahlung	W/m^2
$\dot{E}_R$	reflektierte Strahlung	W/m^2
$\dot{E}_S$	spezifische Strahlungsleistung (schwarzer Strahler)	W/m^2
$\dot{E}_T$	transmittierte Strahlung	W/m^2
$\dot{E}_0$	Solarkonstante	W/m^2
F	Faraday-Konstante	C/mol
F_A	Auftriebskraft	N
F_B	Bewegungskraft	N
F_{Linke}	Trübungsfaktor nach Linke	–
F_R, F_{RS}	resultierende Kraft	N
F_W	Luftwiderstandskraft	N
f_I	Energieintensität	kWh$_{pr}$/1000 €
f_P	Energieproduktivität	€/kWh$_{pr}$
G	molare Enthalpie	J/mol
H	Höhe über Grund	m

H_u	Heizwert	MJ/kg
$H_{u,m}$	molarer Heizwert	J/mol
h	relative Häufigkeit	–
I	elektrischer Strom	A
I_{th}	theoretisch möglicher Strom	A
i	elektrische Stromdichte	A/cm^2, m A/cm^2
i_{int}	interne Stromdichte	A/cm^2, m A/cm^2
i_{max}	maximale Stromdichte	A/cm^2, m A/cm^2
i_0	Austausch-Stromdichte	A/cm^2, m A/cm^2
i	inflationsbereinigter Zinssatz ($i = 0{,}04$ bis $0{,}06$)	–
$J´$	Parameter, Gl. 3.11	–
K	investiertes Kapital	€
k	standortabhängiger Formparameter in der Weibull-Verteilung	–
k	Koeffizient zur Beschreibung des Primärenergieaufwands	kWh$_{pr}$/kWh$_{el}$, kWh$_{pr}$/kWh$_{th}$
k	Koeffizient, Gl. 3.47	–
k$_1$	Koeffizient, Gl. 3.47	–
k$_2$	Koeffizient, Gl. 3.47	–
KEA	kumulierter Energieaufwand	kWh$_{pr}$/kWh$_{el}$, kWh$_{pr}$/kWh$_{th}$
L	technische Lebensdauer	a
L	Profillänge	m
M	Drehmoment an der Rotorwelle einer Windkraftanlage	Nm
MEZ	mitteleuropäische Zeit	min
MOZ	mittlere Ortszeit	min
m	Air Mass Faktor	–
m	Masse	kg
$\dot{m}$	Massenstrom	kg/s
N_A	Avogadro-Konstante	mol^{-1}
N_{Tag}	Nummer des Tages im Jahr	–
n	Exponent zur Bestimmung der Investitionskosten, Gl. 2.20	–
n	Rotordrehzahl	s^{-1}
n	Anzahl der pro Formelumsatz ausgetauschten Elektronen	–
n_F	Anzahl der Rotorblätter	–
$\dot{n}$	Brennstoffmengenstrom	mol/s

P	Leistung	W
P_{el}	elektrische Nennleistung	W
P_N	dem Wind entnommene Leistung	W
P_{th}	thermische Nennleistung	W
P_0	maximale Windleistung in der Ebene der Windkraftanlage	W
PEV	Primärenergieverbrauch	t SKE, t RÖE, kWh_{pr}
p	Druck	Pa
p_i	Partialdruck	Pa
p	Leistungsdichte	W/m^2
Q	Wärme	J
Q_m	molare Wärme	J/mol
q	Elementarladung	C
$\dot{Q}_{BZ}$	Heizwärmeleistung	W
$\dot{Q}_K$	Verluste durch Konvektion	W
$\dot{Q}_{K,N}$	Kollektor-Nutzleistung	W
$\dot{Q}_R$	reflektierte Strahlung	W
$\dot{Q}_S$	Verluste durch Strahlung	W
$\dot{Q}_V$	thermische Verluste	W
r	Rotorradius	m
r	flächenspezifischer elektrischer Widerstand	$k\Omega{\cdot}cm^2$
R	elektrischer Widerstand	Ω
$\bar{R}$	molare Gaskonstante, universelle Gaskonstante	J/(mol K)
RÖE	Rohöleinheit	
S	molare Entropie	J/(mol K)
SKE	Steinkohleeinheit	
t	Abschreibungsdauer einer Anlage	a
t	Zeit	s
t	betrachtete Zeitdauer (z. B. zur Bestimmung des Jahresenergieertrags)	h/a
t_B	Betriebsstundenzahl	h/a
T	Temperatur	K, °C
T_A	Absorbertemperatur	°C
T_{aus}	Kollektoraustrittstemperatur	°C
T_{ein}	Kollektoreintrittstemperatur	°C
T_U	Umgebungstemperatur	°C
T_p	Energierückzahlzeit	a
THP	Treibhauspotenzial	g CO_2e/kWh
t_V	Volllaststundenzahl	h/a
U	Elektrische Spannung	V
U	molare innere Energie	J/mol
U_i	innere Energie	J
U_{KL}	Klemmenspannung	V

U_{real}	reale Leerlaufspannung	V
U_{rev}	reversible Zellspannung, Elektrodenpotential, Kurzschlussspannung	V
u	Absolutgeschwindigkeit einer Fläche	m/s
u	Umfangsgeschwindigkeit des Rotors	m/s
u_{max}	Umfangsgeschwindigkeit an den Rotorblattspitzen	m/s
V	technische Verfügbarkeit	%
V	Volumen	m^3
V	molares Volumen	m^3/mol
v_m	molares Volumen	m^3/mol
$\dot{V}$	Brennstoff-Normvolumenstrom	m^3/s
W	Arbeit	J
W_m	molare Arbeit	J/mol
W_{el}	elektrische Arbeit	J
W_V	Volumenänderungsarbeit	J
WOZ	wahre Ortszeit	min
w	Windgeschwindigkeit	m/s
$\bar{w}$	mittlere Windgeschwindigkeit	m/s
w_A	effektive Anströmgeschwindigkeit eines Rotorblattes	m/s
w_{Ab}	Abschaltwindgeschwindigkeit	m/s
w_{Aus}	Auslegungsgeschwindigkeit	m/s
w_e	Einschaltwindgeschwindigkeit	m/s
w_L	Überlebenswindgeschwindigkeit	m/s
w_N	Nennwindgeschwindigkeit	m/s
x	Massenanteil	− bzw. kg/kg
$\hat{x}, \hat{y}$	Volumenanteil	− bzw. m^3/m^3
x, y, z	Koordinaten	
$\tilde{y}$	Stoffmengenanteil	− bzw. kmol/ kmol
Zgl	Zeitgleichung	min
z	Anzahl der hintereinander geschalteten Zellen	−
z_0	Rauigkeitslänge	m
α	Absorptionskoeffizient	−
α	Durchtrittskoeffizient	−
α	Hellmann-Exponent	−
α	Anstellwinkel	°
α_S	Sonnenazimut	°
β	Blatteinstellwinkel	°
γ_S	Sonnenstandswinkel, Sonnenhöhe, Sonnenelevation	°
δ	Sonnendeklination	°
$\Delta_B H$	molare Bildungsenthalpie	J/mol
$\Delta_R F$	freie Reaktionsenergie, Helmholtz-Energie	J/mol
$\Delta_R G$	freie Reaktionsenthalpie, Gibbs-Enthalpie	J/mol

$\Delta_R H$	Reaktionsenthalpie	J/mol
$\Delta_R S$	Reaktionsentropie	J/(mol K)
ΔU_{akt}	Aktivierungs-Überspannung	V
ΔU_{Ohm}	Ohmsche Verluste	V
ΔU_{trans}	Transportverluste	V
ε	primärenergetisch bewerteter Energieerntefaktor	–
$\bar{\varepsilon}$	Energieerntefaktor	–
ε	Gleitzahl	–
Θ	Sonneneinfallswinkel	°
λ	geografische Länge	°
λ	Wellenlänge	m
λ	Schnelllaufzahl	–
η	Gesamtwirkungsgrad	–
$\bar{\eta}$	Nutzungsgrad	–
η_{Am}	Wirkungsgrad der Arbeitsmaschine	–
η_C	Carnot-Faktor	–
η_E	Energiewirkungsgrad	–
η_{ges}	Gesamtwirkungsgrad	–
η_I	Stromwirkungsgrad	–
η_m	mechanischer Wirkungsgrad der Windkraftanlage	–
η_{rev}	reversibler, max. erreichbarer Wirkungsgrad	–
η_S	Systemwirkungsgrad	–
η_U	Spannungswirkungsgrad	–
η_o	optischer Wirkungsgrad	–
v	Stöchiometrische Zahl	–
φ	geografische Breite	°
Ω	Betriebsfaktor	m^2 K/W
ω	Stundenwinkel	°
ω	Winkelgeschwindigkeit	s^{-1}
ρ	Reflexionskoeffizient	–
ρ_L	Luftdichte	kg/m^3
σ	Stefan-Boltzmann-Konstante	W/(m^2 K)
τ	Transmissionskoeffizient	–

Häufig verwendete Indizes

a	pro Jahr; auf ein Jahr bezogen
abs	absolut
B	Bereitstellung des Primärenergieträgers (einschließlich Erkundung, Gewinnung, Aufbereitung, Transport)
BK	Braunkohle
BZ	Brennstoffzelle
E	Ebene
E	Entsorgung einer Anlagentechnik (Komponenten, Betriebsmittel, Reststoffe)

EG	Erdgas
gen	geneigt
H	Herstellung der Konversionsanlage (Standorterschließung, Bau, Montage)
hor	horizontal
i	Komponente i
KKW	Kernkraftwerk
m	molar
N	Nutzung der Konversionstechnik (einschließlich Primärenergieaufwand für die Umwandlung in Endenergie und Aufwendungen für Betrieb, Wartung, Entsorgung betriebsbedingter Reststoffe und Abfälle)
o	Oberseite eines Profils
pr	primärenergetisch
ref	Referenzwert der Höhe bzw. Windgeschwindigkeit
rev	reversibel
SKW	Steinkohlekraftwerk
u	Unterseite eines Profils
0	chemischer Standardzustand (25 °C, 1 bar)
1	Bezug auf Strömungsverhältnisse vor einer Windkraftanlage
2	Bezug auf Strömungsverhältnisse hinter einer Windkraftanlage

Einführung

1

1.1 Die gegenwärtige Situation der globalen Energieversorgung

Zu den globalen Problemen der Menschheit zählen neben der Bereitstellung von Nahrungsmitteln und Trinkwasser in ausreichender Menge und Qualität, die Sicherung der Energieversorgung künftiger Generationen unter Beachtung der Belange des Klima- und Umweltschutzes. Eine nachhaltige Energiewirtschaft berücksichtigt gesellschaftliche und ökonomische Aspekte ebenso wie ökologische. Der sparsame und effiziente Umgang mit fossilen Energieträgern sowie der verstärkte Einsatz regenerativer Energiequellen sind elementare Voraussetzungen, um in den Industrieländern den erreichten Lebensstandard aufrecht zu erhalten sowie in den Entwicklungs- und Schwellenländern die Armut zu überwinden und die Lebensverhältnisse zu verbessern.

Sowohl der Bevölkerungszuwachs, insbesondere in den Ländern der Dritten Welt, als auch das prognostizierte globale Wirtschaftswachstum und der damit verbundene zunehmende Wohlstand werden zu einem raschen Anstieg der Energienachfrage führen. Die fortschreitende Urbanisierung trägt am stärksten zum Klimawandel bei. Während gegenwärtig die Hälfte der Weltbevölkerung in Städten lebt, werden es im Jahr 2050 nach Prognosen der Vereinten Nationen rund 75 % sein. Die Anzahl der Millionenstädte stieg von 80 in den 50er-Jahren auf 488 im Jahr 2014. Alleine in China werden bis 2025 fast 140 Städte mehr als 1,5 Millionen Einwohner haben. Großstädte beanspruchen 75 % des globalen Energieverbrauchs und verursachen 80 % der Treibhausgasemissionen. Ballungsräume bieten aber auch Chancen, Lösungskonzepte im Kampf gegen den Klimawandel besonders wirksam umzusetzen.

Fossile Ressourcen werden langfristig alleine nicht ausreichen, um den steigenden Bedarf an Energie auf klima- und umweltverträgliche Weise zu decken. Technologien zur Nutzung erneuerbarer Energiequellen werden daher mittel- und langfristig an Bedeutung gewinnen.

© Springer Fachmedien Wiesbaden GmbH 2018
G. Reich, M. Reppich, *Regenerative Energietechnik*,
https://doi.org/10.1007/978-3-658-20608-6_1

Die negative Beeinflussung von Klima und Umwelt durch den Menschen und die diesbezügliche Rolle der Energiewirtschaft sind unbestritten. Mehr als 60 % des anthropogenen Treibhauseffektes werden durch Kohlendioxidemissionen verursacht. Es ist erklärtes politisches Ziel, die bei der Verbrennung von Erdöl, Erdgas und Kohle entstehenden Treibhausgase, vor allem Kohlendioxidemissionen, weltweit zu verringern und Grundlagen für eine nachhaltige, kohlenstoffarme Energieversorgung zu schaffen.

Nach Angaben der Internationalen Energieagentur (IEA) decken erneuerbare Energiequellen unter Einbeziehung nicht kommerzieller Energieträger[1] weltweit mehr als 13 % des Primärenergieverbrauchs bzw. etwa 17 % des Endenergieverbrauchs.[2] Der überwiegende Anteil an der Deckung des globalen Endenergieverbrauchs durch erneuerbare Energiequellen entfiel im Jahr 2014 mit 8,9 % auf traditionelle Biomasse [1]. Der Anteil der Wasserkraft betrug 3,9 %, auf die übrigen regenerativen Energiequellen Biomasse, Geothermie, Wind-, Solar- und Meeresenergie entfielen 6,4 % [1]. Hinsichtlich der Art der verwendeten regenerativen Energieträger bestehen ausgeprägte regionale Unterschiede. Besonders hoch ist der Anteil erneuerbarer Energiequellen an der Deckung des Primärenergieverbrauchs mit etwa 50 % in Afrika und mit fast 30 % in Süd- und Mittelamerika. In Afrika wird hauptsächlich traditionelle Biomasse wie Brennholz, Torf und Dung eingesetzt. Diese nichtkommerziellen Energieträger werden jedoch häufig nicht nachhaltig genutzt und verursachen Gesundheitsschäden.

Die Europäische Union, die in zunehmendem Maße von Energieträgerimporten abhängt, verfolgt besonders ambitionierte energie- und klimapolitische Ziele. Der Anteil erneuerbarer Energiequellen an der Deckung des Bruttoendenergieverbrauchs soll gemäß Richtlinie 2009/28/EG auf 20 % im Jahr 2020 wachsen. Für alle Mitgliedsstaaten wurden nach Tab. 1.1 nationale Ziele für den Anteil erneuerbarer Energiequellen am Bruttoendenergieverbrauch festgelegt. Diese verbindlichen Zielstellungen sind durch geeignete, in nationalen Aktionsplänen formulierte Maßnahmen zu realisieren. Aufgrund günstiger natürlicher Voraussetzungen besitzen regenerative Energieträger in einigen europäischen Ländern eine herausragende Stellung. Hierzu zählen Schweden, Finnland, Lettland und Österreich. In anderen Ländern wie Belgien und den Niederlanden spielen erneuerbare Energiequellen dagegen eine untergeordnete Rolle. Bis 2020 sollen in Europa die Treibhausgasemissionen um mindestens 20 % gesenkt und die Energieeffizienz um 20 % verbessert werden. Tab. 1.1 gibt auch an, welche energiepolitischen Instrumente zur Förderung der Stromerzeugung aus erneuerbaren Energiequellen gegenwärtig angewandt werden.

---

[1]Nichtkommerzielle Energieträger sind tierische und pflanzliche Abfälle, Brennholz, Holzkohle, Torf u. ä., die insbesondere in Entwicklungsländern zur Deckung des Energiebedarfs privater Haushalte eingesetzt werden. Gebräuchlich ist auch die Bezeichnung „Traditionelle Biomasse". Im Gegensatz zu kommerziellen Primärenergieträgern wie Erdöl, Erdgas, Kohle, Uran werden nichtkommerzielle Energieträger nicht auf Weltmärkten gehandelt.

[2]Der Unterschied zwischen den Energieformen Primärenergie und Endenergie wird in Abschn. 1.3 erläutert.

Tab. 1.1 Anteil erneuerbarer Energiequellen am Bruttoendenergieverbrauch[a] in den EU-Mitgliedsstaaten im Jahr 2014 [2] und Ziele für den Anteil erneuerbarer Energiequellen an der Deckung des Bruttoendenergieverbrauch im Jahr 2020 nach EU-Richtlinie 2009/28/EG [3]

Land	Förderinstrumente (Stand 2014)	Anteil erneuerbarer Energiequellen am Bruttoendenergieverbrauch 2014 [%]	Ziel für den Anteil erneuerbarer Energiequellen an der Bruttoenergiebereitstellung 2020 [%]
Belgien	Quotenmodell	6,3	13
Bulgarien	Einspeisetarife	10,1	16
Dänemark	Einspeiseprämien	26,2	30
Deutschland	Einspeisetarife/ Einspeiseprämien	11,3	18
Estland	Einspeiseprämien	12,8	25
Finnland	Einspeiseprämien	29,4	38
Frankreich	Einspeisetarife	8,6	23
Griechenland	Einspeisetarife	10,0	18
Irland	Einspeisetarife	7,1	16
Italien	Einspeisetarife	17,6	17
Kroatien	Einspeisetarife	24,5	20
Lettland	Einspeisetarife	36,2	40
Litauen	Einspeisetarife	19,1	23
Luxemburg	Einspeisetarife	4,5	11
Malta	Einspeisetarife/ Einspeiseprämien	2,0	10
Niederlande	Einspeiseprämien	4,4	14
Österreich	Einspeisetarife	30,0	34
Polen	Quotenmodell	9,1	15
Portugal	Einspeisetarife	25,0	31
Rumänien	Quotenmodell	19,0	24
Schweden	Quotenmodell	35,8	49
Slowakei	Einspeiseprämien	8,8	14
Slowenien	Einspeisetarife/ Einspeiseprämien	18,3	25
Spanien	Einspeisetarife/ Einspeiseprämien	15,2	20
Tschechische Republik	Einspeisetarife/ Einspeiseprämien	8,8	13
Ungarn	Einspeisetarife	8,4	13
Vereinigtes Königreich	Quotenmodell	6,4	15
Zypern	Einspeisetarife	6,0	13
EU-28		**12,5**	**20**

[a]Der Bruttoendenergieverbrauch entspricht dem Endenergieverbrauch zuzüglich der auftretenden Leitungsverluste und des Eigenverbrauchs der Erzeugungsanlagen (siehe Abschn. 1.3). Der Bruttoendenergieverbrauch ist somit größer als der Endenergieverbrauch

Tab. 1.2 Pro-Kopf-Primärenergieverbrauch im Jahr 2016 (eigene Angaben nach [4, 5])

USA	7,02 t RÖE/Kopf	China	2,21 t RÖE/Kopf
EU-28	3,24 t RÖE/Kopf	Indien	0,54 t RÖE/Kopf
Deutschland	3,90 t RÖE/Kopf	Brasilien	1,44 t RÖE/Kopf
Russland	4,67 t RÖE/Kopf	Mexiko	1,45 t RÖE/Kopf
Japan	3,55 t RÖE/Kopf	Afrika	0,36 t RÖE/Kopf
		Durchschnitt Welt	1,79 t RÖE/Kopf

In den meisten Mitgliedsstaaten wurden die Fördersysteme seit Ende der 90er-Jahre mehrmals angepasst und umgestellt.

Die uneingeschränkte Verfügbarkeit von Energie ist Grundlage für unsere technisch geprägte Zivilisation. Die Nutzbarmachung ausreichender Energiequellen bildete im 20. Jahrhundert eine grundlegende Voraussetzung für den technischen Fortschritt. Auch im 21. Jahrhundert stellt die Energietechnik eine Schlüsseltechnologie dar. Der Mangel an Energieträgern war und ist Ursache von Hunger, Armut, politischen Konflikten und ökologischer Zerstörung.

Die globale Entwicklung der Energienachfrage ist durch die stetige Zunahme der Weltbevölkerung und das Wirtschaftswachstum gekennzeichnet. Zwischen dem Energieverbrauch in Industrieländern sowie in Entwicklungs- und Schwellenländern besteht ein ausgeprägtes Ungleichgewicht. Im Jahr 2016 wurden weltweit von 7,42 Mrd. Menschen 13,276 Mrd. t RÖE an Primärenergie verbraucht [4, 5]. Die OECD-Länder[3] beanspruchen etwa 42 % des globalen Primärenergieverbrauchs, während sich ihr Anteil an der Weltbevölkerung lediglich auf ein Sechstel beläuft. Der ungleiche Energiekonsum lässt sich durch die Indikatoren Pro-Kopf-Primärenergieverbrauch und Pro-Kopf-Erdölverbrauch veranschaulichen. Tab. 1.2 vergleicht den Pro-Kopf-Primärenergieverbrauch im Jahr 2016 in ausgewählten Ländern bzw. Regionen.

Der Pro-Kopf-Erdölverbrauch im Jahr 2016 lässt sich nach [4, 5] in den USA mit 2665 kg, in Deutschland mit 1368 kg, in China mit 420 kg, in Indien mit 160 kg, in Afrika mit 154 kg sowie der Weltdurchschnittsverbrauch mit 596 kg beziffern.

Abb. 1.1 spiegelt die Entwicklung der Weltbevölkerung sowie deren durchschnittliche jährlichen Zuwachsraten wider. Die Weltbevölkerung steigt nach UN-Prognosen auf etwa neun Milliarden im Jahr 2038 und auf über elf Milliarden Menschen im Jahr 2100. Nach Einschätzung von Experten würden bis zu zwei Milliarden Tonnen Kohlendioxid weniger freigesetzt, falls die Weltbevölkerung nur auf acht Milliarden Menschen anstiege. Gegenwärtig wächst die Weltbevölkerung jährlich um etwa 80 Mio. Menschen. Dieses Wachstum

---

[3]Die 34 Mitgliedsstaaten der Organization for Economic Cooperation and Development (OECD) sind Österreich, Belgien, Tschechische Republik, Dänemark, Estland, Finnland, Frankreich, Deutschland, Griechenland, Ungarn, Island, Irland, Italien, Luxemburg, Niederlande, Norwegen, Polen, Portugal, Slowakische Republik, Slowenien, Spanien, Schweden, Schweiz, Türkei, Großbritannien, Australien, Kanada, Chile, Israel, Japan, Mexiko, Neuseeland, Südkorea, USA.

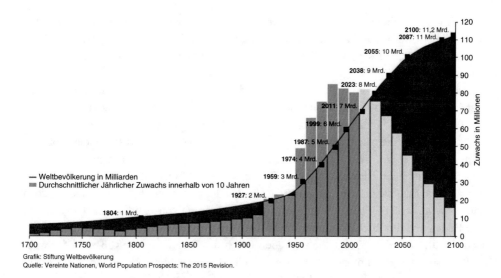

Grafik: Stiftung Weltbevölkerung
Quelle: Vereinte Nationen, World Population Prospects: The 2015 Revision.

Abb. 1.1 Historische und zukünftige Entwicklung der Weltbevölkerung bis 2100 [5]

findet fast ausschließlich in Entwicklungsländern statt; am schnellsten ist es in Afrika südlich der Sahara ausgeprägt, während die Bevölkerung in Europa und Japan schrumpft. Die meisten Bewohner leben in armen Regionen der Welt. Erst nach dem Jahr 2030 ist gemäß Abb. 1.1 mit einer deutlichen Verlangsamung des Bevölkerungswachstums zu rechnen.

Neben einem gedämpften Wirtschaftswachstum in den Industrieländern ist vor allem in Entwicklungs- und Schwellenländern mit einer beschleunigten Industrialisierung zu rechnen. In Ländern wie Indien, Indonesien oder der Türkei geht das Wirtschaftswachstum mit einem erheblich über dem weltweiten Durchschnitt liegenden Anstieg des Primärenergieverbrauchs einher. In einzelnen Entwicklungs- und Schwellenländern verläuft der wirtschaftliche Aufschwung dabei sehr unterschiedlich. So beruht die wirtschaftliche Entwicklung Indiens hauptsächlich auf dem Auf- und Ausbau des Dienstleistungssektors, der einen geringen Materialverbrauch erfordert und geringe Emissionen aufweist. Die Entwicklung Chinas basiert dagegen auf der Industrialisierung, die einen hohen Ressourcenverbrauch verursacht, siehe auch Tab. 1.2. Andererseits werden sowohl in China als auch in Indien 63 bzw. 58 % des Primärenergieverbrauchs mittels Kohle gedeckt, die maßgeblich für den Ausstoß klimaschädlicher Treibhausgase verantwortlich ist.

Unter Berücksichtigung der zuvor beschriebenen Tendenzen sowie der demografischen Veränderungen wird nach aktuellen Prognosen der Konzerne BP und ExxonMobile ein Anstieg des globalen Primärenergieverbrauchs bis zum Jahr 2035 um 34 % bzw. bis zum Jahr 2040 um 25 % gegenüber dem Bezugsjahr 2014 erwartet [6, 7]. Während der Energieverbrauch in den OECD-Ländern stagnieren wird, entfällt nahezu der gesamte Zuwachs auf Nicht-OECD-Länder. China und Indien, aber auch der afrikanische Kontinent werden maßgeblich zur Steigerung des globalen Energieverbrauchs beitragen. Im Jahr 2035 werden über zwei Drittel des weltweiten Primärenergieverbrauchs auf Nicht-OECD-Länder entfallen. Aus diesem Mehrbedarf an Energie resultieren Probleme, die im Weiteren skizziert werden.

Die Energieversorgung stützt sich seit Ende des 19. Jahrhunderts überwiegend auf fossile, d. h. kohlenstoffhaltige Energieträger. Zuvor wurde vor allem Holz zur Beheizung von Gebäuden, später auch zur Bereitstellung von Prozesswärme eingesetzt. Für rund zwei Milliarden Menschen in Entwicklungsländern spielt Holz als nachwachsender Rohstoff auch heute noch eine wichtige Rolle beim Kochen und Heizen. Besonders hoch ist der Anteil traditioneller Biomasse an der Deckung des Energiebedarfs in Teilen Afrikas, Asiens und Lateinamerikas. In den betreffenden Regionen wird die Biomasse jedoch häufig nicht nachhaltig genutzt. Folgen sind die Zerstörung von Wäldern, die Degradation von Böden und der Rückgang der biologischen Artenvielfalt. Mangelhafte Verbrennungstechnik ruft außerdem Gesundheitsschäden durch die Emission von Ruß- und Schwebstoffen sowie Kohlenmonoxid hervor. Nach Angaben der Weltgesundheitsorganisation WHO sterben jährlich rund 800.000 Kinder an Erkrankungen, die durch Einatmen der Verbrennungsgase entstehen. Kohle löste um 1890 Holz als wichtigsten Brennstoff ab, vgl. Abb. 1.2. Wegen umfangreicher Vorkommen auf allen Kontinenten zeichnet sich Kohle heute im Vergleich zu anderen Energieträgern durch geringe Preisschwankungen aus und bietet eine hohe Versorgungssicherheit. Erdöl wird seit Mitte des 19. Jahrhunderts, Erdgas seit Anfang des 20. Jahrhunderts wirtschaftlich gewonnen. Seit den 60er-Jahren dominiert Erdöl aufgrund seiner vorteilhaften Eigenschaften die globale Energieversorgung. Es verfügt über eine hohe Energiedichte und ist speicher- und transportierbar. Daher besitzt Erdöl als Energieträger für den Verkehrssektor und die Wärmeerzeugung große Bedeutung. Kernenergie trägt seit den 50er-Jahren zur Energieversorgung bei. Die Katastrophe im japanischen Kernkraftwerk Fukushima, die sich im März 2011 infolge eines

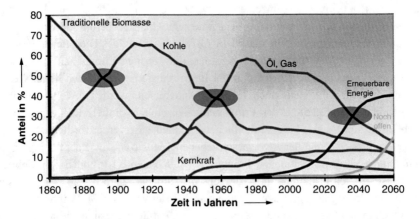

Abb. 1.2 Historische Entwicklung der Anteile verschiedener Energieträger an der Deckung des globalen Primärenergieverbrauchs mit drei markanten Übergängen um 1890, 1950/60, 2030/40, nach [8]

- Kohle (28,6 %)
- Erdöl (31,3 %)
- Erdgas (21,2 %)
- Kernkraft (4,8 %)
- Erneuerbare (14,1 %)

Abb. 1.3 Anteile verschiedener Energieträger an der Deckung des weltweiten Primärenergie-verbrauchs im Jahr 2014, Zahlenangaben gerundet (nach [9])

Erbebens und eines Tsunamis ereignete, veranlasste die deutsche Bundesregierung zu einer Neubewertung der Risiken der Kernenergie. Die 2011 in Deutschland in Kraft getretenen Gesetze zur Energiewende sehen vor, bereits stillgelegte Reaktoren nicht mehr in Betrieb zu nehmen und den Leistungsbetrieb der übrigen Kernkraftwerke bis 2022 zu beenden. Eine Reihe von Ländern wie China, Russland oder Indien hält demgegenüber weiterhin am Auf- und Ausbau der Kernenergie fest. Voraussichtlich ab 2040 werden erneuerbare Energiequellen die dominierende Rolle spielen.

Abb. 1.3 stellt die Anteile fossiler, nuklearer und regenerativer Energieträger an der Deckung des globalen Primärenergiebedarfs im Jahr 2014 gegenüber, der sich unter Einbeziehung nichtkommerzieller Energieträger nach Angaben der Internationalen Energieagentur IEA auf 13,69 Mrd. t RÖE belief [9].[4] Erneuerbare Energiequellen trugen mit etwa 1,93 Mrd. t RÖE zur Bedarfsdeckung bei. Nach Betrachtung der IEA zählen zu erneuerbaren Energiequellen Wasserkraft, brennbare Biomasse und brennbarer Abfall, Solar- und Windenergie, geothermische Energie, Gezeitenenergie und andere Formen der Meeresenergie.

Fossile Energieträger treten geografisch ungleich verteilt auf und stehen in begrenztem Umfang zur Verfügung. Sie besitzen folgende statische Reichweiten[5], die auf unter heutigen Bedingungen technologisch und wirtschaftlich gewinnbaren Reserven beruhen: Erdöl 50,6 Jahre, Erdgas 52,5 Jahre, Braun- und Steinkohle 153 Jahre [4]. Alle genannten Zahlenangaben beziehen sich auf Ende 2016. Die geografische Ungleichverteilung von Energieträgern hat geopolitische Auswirkungen. Insbesondere Erdöl- und Erdgasvorkommen konzentrieren sich in den rohstoffreichen Ländern des Nahen Ostens und in Russland.

---

[4]Es ist zu berücksichtigen, dass Energiestatistiken verschiedener Quellen (wie die in Abschn. 1.1 verwendeten Quellen von BP [4] und der IEA [9]) in der Regel nicht miteinander vergleichbar sind. Unterschiede resultieren aus der Verwendung unterschiedlicher Datengrundlagen und Benutzung unterschiedlicher statistischer Methoden; weiterhin beruht das veröffentlichte Datenmaterial häufig auf Schätzungen und Erhebungen. Abweichungen entstehen auch durch die Einbeziehung (IEA) bzw. die Vernachlässigung (BP) nichtkommerzieller Energieträger.

[5]Die statische Reichweite ist der Quotient aus den aktuellen Reserven und der Jahresfördermenge eines Rohstoffs. Sie hängt von wirtschaftlichen, technischen und politischen Randbedingungen der Rohstoffförderung ab.

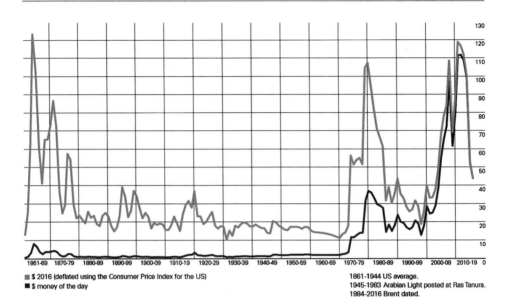

Abb. 1.4 Verlauf des Rohölpreises seit 1861 in US-Dollar pro Barrel (die obere Kurve gibt Preise in USD 2016, die untere Preise zum jeweiligen Tageskurs an) [4]

Der Anteil der OPEC-Staaten[6] an der weltweiten Erdölförderung steigt von etwa 41 % auf zukünftig über 50 %. In der Folge wird der politische Einfluss dieser Ländergruppe zunehmen.

Zur Bewertung der Ergiebigkeit fossiler und nuklearer Energieträger werden die Begriffe Scheitelpunkt (engl. Depletion Midpoint) und Zeitpunkt der Höchstförderung (engl. Peak Point) verwendet. Der Scheitelpunkt gibt an, zu welchem Zeitpunkt die Ausbeutung eines endlichen Rohstoffs die Hälfte des Gesamtpotenzials erreicht. Das Gesamtpotenzial charakterisiert die gesamte gewinnbare Menge eines Rohstoffs in der Erdkruste vor Beginn der Förderung. In Nordamerika wurden bisher 60 % des Gesamtpotenzials an Erdölvorräten gefördert, in Westeuropa fast 50 %. Die Hälfte aller konventionellen, leicht erschließbaren Welterdölvorräte ist bereits erschöpft. Die Verknappung von Erdöl- und Erdgaslagerstätten mit geringen Gewinnungskosten führt zwangsläufig zu einem Preisanstieg auf dem Weltmarkt. Weiterhin wird der Ölpreis durch geopolitische Ereignisse beeinflusst z. B. Ölkrisen 1973, 1979/80, Golfkrieg 1990/91, Invasion im Irak 2003, Arabischer Frühling 2010/11. Abb. 1.4 zeigt den Verlauf des Rohölpreises seit 1861.

Der Aufschluss nichtkonventioneller höherer Kohlenwasserstoffe wie die Rohölgewinnung aus Ölsanden oder Ölschiefer, Schwer- und Schwerstöl erfordert neue Fördertechniken, Gewinnungs- und Aufbereitungsverfahren, die zu einem Anstieg der

---

[6]Mitglieder der Organization of the Petroleum Exporting Countries (OPEC) sind Iran, Irak, Kuwait, Katar, Saudi-Arabien, Vereinigte Arabische Emirate, Algerien, Libyen, Angola, Gabun, Nigeria, Indonesien, Ecuador, Venezuela.

Gesamtkosten führen werden. Ölsandvorkommen lagern vor allem in Kanada, Russland und Kasachstan. Über Schwerstöllagerstätten verfügen Venezuela, Aserbaidschan und China. Ölsande und Schweröle besitzen eine qualitativ ähnliche Zusammensetzung wie konventionelles Erdöl. Sie enthalten aber wesentlich geringere Anteile an niedrig siedenden Fraktionen sowie höhere Anteile an unerwünschten Begleitelementen wie Schwefel, Sauerstoff, Stickstoff, Vanadium und Nickel. Besonders aufwendig ist die Aufbereitung von Ölsanden, einem natürlich vorkommenden Gemisch aus Sand, Bitumen, Wasser und Ton. Der Ölsandabbau erfolgt entweder im Tagebau, oder das Rohöl wird durch Injektion von heißem, unter hohem Druck stehendem Wasserdampf unterirdisch fließfähig gemacht und durch Bohrungen an die Erdoberfläche gefördert. In der kanadischen Provinz Alberta ist zur Gewinnung eines Barrels Rohöl ein Kubikmeter Ölsand durch technisch aufwendige und energieintensive Verfahren aufzubereiten. Das auf diese Weise gewonnene Rohöl ist bis zu dreißigmal teurer als Rohöl aus leicht zugänglichen Ölfeldern. Die Rohölgewinnung aus Ölsanden ist mit einem erheblichen Flächenbedarf, Wasserverbrauch und Schadstoffemissionen verknüpft. Während die Ausbeute[7] konventioneller Ölfelder höchstens 50 % erreicht, können aus nichtkonventionellen Ölvorkommen lediglich 10 bis 20 % Rohöl gewonnen werden. Dessen weitere Aufbereitung zu chemischen Rohstoffen erfordert im Vergleich zur Verarbeitung von konventionellem Rohöl eine Intensivierung der Crackverfahren und der Verfahren zur Entfernung der genannten Begleitstoffe.

1.2 Anthropogene Auswirkungen auf Klima und Umwelt

Die Erdatmosphäre, deren mittlere Zusammensetzung in Tab. 1.3 angegeben ist, enthält zu einem geringen Anteil sogenannte Treibhausgase. Diese sind sowohl natürlichen als auch anthropogenen Ursprungs. Treibhausgase lassen die auf die Erdoberfläche einfallende kurzwellige Solarstrahlung weitgehend ungehindert passieren. Die kurzwellige solare Einstrahlung führt zur Erwärmung der Erdoberfläche. Die erwärmte Erdoberfläche gibt Energie in Form von langwelliger Wärmestrahlung ab, die im Wellenlängenbereich von etwa 3 bis 50 μm durch die Treibhausgase in der Atmosphäre teilweise absorbiert wird. In der Folge wird ein Teil der Wärmestrahlung auf die Erdoberfläche zurück reflektiert. Zu den natürlichen Treibhausgasen zählen u. a. Wasserdampf, Kohlendioxid, Ozon. Der natürliche Treibhauseffekt schützt vor ultravioletter Strahlung und sorgt für eine durchschnittliche Oberflächentemperatur der Erde von 15 °C; ohne den Einfluss der Treibhausgase betrüge diese mittlere Temperatur −18 °C. Globale Klimaprobleme entstehen durch die zunehmende Überlagerung des natürlichen Treibhauseffektes durch den anthropogenen.

---

[7]Die Ausbeute beschreibt den sogenannten Entölungsgrad einer Erdöllagerstätte, der gewöhnlich zwischen 30 und 40 % liegt.

Tab. 1.3 Durchschnittliche Zusammensetzung der Atmosphäre [10]

Molekül	Konzentration in trockener Atmosphäre [Vol % bzw. ppmv]	Strahlungsantrieb im Jahr 2005 [W/m^2]
Stickstoff (N$_2$)	78,08	kein Beitrag
Sauerstoff (O$_2$)	20,95	
Argon (Ar)	0,93	
weitere Edelgase	0,002369	
Wasserdampf (H$_2$O)	variabler Anteil 0–4 (0,1–40000)	0,02 (Stratosphäre)
Kohlendioxid (CO$_2$)	0,0379 (379)	1,66
Methan (CH$_4$)	0,00018 (1,7)	0,48
Distickstoffoxid (N$_2$O)	0,00003 (0,3)	0,16
Ozon (O$_3$)	0,000004 (0,04)	−0,15 (Stratosphäre) 0,35 (Troposphäre)
Fluorkohlenwasserstoffe	0,00000001 (0,00001)	0,34

Durch die Verbrennung fossiler Energieträger entstehen Luftschadstoffe, die globale, regionale oder lokale Auswirkungen entfalten. Innerhalb eines erdgeschichtlich kurzen Zeitraums wird seit Beginn der Industrialisierung in der zweiten Hälfte des 18. Jahrhunderts Kohlenstoff, der über mehrere Millionen Jahre in fossilen Brennstoffen gebunden und eingelagert war, in Form von gasförmigem Kohlendioxid freigesetzt. Kohlendioxid gehört neben Methan, Distickstoffoxid, Schwefelhexafluorid und Fluorkohlenwasserstoffen zu den anthropogenen Treibhausgasen. Diese langlebigen Spurengase reichern sich in der Erdatmosphäre an und tragen in unterschiedlichem Maße zu globalen klimatischen Veränderungen bei. Das Gleichgewicht zwischen globaler Sonneneinstrahlung und Abstrahlung der Erde wird durch Zunahme der Treibhausgaskonzentration in der Atmosphäre gestört. Folge der veränderten Strahlungsbilanz ist ein Strahlungsantrieb, der eine globale Erwärmung der Erdoberfläche bewirkt. Der Strahlungsantrieb wird in Watt pro Quadratmeter Erdoberfläche angegeben. Der Anstieg der Konzentration der Treibhausgase erhöht den Strahlungsantrieb um etwa 3 W/m^2; hiervon werden etwa 1,7 W/m^2 durch Kohlendioxid sowie 1,3 W/m^2 durch andere Treibhausgase verursacht, siehe Tab. 1.3. Die hinzukommende Luftverschmutzung, insbesondere mit kurzlebigen, gesundheitsschädlichen Schwefelpartikeln, bewirkt mit einem Strahlungsantrieb von −1,4 W/m^2 eine Abkühlung, sodass der gesamte Strahlungsantrieb durch anthropogene Einflüsse bislang 1,6 W/m^2 beträgt. Neben Treibhausgasen tragen auch Rußpartikel zu Klimaveränderungen bei. Diese lagern sich auf Schnee- und Eisflächen ab, wodurch mehr solare Wärme absorbiert wird. In der Folge schmelzen Schnee und Eis schneller. Etwa die Hälfte der Temperaturerhöhung in der Arktis und das beschleunigte Abschmelzen der Himalaja-Gletscher sind auf diesen Effekt zurückzuführen.

Die wissenschaftliche Erforschung des Treibhauseffektes hat in den vergangenen Jahren große Fortschritte erzielt. Dennoch sind heutige globale Klimamodelle wegen ihrer beschränkten zeitlichen und räumlichen Auflösung mit gewissen Unsicherheiten behaftet. Es gilt inzwischen als wissenschaftlich gesichert, dass neben natürlichen Ursachen, wie Schwankungen der Sonnenaktivität, Wolkenbildung und Vulkanismus, hauptsächlich menschliches Handeln, wie der Einsatz fossiler Brennstoffe, die intensive Landwirtschaft und die veränderte Landnutzung seit dem 18. Jahrhundert, zum Klimawandel beiträgt.

Der in den Jahren 2013 und 2014 veröffentlichte Fünfte Sachstandsbericht des IPCC[8] fasst auf Grundlage der Simulation des Klimas im Zeitraum von 1850 bis 2005 den aktuellen Kenntnisstand über die wissenschaftlichen Grundlagen des Klimawandels zusammen. Dieser Bericht beschreibt beobachtete Änderungen im Klimasystem und deren Ursachen, zukünftige Klimaänderungen, Risiken und Folgen sowie zukünftige Maßnahmen zur Anpassung an den Klimawandel und Maßnahmen zur Minderung des Klimawandels. Demnach stieg die global gemittelte kombinierte Land- und Ozeanoberflächentemperatur zwischen 1880 und 2012 um 0,85 K an. Jedes der letzten drei Jahrzehnte war durch eine höhere Erdoberflächentemperatur als alle vorangehenden Jahrzehnte seit 1850 gekennzeichnet. Der mittlere globale Meeresspiegel nahm im Zeitraum von 1901 bis 2010 um etwa 19 cm zu.

In Abb. 1.5, die aus dem Vierten Sachstandsbericht des IPCC stammt, ist die Veränderung der mittleren Temperatur auf der Nordhalbkugel der Erde in den vergangenen 1300 Jahren nach verschiedenen Modellen dargestellt. Seit 1850 wird die Temperatur mittels Messinstrumenten aufgezeichnet. Die Temperaturverläufe vor 1850 wurden anhand von sogenannten Proxydaten rekonstruiert, die aus Untersuchungen von in Eisbohrkernen eingeschlossenen Luftblasen, Gletscherschmelzen, Sedimenten, Baumringen u. a. stammen. Die auf der Ordinate abgetragenen Abweichungen der Temperatur beziehen sich auf die Durchschnittstemperatur im Zeitraum von 1961 bis 1990. Trotz teilweise erheblicher Schwankungsbreiten stimmen alle abgebildeten Modelle in der Aussage überein, dass die Temperatur seit Mitte des 19. Jahrhunderts kontinuierlich ansteigt. Nach Angaben des National Climatic Data Center[9] war die Dekade von 2000 bis 2009 weltweit die wärmste seit Beginn der Wetteraufzeichnungen. In diesem Zeitraum stieg die globale Temperatur um 0,54 K über den langjährigen Durchschnittswert. Die Jahre 2014, 2015 und 2016, in denen die globale mittlere Erdoberflächentemperatur um 0,74, 0,87 bzw. 0,94 K über dem Mittelwert des 20. Jahrhunderts lag, waren in Folge die wärmsten seit Beginn der weltweiten Aufzeichnung der Erdoberflächentemperatur im Jahr 1880. Nach Angaben der NASA traten 16 der 17 wärmsten Jahre im Zeitraum seit 2001 auf.

Bis zum Ende des 21. Jahrhunderts wird je nach Szenario eine mittlere globale Erwärmung zwischen 0,9 und 5,4 K gegenüber dem vorindustriellen Temperaturniveau erwartet, wobei die größte Erwärmung in hohen nördlichen Breiten eintreten wird. Relativ geringe

---

[8]Intergovernmental Panel on Climate Change (dt. Zwischenstaatlicher Ausschuss für Klimaänderungen). Vom Umweltprogramm der Vereinten Nationen (UNEP) und der Weltorganisation für Meteorologie (WMO) im Jahr 1988 initiiert, 194 Mitgliedsstaaten, 2007 mit dem Friedensnobelpreis geehrt.
[9]Das National Climatic Data Center des Handelsministeriums der USA stellt das weltweit größte Wetterdatenarchiv dar.

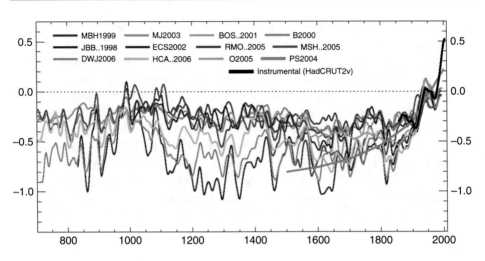

Abb. 1.5 Veränderung der mittleren Temperatur auf der Nordhalbkugel der Erde in den vergangenen 1300 Jahren bezogen auf den Zeitraum 1961–90 (rekonstruiert aus zwölf Proxydatensätzen) [11]

Temperaturänderungen haben beträchtliche Auswirkungen auf Klima und Umwelt. Diese Auswirkungen machen sich u. a. durch den Schwund der Eiskappen, das Schmelzen von Gebirgsgletschern und eine Abnahme der Schneebedeckung bemerkbar. Insbesondere der Grönländische und der arktische Eisschild verlieren seit Mitte der 90er-Jahre zunehmend an Masse. Der Zufluss von Schmelzwasser in die Ozeane sowie die thermische Ausdehnung des Meerwassers führen zum Anstieg des globalen Meeresspiegels. Ein weiterer Meeresspiegelanstieg bis zum Jahr 2100 um 26 bis 82 cm gegenüber dem Ende des vorigen Jahrhunderts wird als wahrscheinlich eingeschätzt. Ein Drittel der Menschheit lebt in einer Entfernung von weniger als 50 km von einer Küste, 600 Millionen Menschen bewohnen besonders bedrohte Küstenregionen mit einer Höhe unter zehn Metern über dem Meeresspiegel. Zu gefährdeten Küstenstädten zählen u. a. Jakarta, Mumbai, New York, Shanghai, Manila. Die Verfügbarkeit von Wasser wird vor allem in solchen Regionen abnehmen, deren Wasserversorgung von Schmelzwasser abhängt. Darüber hinaus nimmt die Häufigkeit von extremen meteorologischen, hydrologischen und klimatologischen Ereignissen wie tropische Stürme, Überflutungen, Erdrutsche, Dürren, Kälte- und Hitzewellen zu. In den vergangenen 20 Jahren hat sich die Anzahl der aufgezeichneten Naturkatastrophen von 200 auf 400 pro Jahr verdoppelt, hiervon gelten 70 % als klimabedingte Katastrophen.

Um den anthropogenen Einfluss auf das Klima zu verstehen, ist eine Betrachtung des globalen Kohlenstoffkreislaufes erforderlich, Abb. 1.6. Das Element Kohlenstoff tritt in gelöster Form in den Ozeanen sowie als Hauptbestandteil in fossilen Energieträgern, Gesteinen, Böden und marinen Sedimenten auf. Die Erdatmosphäre enthält Kohlenstoff

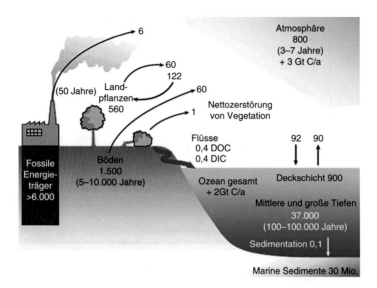

Abb. 1.6 Vereinfachtes Schema des globalen Kohlenstoffkreislaufs. Kohlenstoffvorräte sind durch fettgedruckte Zahlen in Gt C, jährliche Kohlenstoffströme durch normal gedruckte Zahlen in Gt C/a und Verweildauern in Klammern angegeben. DOC, DIC gelöster organischer bzw. anorganischer Kohlenstoff. Datenbasis stammt aus den Jahren 1997, 2003, 2005 und 2006 [12]

hauptsächlich als gasförmiges Kohlendioxid, dessen Anteil um etwa 2 ppm pro Jahr ansteigt. Ein Großteil des in die Atmosphäre abgegebenen Kohlendioxids entstammt natürlichen Quellen. Kohlendioxid entsteht bei der Zersetzung von Biomasse (nach Abb. 1.6 60 Gt C/a) und dem Stoffwechsel der Lebewesen (60 Gt C/a). Der natürliche Kohlenstoffhaushalt wird durch den Verbrauch von CO_2 für den Aufbau pflanzlicher Biomasse durch Photosynthese (122 Gt C/a) sowie den Austausch von Kohlendioxid zwischen der Atmosphäre und oberflächennahen Schichten der Ozeane weitgehend ausgeglichen. Die Ozeane stellen nach Abb. 1.6 nicht nur einen bedeutenden Kohlenstoffspeicher sondern auch eine wichtige CO_2-Senke dar, die jährlich 2 Mrd. t Kohlenstoff aufnimmt. Der Transport eines Teils des atmosphärischen Kohlendioxids in oberflächennahe Schichten der Ozeane (92 Gt C/a) kommt aufgrund der Partialdruckdifferenz des in der Atmosphäre und im Meerwasser gelösten Kohlendioxids zustande. Vor Beginn der Industrialisierung existierte dieses Partialdruckgefälle nicht, seither intensiviert der zunehmende CO_2-Gehalt in der Atmosphäre den Kohlendioxidtransport in die Ozeane. Der zu beobachtende schnelle Anstieg der CO_2-Menge in den Ozeanen führt durch Bildung von Kohlensäure zur Versauerung, die das Wachstum kalkbildender Organismen behindert und marine Ökosysteme gefährdet.

Anthropogene Einflüsse verändern den beschriebenen globalen Kohlenstoffkreislauf zunehmend. Gegenwärtig werden durch die Verbrennung fossiler Energieträger etwa 9,6 Gt C/a und durch die Zerstörung der Vegetation durch Forstwirtschaft und

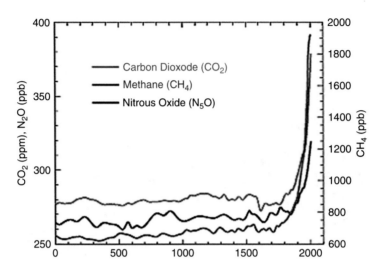

Abb. 1.7 Konzentration der Treibhausgase Kohlendioxid, Methan und Distickstoffoxid in der Atmosphäre seit Beginn der Zeitrechnung [11]

Landnutzungsänderungen etwa 1 Gt C/a freigesetzt. Durch Verbrennungsprozesse fossiler Energieträger wurden im Jahr 2016 weltweit 33,43 Mrd. t Kohlendioxid emittiert; als größte Emittenten verursachten China 9,12 Mrd. t und die USA 5,35 Mrd. t [4]. Die Umwandlung natürlicher Ökosysteme wie Wälder und Grasland in landwirtschaftlich genutzte Flächen trägt indirekt zu einem Anstieg der Kohlenstoffemissionen bei, da durch Vernichtung wichtiger CO_2-Senken in den natürlichen Kohlenstoffkreislauf eingegriffen wird. Jährlich werden ca. 13 Mio. ha Waldfläche zur Energieversorgung und Nahrungsmittelproduktion verbraucht [13], von denen lediglich etwa 10 % aufgeforstet werden [14].

Die Konzentration wichtiger Treibhausgase in der Atmosphäre seit Beginn der Zeitrechnung bis zum Jahr 2005 wird in Abb. 1.7 gezeigt. Deutlich erkennbar ist der sprunghafte Anstieg der Konzentration aller drei betrachteten Treibhausgase in der Mitte des 18. Jahrhunderts. Der CO_2-Gehalt der Atmosphäre hat sich von 280 ppm vor Beginn der Industrialisierung um 43 % auf 400 ppm im Jahr 2013 erhöht. Die heutige CO_2-Konzentration ist die höchste seit mindestens 800.000 Jahren. Die Methankonzentration stieg gegenüber vorindustriellen Zeiten um 150 %, die von Distickstoffoxid um 20 %. Methanemissionen entstehen hauptsächlich als Stoffwechselprodukt von Wiederkäuern, bei der Förderung, dem Transport und der Verteilung von Erdgas sowie auf Abfalldeponien als Hauptbestandteil des Deponiegases. Die wichtigste Ursache für den Anstieg der Emissionen von Distickstoffoxid besteht in der intensiven Düngung landwirtschaftlich genutzter Flächen. Neben den beschriebenen Gasen gelangen völlig neuartige Stoffe in die Atmosphäre, die in der Natur praktisch nicht vorkommen, sondern ausschließlich durch den Menschen erzeugt werden. Hierzu zählen Halone und Schwefelhexafluorid.

In Aufgabe 1.1 wird die Freisetzung von CO_2-Emissionen durch die Verbrennung verschiedener fester und gasförmiger kohlenstoffhaltiger Energieträger in konventionellen Kraftwerken quantitativ verglichen.

Aufgabe 1.1

Bestimmen Sie für die Primärenergieträger Braunkohle, Steinkohle und Erdgas den jeweiligen Kohlendioxidausstoß, der bei der vollständigen Verbrennung in fossil befeuerten Kraftwerken entsteht. Ermitteln Sie weiterhin die spezifischen CO_2-Emissionen – den sogenannten CO_2-Emissionsfaktor – in kg/MJ und g/kWh$_{th}$. Die Zusammensetzung der betrachteten Brennstoffe wurde mittels Elementaranalyse festgestellt und entspricht den in den folgenden Tabellen angegebenen Massen- bzw. Volumenanteilen; x_A und x_W kennzeichnen die Massenanteile von Asche und Wasser:

Massenanteile	x_C	x_H	x_O	x_N	x_S	x_A	x_W
Braunkohle	0,32	0,02	0,09	0,01	0,01	0,05	0,50
Steinkohle	0,80	0,05	0,03	0,01	0,01	0,01	0,04

Volumenanteile	$\widehat{y}_{CH_4}$	$\widehat{y}_{C_2H_6}$	$\widehat{y}_{C_3H_8}$	$\widehat{y}_{CO_2}$	$\widehat{y}_{N_2}$
Erdgas	0,93	0,02	0,03	0,01	0,01

Die Lösung der Aufgabe wird für die Verbrennung von 1 kg Kohle bzw. 1 m³ Erdgas durchgeführt. Zunächst werden die Festbrennstoffe Braunkohle und Steinkohle betrachtet. Die Analyse der brennbaren Bestandteile der beiden Kohlearten ergibt, dass lediglich das Element Kohlenstoff bei der vollständigen Verbrennung nach folgender exothermer Reaktionsgleichung zu Kohlendioxid oxidiert:

$$C \; + \; O_2 \; \rightleftharpoons \; CO_2$$

Das entstehende Rauchgas besteht neben Kohlendioxid aus weiteren gasförmigen Bestandteilen wie Wasserdampf, Schwefel- und Stickoxiden, die für die Lösung der Aufgabe aber nicht von Bedeutung sind. Aus der angegebenen Reaktionsgleichung kann unmittelbar die Stoffmengenbilanz abgeleitet werden:

$$1 \text{ kmol } C \; + \; 1 \text{ kmol } O_2 \; \rightleftharpoons \; 1 \text{ kmol } CO_2$$

Die Multiplikation der Stoffmengenbilanz mit den zugehörigen molaren Massen der Moleküle $M_C = 12$ kg/kmol, $M_{O_2} = 32$ kg/kmol, $M_{CO_2} = 44$ kg/kmol liefert die Massenbilanz:

$$12 \text{ kg } C \; + \; 32 \text{ kg } O_2 \; \rightleftharpoons \; 44 \text{ kg } CO_2$$

Aus dieser Massenbilanz geht hervor, dass die Oxidation von 12 kg Kohlenstoff zur Bildung von 44 kg Kohlendioxid führt. Bei der Oxidation von 1 kg Kohlenstoff entstehen demnach 44/12 kg oder 11/3 kg Kohlendioxid. Aus dieser Tatsache lässt sich eine Gleichung ableiten, die die Berechnung der gebildeten Masse an Kohlendioxid m_{CO_2} bei vollständiger Verbrennung einer beliebigen Masse eines festen Energieträgers m_B mit einem bekannten Massenanteil an Kohlenstoff x_C gestattet:

$$m_{CO_2} = \frac{11}{3}\ x_C \cdot m_B$$

Da die CO_2-Emissionen in m^3/kg anzugeben sind, ist die Masse des gebildeten gasförmigen Kohlendioxids in das entsprechende Volumen bei Normbedingungen ($T^0 = 273{,}15$ K, $p^0 = 1{,}013$ bar) umzurechnen:

$$V_{CO_2} = \frac{m_{CO_2}}{\rho_{CO_2}^0}$$

Hierzu ist die Normdichte erforderlich:

$$\rho_{CO_2}^0 = 1{,}977\ kg/m^3$$

Für die Verbrennung von 1 kg Braunkohle erhält man:

$$m_{CO_2 BK} = \frac{11}{3} \cdot 0{,}32 \cdot 1\ kg = 1{,}173\ kg$$

$$V_{CO_2 BK} = \frac{1{,}173\ kg \cdot m^3}{1{,}977\ kg} = \underline{\underline{0{,}593\ m^3}}$$

Analog ergibt sich für die Verbrennung von 1 kg Steinkohle:

$$m_{CO_2 SK} = \frac{11}{3} \cdot 0{,}80 \cdot 1\ kg = 2{,}933\ kg$$

$$V_{CO_2 SK} = \frac{2{,}933\ kg \cdot m^3}{1{,}977\ kg} = \underline{\underline{1{,}484\ m^3}}$$

Der Emissionsfaktor berücksichtigt den Energieinhalt des Energieträgers in Gestalt des Heizwertes H_u. Deshalb eignet er sich für den Vergleich verschiedenartiger Energieträger. Für feste und flüssige Brennstoffe gilt

$$E = \frac{m_{CO_2}}{m_B \cdot H_u} \cdot$$

Zur Abschätzung des Heizwertes existieren Korrelationsgleichungen in Abhängigkeit von der Zusammensetzung des Energieträgers. Für feste und flüssige Brennstoffe eignet sich folgende Gleichung [15]:

$$H_u \approx 34{,}0 \; x_C + 101{,}6 \; x_H + 6{,}3 \; x_N + 19{,}1 \; x_S - 9{,}8 \; x_O - 2{,}5 \; x_W \qquad \text{in MJ/kg}$$

Mit den gegebenen Massenanteilen erhält man die Heizwerte für Braun- und Steinkohle:

$$H_{uBK} \approx 34{,}0 \cdot 0{,}32 + 101{,}6 \cdot 0{,}02 + 6{,}3 \cdot 0{,}01 + 19{,}1 \cdot 0{,}01 - 9{,}8 \cdot 0{,}09 - 2{,}5 \cdot 0{,}50$$
$$= \underline{11{,}03 \; \text{MJ/kg}}$$

$$H_{uSK} \approx 34{,}0 \cdot 0{,}80 + 101{,}6 \cdot 0{,}05 + 6{,}3 \cdot 0{,}01 + 19{,}1 \cdot 0{,}01 - 9{,}8 \cdot 0{,}03 - 2{,}5 \cdot 0{,}04$$
$$= \underline{32{,}14 \; \text{MJ/kg}}$$

Anschließend können die gesuchten Emissionsfaktoren für $m_B = 1 \; \text{kg}$ berechnet werden:

$$E_{BK} = \frac{1{,}173 \, \text{kg} \; \text{kg}}{1 \, \text{kg} \cdot 11{,}03 \; \text{MJ}} = 0{,}106 \; \frac{\text{kg}}{\text{MJ}} = \underline{\underline{382 \; \frac{\text{g}}{\text{kWh}_{th}}}}$$

$$E_{SK} = \frac{2{,}933 \, \text{kg} \; \text{kg}}{1 \, \text{kg} \cdot 32{,}14 \; \text{MJ}} = 0{,}091 \; \frac{\text{kg}}{\text{MJ}} = \underline{\underline{328 \; \frac{\text{g}}{\text{kWh}_{th}}}}$$

Den Ausgangspunkt für die Analyse gasförmiger Energieträger bildet wiederum der vollständige Verbrennungsprozess mit den zugehörigen Reaktionsgleichungen. Es sind alle im Erdgas enthaltenen Kohlenwasserstoffe zu berücksichtigen, die bei der Oxidation zur Bildung von Kohlendioxid führen. Im vorliegenden Falle sind dies Methan, Ethan und Propan. Sämtliche bei der Verbrennung ablaufenden exothermen Reaktionen lassen sich wie folgt zusammenfassen, wobei für Methan $n = 1$ gilt:

$$C_n H_m \; + \; \left(n + \frac{m}{4}\right) \cdot O_2 \; \rightleftharpoons \; n \cdot CO_2 \; + \; \frac{m}{2} \cdot H_2O$$

Bei Annahme eines idealen Gasverhaltens kann aus obiger Reaktionsgleichung unmittelbar auf das Volumen des jeweils gebildeten Kohlendioxids geschlossen werden:

$$1 \; \text{m}^3 \; C_n H_m \; + \; \left(n + \frac{m}{4}\right) \text{m}^3 \cdot O_2 \; \rightleftharpoons \; n \; \text{m}^3 \cdot CO_2 \; + \; \frac{m}{2} \; \text{m}^3 \cdot H_2O$$

Außerdem ist das im Erdgas enthaltene Kohlendioxid zu beachten, das sich bei der Verbrennung inert verhält. Zur Ermittlung des Gesamtvolumens an Kohlendioxid im Rauchgas betrachten wir 1 m³ Erdgas mit gegebener Zusammensetzung:

$$V_{CO_2 EG} = \widehat{y}_{CO_2} + \sum n \cdot \widehat{y}_{C_n H_m}$$

$$V_{CO_2 EG} = 0{,}01 + 0{,}93 + 2 \cdot 0{,}02 + 3 \cdot 0{,}03 = \underline{\underline{1{,}07 \ m^3}}$$

Für die Bestimmung des Emissionsfaktors gasförmiger Brennstoffe unter Normbedingungen gilt:

$$E = \frac{m_{CO_2}}{V_B \cdot H_u^0}$$

Man benötigt für die weitere Berechnung demnach die Masse des entstehenden Kohlendioxids sowie den Heizwert von Erdgas. Die Umrechnung der Masse in das Volumen geschieht mithilfe der Normdichte:

$$m_{CO_2} = V_{CO_2} \cdot \rho_{CO_2}^0 = 1{,}07 \ m^3 \cdot 1{,}977 \ \frac{kg}{m^3} = 2{,}115 \ kg$$

Die Ermittlung des Heizwertes erfolgt in zwei Schritten. Zunächst wird anhand der Stoffmengenanteile der molare Heizwert H_{um} mittels einer geeigneten Korrelationsgleichung z. B. nach [15] bestimmt. Für ein ideales Gasgemisch sind die Stoffmengenanteile und die Volumenanteile identisch, es gilt $\tilde{y}_i = \widehat{y}_i$. Der molare Heizwert wird anschließend unter Verwendung des molaren Volumens eines idealen Gases unter Normbedingungen $V_m^0 = 22{,}413 \ m^3/kmol$ in den auf das Normvolumen bezogenen Heizwert H_u^0 umgerechnet:

$$H_{um} \approx 282{,}98 \ \tilde{y}_{CO} + 241{,}81 \ \tilde{y}_{H_2} + 802{,}6 \ \tilde{y}_{CH_4} + 1323{,}15 \ \tilde{y}_{C_2 H_4} + 1428{,}64 \ \tilde{y}_{C_2 H_6}$$
$$+ \ 1925{,}97 \ \tilde{y}_{C_3 H_6} + 2043{,}11 \ \tilde{y}_{C_3 H_8} + 2657{,}32 \ \tilde{y}_{C_4 H_{10}} \ \text{in MJ/kmol}$$

$$H_{um} \approx 802{,}6 \ \cdot 0{,}93 + 1428{,}64 \ \cdot 0{,}02 + 2043{,}11 \cdot 0{,}03 = 836{,}28 \ \text{MJ/kmol}$$

$$H_u^0 = \frac{H_{um}}{V_m^0} = \frac{836{,}28 \ \text{MJ} \ \text{kmol}}{22{,}413 \ m^3 \ \text{kmol}} = \underline{37{,}31 \ \frac{\text{MJ}}{m^3}}$$

Für ein Erdgasvolumen von $V_B = 1 \ m^3$ erhält man schließlich

$$E_{EG} = \frac{m_{CO_2}}{V_B \cdot H_u^0} = \frac{2{,}115 \ \text{kg} \ m^3}{1 \ m^3 \cdot 37{,}31 \ \text{MJ}} = 0{,}0566 \ \frac{kg}{\text{MJ}} = \underline{\underline{204 \ \frac{g}{\text{kWh}_{th}}}}$$

Diskussion: Der Emissionsfaktor ist einerseits von der Zusammensetzung des Brennstoffs andererseits von dessen Heizwert abhängig. Ein hoher Kohlenstoff- bzw. Kohlenwasserstoffanteil des Brennstoffs hat einen hohen Kohlendioxidgehalt des Rauchgases zur Folge. Die Berechnungsergebnisse zeigen weiter, dass Erdgas mit 204 g/kWh$_{th}$ den geringsten Emissionsfaktor aufweist. Demgegenüber führt die Verbrennung von Braunkohle aufgrund ihres im Vergleich zu Steinkohle wesentlich geringeren Heizwertes mit 382 g/kWh$_{th}$ zu den höchsten spezifischen CO_2-Emissionen. Die berechneten Emissionsfaktoren beziehen sich lediglich auf den Umwandlungsschritt von Primärenergie in thermische Energie. Bei der anschließenden Umwandlung von thermischer in elektrische Energie treten größere Emissionsfaktoren auf, da weitere verlustbehaftete Umwandlungsschritte notwendig sind. Für die gesamte Umwandlungskette von Primär- in elektrische Energie teilte das Umweltbundesamt für das Jahr 2011 für den deutschen Strommix einen Emissionsfaktor von 566 g/kWh$_{el}$ mit, während im gleichen Jahr 304 Millionen t Kohlendioxid bei der Stromerzeugung freigesetzt wurden.

Auf der 3. Vertragsstaatenkonferenz der Klimarahmenkonvention Vereinten Nationen (COP3), die im Jahr 1997 in Kyoto stattfand, hat sich die internationale Staatengemeinschaft erstmals auf Ziele und Umsetzungsinstrumente für den globalen Klimaschutz geeinigt. Im Kyoto-Protokoll verpflichteten sich die Industriestaaten völkerrechtlich verbindlich, ihre Treibhausgasemissionen bis 2012 um 5,2 % unter das Niveau des jeweils festgelegten Basisjahres 1990 bzw. 1995[10] zu senken. Die einzelnen Länder haben dabei unterschiedliche Reduktionsziele akzeptiert. Die Europäische Union (EU-15) konnte ihr Minderungsziel der Treibhausgas-Emissionen um 8 % im Durchschnitt der Jahre 2008 bis 2012 gegenüber 1990 erfüllen. Die Bundesregierung hatte sich gemäß Kyoto-Protokoll verpflichtet, die Treibhausgasemissionen in Deutschland bis 2012 gegenüber 1990/95 um 21 % zu verringern. Bis 2012 gelang eine Reduzierung um 23,6 %, bis 2015 um 27,2 %.

Anknüpfend an das Kyoto-Protokoll verpflichteten sich nach langjährigen Verhandlungen 195 Länder auf der 21. Vertragsstaatenkonferenz (COP21) Ende 2015 in Paris, die Weltwirtschaft auf klimafreundliche Weise umzugestalten und nationale Klimaschutzziele zu erfüllen. Nach der bisherigen Regelung im Kyoto-Protokoll waren nur einige Industriestaaten verpflichtet, Emissionen zu senken. Mit der Ratifizierung des ab 2020 in Kraft tretenden Pariser Abkommens sind künftig alle Staaten völkerrechtlich verpflichtet, Maßnahmen zur Erreichung der Ziele zum Klimaschutz zu ergreifen. Entwicklungsländer werden finanziell sowie durch Wissens- und Technologietransfer bei der Umsetzung ihrer Maßnahmen zum Klimaschutz unterstützt. Ziel der internationalen Staatengemeinschaft ist es, die globale Erderwärmung auf deutlich unter 2 K, möglichst sogar unter 1,5 K gegenüber dem vorindustriellen Temperaturniveau zu begrenzen. Die Europäische Union

---

[10]Für Kohlendioxid, Methan und Stickoxide wurde als Basisjahr 1990, für fluorierte Gase das Jahr 1995 festgelegt.

(EU-28) beabsichtigt, die Treibhausgasemissionen auf Grundlage einer wettbewerbs-
fähigen CO_2-armen Wirtschaft bis 2020 um mindestens 20 % gegenüber dem Bezugsjahr
1990 und bis 2030 um mindestens 40 % zu verringern.

Aktuelle Ergebnisse der Klimaforschung weisen darauf hin, dass sich einige Effekte des
Klimawandels schneller und intensiver vollziehen als vom IPCC beschrieben wurde
[16]. Hierdurch entstehen Risiken, die zwar eine geringe Eintrittswahrscheinlichkeit aufweisen, die aber die Gefahr in sich bergen, das globale Ökosystem erheblich, mitunter
irreversibel zu beeinträchtigen. Es handelt sich dabei um durch geringe Klimaveränderungen ausgelöste sich selbstverstärkende Prozesse, wie Störungen des
Zirkulationssystems des Atlantischen Ozeans, die Störung des indischen Monsuns oder
das Schmelzen des antarktischen oder des Grönländischen Eisschildes. Zur Vermeidung
einer gefährlichen Beeinflussung des globalen Klimasystems ist es nach heutigen Erkenntnissen erforderlich, die Erderwärmung – wie in Paris als Ziel festgelegt – auf maximal 2 K
im Vergleich zur vorindustriellen Zeit zu beschränken. Die Konzentration aller Treibhausgase muss langfristig so begrenzt werden, dass ihre Gesamtwirkung die von 450 ppm
Kohlendioxid nicht übersteigt. Die kumulierten CO_2-Emissionen müssten auf 800 Mrd. t
begrenzt werden, um dieses Ziel zu erreichen. Andernfalls werden plötzliche und unum-
kehrbare klimatische Veränderungen wahrscheinlich, in deren Folge erhebliche soziale,
wirtschaftliche und sicherheitspolitische Risiken entstünden. Die jährlichen Gesamtkosten
für Maßnahmen zur Begrenzung der Treibhausgasemissionen werden mit weniger als 1 %
des globalen Bruttoinlandsproduktes abgeschätzt [17]; demgegenüber würden bei unter-
lassenem Handeln gegen den Klimawandel Schadenskosten in Höhe von mindestens 5 %
des globalen Bruttoinlandsproduktes pro Jahr verursacht [18].

Neben Maßnahmen zur Minderung von Treibhausgasemissionen gewinnen wegen der
Trägheit des Klimasystems und der langen Lebensdauer von Kohlendioxid Maßnahmen
zur Anpassung an den Klimawandel an Bedeutung, um Menschenleben zu schützen und
wirtschaftliche Schäden zu minimieren. Hierzu zählen der Hochwasserschutz, die Begrenzung von Gesundheitsrisiken, Anpassungen in der Land- und Forstwirtschaft sowie im
Tourismus. Durch die Verschiebung von Klimazonen verändern sich Fauna und Flora.
Gesundheitliche Risiken entstehen durch die Ausbreitung von Infektions- und vektor-
übertragenen Krankheiten auf neue geografische Gebiete, aber auch durch klimatologische
Extremereignisse. Beispielsweise forderten sommerliche Hitzewellen im Jahr 2003 in
zwölf europäischen Ländern schätzungsweise 50.000 bis 70.000 Opfer [17, 19].

Der Klimawandel stellt eine Bedrohung für alle Länder dar. Seine Folgen werden jedoch
insbesondere in Entwicklungsländern spürbar sein, da die Landwirtschaft hier eine wich-
tigere Rolle als in industrialisierten Ländern spielt und die Abhängigkeit von natürlichen
Ressourcen stärker ausgeprägt ist. Der Anteil der Landwirtschaft am jeweiligen Bruttoinlandsprodukt beträgt beispielsweise in Subsahara-Afrika 15 % (ohne die Einbeziehung von
Südafrika sogar 23 %), in Südasien 18 %, in Westeuropa dagegen nur 2 % [17]. In den
meisten Entwicklungsländern fehlen sowohl finanzielle und technische Mittel als auch
politisch und gesellschaftlich stabile Strukturen, um sich auf Klimaveränderungen ange-
messen einzustellen. Bis Mitte des 21. Jahrhunderts wird weltweit mit etwa 200 Millionen

Flüchtlingen gerechnet, die durch klimabedingte Umweltveränderungen ihre Existenzgrundlagen vor allem wegen Wassermangel, ungenügender Nahrungsmittelproduktion und der Zunahme von Sturm- und Flutkatastrophen verlieren. Regionale Brennpunkte entstehen u. a. in Nordafrika, der Sahelzone, Zentralasien, Indien, China. Das Pariser Klimaschutzabkommen widmet deshalb dem Solidaritätsprinzip zur Unterstützung von den Folgen des Klimawandels besonders betroffener Staaten besondere Aufmerksamkeit.

Aus den dargestellten Problemen ergeben sich für die zukünftige Energieversorgung folgende Schlussfolgerungen: Die technische Verfügbarmachung sowie die sichere, soziale, kostengünstige und umweltverträgliche Bereitstellung von Energie bedeuten eine zentrale Herausforderung, die die Menschheit im 21. Jahrhundert zu bewältigen hat. Eine nachhaltige Energieversorgung unter Berücksichtigung aller verfügbaren Technologien ist Voraussetzung für die Sicherung des Lebensstandards, ohne die Existenz künftiger Generationen zu beeinträchtigen. Um den Ausstoß von Treibhausgasen spürbar zu vermindern, sind vielfältige Maßnahmen notwendig. Neben der mittelfristigen Verbesserung konventioneller Kraftwerkstechnologien durch Wirkungsgradsteigerung und Dekarbonisierung sind kohlenstoffarme Technologien zur Nutzung erneuerbarer Energiequellen langfristig erheblich auszubauen. Darüber hinaus sind Technologien zu entwickeln, die der Atmosphäre Treibhausgase entziehen.

Weltweit existierten im Jahr 2015 Kraftwerke mit einer Gesamtkapazität von 1849 GW zur Stromerzeugung aus erneuerbare Energiequellen; den größten Anteil besaßen Wasserkraftwerke mit einer Gesamtkapazität von 1064 GW, es folgten Windkraftanlagen mit 433 GW und Photovoltaikanlagen mit 227 GW installierter elektrischer Leistung [20]. Das globale Investitionsvolumen im Bereich erneuerbarer Energien stieg 2015 auf 286 Mrd. US-Dollar; davon flossen 56 % in Technologien zur Nutzung der Solarstrahlung und 38 % in Windkraftanlagen [20]. Die energiepolitische Förderung der Stromerzeugung aus erneuerbaren Energiequellen geschah im Jahr 2015 in 75 Ländern durch Systeme mit Einspeisevergütungen, in 64 Ländern durch Ausschreibungsregelungen [20]. Im Zeitraum von 2003 bis 2030 werden weltweit Kraftwerke mit einer Gesamtkapazität von 4700 GW neu errichtet, davon entfällt eine Kapazität von etwa 1100 GW auf Kraftwerke zur Nutzung erneuerbarer Energien [21]. Neben Investitionen in kohlenstoffarme Energieversorgungstechnologien sind Maßnahmen zur Energieeinsparung und zur Steigerung der Energieeffizienz zu ergreifen, um die Energieversorgung nachhaltig zu gestalten.

In Deutschland stehen privaten Haushalten, Unternehmen und öffentlichen Einrichtungen mehrere Förderprogramme der Europäischen Union, des Bundes und der Länder zur Verfügung, um erneuerbare Energien einzusetzen. Weitere wirtschaftliche Anreize wurden durch Gesetzgebung und Steuerpolitik geschaffen. Eine Auswahl von wesentlichen Instrumenten zur Unterstützung der Nutzung regenerativer Energiequellen bei der Bereitstellung von elektrischer und thermischer Energie in Deutschland enthält Tab. 1.4.

Die Energiewirtschaft war und ist durch eine fortschreitende Liberalisierung leitungsgebundener Energiemärkte gekennzeichnet; in Deutschland begann dieser Prozess im Jahr 1998. Die veränderten Rahmenbedingungen zwingen Energieversorgungsunternehmen,

Tab. 1.4 Ausgewählte Förderinstrumente zur Nutzung erneuerbarer Energiequellen in Deutschland

Erneuerbare-Energien-Gesetz (EEG)	Integration von Anlagen zur Stromerzeugung aus erneuerbaren Energiequellen in den Kraftwerkspark und Anschluss an die Versorgungsnetze; bis EEG 2014: garantierte Abnahme, Übertragung und Mindestvergütung des eingespeisten Stroms; ab EEG 2017: Vergütungshöhe für Strom aus erneuerbaren Energien wird über Auktionen am Markt ermittelt
Erneuerbare-Energien-Wärmegesetz (EEWärmeG)	Förderung von Maßnahmen zum Einsatz erneuerbarer Energien im Wärmebereich durch anteilige Nutzungspflicht; Investitionszuschüsse für die Errichtung und Erweiterung von Anlagen zur Deckung des Wärme- und Kühlenergiebedarfs aus erneuerbaren Energiequellen
Marktanreizprogramm (MAP)	Gewährung von Investitionskostenzuschüssen und zinsgünstigen Darlehen zur Nutzung erneuerbarer Energien im Bereich der Wärmeerzeugung
Programme der KfW-Förderbank	zinsgünstige Finanzierung von Investitionen zur Energieeinsparung in Neubauten oder im Gebäudebestand unter Einbeziehung erneuerbarer Energien

die Energiebereitstellung auf wettbewerbsfähiger Basis zu sichern. Voraussetzung hierfür ist eine Erweiterung der Energieversorgungsbasis unter Einbeziehung erneuerbarer Energiequellen. Ab 2040 werden erneuerbare Energiequellen die wichtigste Ressource zur Deckung des globalen Primärenergieverbrauchs darstellen, siehe Abb. 1.2. Energie- und wirtschaftspolitische Lenkungsmaßnahmen, weitere Investitionen in Forschung und Entwicklung sowie eine adäquate Ingenieurausbildung bilden notwendige Voraussetzungen für den weiteren Ausbau der Nutzung regenerativer Energiequellen.

Bei der Mehrheit der Bevölkerung in Europa hat sich in den vergangenen Jahren ein gewisses Umweltbewusstsein herausgebildet. Technologien zur Nutzung erneuerbarer Energiequellen besitzen überwiegend ein positives Image. Dieser innovative Wirtschaftszweig ist durch ein hohes Wachstum gekennzeichnet und für Hochschulabsolventen attraktiv. In Deutschland wuchs die Anzahl der im Bereich der erneuerbaren Energien Beschäftigten von etwa 50.000 im Jahr 1998 auf über 355.000 im Jahr 2014; in die Errichtung entsprechender Anlagen wurden im selben Jahr 15 Mrd. € investiert. Insgesamt wurden im Jahr 2014 durch den Einsatz erneuerbarer Energiequellen in Deutschland 156 Mio. Tonnen Treibhausgasemissionen vermieden [1].

1.3   Energieformen und Energieumwandlungen

Unter Energie versteht man die Fähigkeit eines Systems, Arbeit zu verrichten. Nach dem Ersten Hauptsatz der Thermodynamik, der das Naturgesetz der Energieerhaltung beschreibt, kann Energie weder erzeugt noch vernichtet werden. Begriffe wie Energieer-

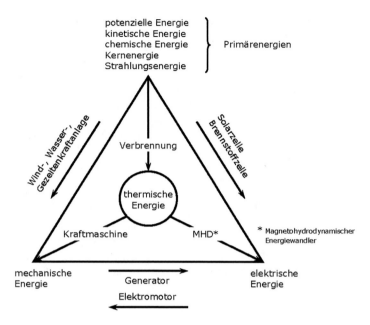

Abb. 1.8 Verfügbare Technologien zur Umwandlung von Primärenergie in elektrische Energie (nach [14])

zeugung oder Energieverbrauch sind daher physikalisch falsch, sie wurden jedoch in den allgemeinen Sprachgebrauch übernommen und deshalb auch in diesem Lehrbuch verwendet. Der Zweite Hauptsatz der Thermodynamik beschreibt die eingeschränkte Möglichkeit der Umwandlung von thermischer Energie in andere Energieformen. Thermische Energie besteht demnach aus einem arbeitsfähigen, in andere Energieformen umwandelbaren Anteil, der Exergie, und einem nicht arbeitsfähigen Anteil, der Anergie, der unter gegebenen Randbedingungen nicht in andere Energieformen umwandelbar ist.

Abb. 1.8 fasst Technologien zur Umwandlung verschiedener Primärenergiearten in elektrische Energie zusammen. Diese steht neben thermischer Energie im Mittelpunkt dieses Lehrbuches. Elektrische Energie ist universell einsetzbar, relativ einfach in andere Energieformen wandelbar und mittels elektrischer Leiter über weite Entfernungen transportierbar. Die Umwandlung von in fossilen Energieträgern gebundener chemischer Energie in elektrische Energie findet größtenteils in thermischen Kraftwerken statt und erfordert nach Abb. 1.8 drei Umwandlungsschritte: Zunächst wird in der Feuerung oder Brennkammer chemische Energie durch einen Verbrennungsvorgang unter Bildung von Kohlendioxid in thermische Energie überführt (siehe Aufgabe 1.1), die an ein geeignetes Arbeitsmittel übertragen wird. Anschließend erfolgt unter Nutzung von thermischen Kreisprozessen die Umwandlung von thermischer Energie in mechanische Rotationsenergie mittels einer Kraftmaschine. In einem Generator läuft schließlich die Umformung von mechanischer

Tab. 1.5 Einteilung verschiedener Energieformen nach dem Umwandlungsgrad

Energieform	Beschreibung	Arten	Beispiele
Primärenergie	in der Natur vorkommende Energiereserve bzw. -quelle; keine technische Umwandlung, häufig nicht zur Nutzung geeignet	fossil, nuklear, erneuerbar	Erdöl, Biomasse, Windkraft, Solarstrahlung
Sekundärenergie	direkt oder durch Umwandlung aus Primär- oder anderen Sekundärenergien gewonnen; durch technische Prozesse anwendungsreife Energie, die bei Bedarf in End- oder Nutzenergie wandelbar ist	thermisch, elektrisch, chemisch	Benzin, Heizöl, elektrische Energie, Dampf
Endenergie	Energie, die der Endverbraucher bezieht	thermisch, elektrisch, chemisch	elektrische Energie, Fernwärme
Nutzenergie	Energie an den Endgeräten des Verbrauchers	Wärme, elektrischer Strom, mechanische Energie	Raumbeleuchtung, Raumtemperierung

Rotationsenergie in elektrische Energie ab. Andere Technologien benötigen zur Bereitstellung elektrischer Energie nur zwei Umwandlungsschritte (Wind-, Wasser-, Gezeitenkraftanlagen) oder wandeln Primärenergie direkt in elektrische Energie um (Solarzelle, Brennstoffzelle). Sofern innerhalb eines Kraftwerksprozesses Energie in Form von thermischer Energie auftritt, ist deren weitere Umwandlung in mechanische Energie durch den Carnot-Wirkungsgrad begrenzt. Dieser charakterisiert den theoretisch maximal möglichen Wirkungsgrad der Umwandlung von thermischer in mechanische Energie und hängt von der höchsten und niedrigsten Arbeitsmitteltemperatur im thermodynamischen Kreisprozess ab.

Energieträger sind Stoffe natürlicher Herkunft, aus denen direkt, in der Regel aber erst durch Umwandlung brauchbare Energieformen gewonnen werden können. Durch Umwandlung verändert sich die chemische und/oder physikalische Struktur eines Energieträgers. Im Bereich der Energiewirtschaft unterteilt man Energieträger nach ihrem Umwandlungsgrad in Primär-, Sekundär-, End- und Nutzenergieträger, Tab. 1.5. Jede Umwandlung ist durch physikalische Einschränkungen, den Eigenenergiebedarf des Umwandlungsprozesses sowie Energietransportvorgänge verlustbehaftet. Weiterhin wird ein Teil der Primärenergieträger nichtenergetisch genutzt, z. B. in der chemischen Industrie zur stofflichen Wandlung. In Deutschland kann etwa ein Drittel der eingesetzten Primärenergie als Nutzenergie verwendet werden, während etwa zwei Drittel als Verluste

Steinkohle (18,2 %)
Braunkohle (24,0 %)
Mineralöl (0,9 %)
Erdgas (8,8 %)
Kernkraft (14,1 %)
Wind (13,3 %)
Wasser (3,0 %)
sonstige (17,7 %)

Abb. 1.9 Anteile verschiedener Energieträger an der Bruttostromerzeugung in Deutschland im Jahr 2015, Zahlenangaben gerundet [22]

verloren gehen. Nutzenergie wird hauptsächlich als thermische Energie – in Form von Raumwärme oder Prozesswärme – und als mechanische Energie zum Antrieb von Fahrzeugen und Maschinen sowie zur Umwandlung in elektrische Energie benötigt. Als Nutzenergien können außerdem die Energiedienstleistungen Transport, Produktion, Kommunikation aufgefasst werden.

Die Primärenergieträgerbasis umfasst die Gesamtheit aller grundsätzlich zur Verfügung stehenden natürlichen Energieträger. Diese können in konventionelle Energieträger und erneuerbare Energiequellen eingeteilt werden. Konventionelle Energieträger bestehen aus endlichen, sich verbrauchenden Vorräten. Hierzu zählen fossile und nukleare Energieträger. Erneuerbare Energiequellen umfassen Energieträger, die in menschlichen Zeitmaßstäben unerschöpflich sind. Der Beitrag konventioneller und regenerativer Energieträger zur Bruttostromerzeugung in Deutschland im Jahr 2015 geht aus Abb. 1.9 hervor.

Verschiedene Institutionen und Organisationen wie der World Energy Council, die Internationale Energieagentur, die Energy Information Administration der USA, die Europäische Kommission sowie Unternehmen wie Shell, ExxonMobile und BP veröffentlichen regelmäßig Prognosen zur Entwicklung des Weltenergieverbrauches unter Annahme bestimmter Randbedingung wie Bevölkerungswachstum, demografische und wirtschaftliche Entwicklung.

Mögliche Wege zur Umgestaltung der Deckung des globalen Primärenergieverbrauches durch verschiedene Energieträger sind in Abb. 1.10 dargestellt. In [23] wird ein Szenario mit Null-Nettoemissionen bis zum Ende dieses Jahrhunderts beschrieben. Dieses geht von einem Anstieg der Weltbevölkerung bis zum Jahr 2100 auf 10 Milliarden Menschen aus. Weiterhin wird bis 2100 eine Verdoppelung des globalen Primärenergieverbrauchs gegenüber 2015 angenommen. Das Szenario unterstellt eine tief greifende, innerhalb eines globalen politischen Rahmens abgestimmte Umgestaltung der Energiewirtschaft unter Einbeziehung von Maßnahmen zur Steigerung der Energieeffizienz, sodass die Erderwärmung auf 2 K gegenüber dem vorindustriellen Temperaturniveau begrenzt werden kann. Um dieses Ziel zu erreichen, müssten die CO_2-Emissionen auf unter 10 Gt/a sinken.

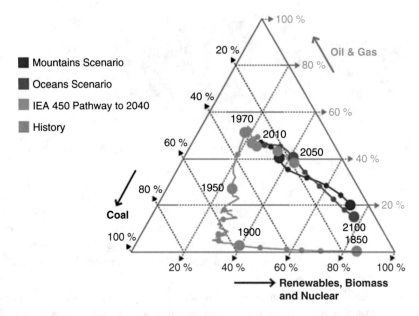

Abb. 1.10 Szenarien zur Deckung des globalen Energiebedarfs bis 2100 nach Shell [23]

Während sich nach diesem Szenario der Anteil der fossilen Energieträger Kohle, Erdöl, Erdgas an der Deckung des Primärenergieverbrauchs auf etwa 25 % verringert, steigt der Beitrag der erneuerbaren Energiequellen einschließlich traditioneller Biomasse und der Kernenergie auf 75 % an. Fossil befeuerte Kraftwerke und Biomassekraftwerke werden größtenteils mit Technologien zur CO_2-Abtrennung[11] ausgerüstet sein.

Die Hauptaufgabe der regenerativen Energietechnik besteht in der möglichst rationellen Umwandlung verschiedener erneuerbarer Primärenergieformen in thermische und/oder elektrische Endenergie, die bei Bedarf in Nutzenergie umgeformt wird. Die darüber hinaus mögliche vielfältige stoffliche Nutzung nachwachsender Rohstoffe, die auf pflanzlicher oder tierischer Biomasse basieren, wird in diesem Lehrbuch nicht behandelt. An dieser Stelle sei lediglich darauf verwiesen, dass in der deutschen chemischen Industrie jährlich etwa 2,7 Millionen Tonnen nachwachsender Rohstoffe wie Stärke, Zucker, Zellulose, Fette, Öle und pharmazeutische Wirkstoffe verarbeitet werden. Nachwachsende Rohstoffe bilden somit etwa 13 % der Rohstoffbasis der chemischen Industrie in Deutschland.

---

[11]Technologien zur Abscheidung und Speicherung von Kohlendioxid werden auch als *Carbon Capture and Storage* (*CCS*) bezeichnet. In fossilen Kraftwerken existieren prinzipiell zwei Möglichkeiten: die Abscheidung von Kohlendioxid aus dem Kraftwerksprozess vor der Verbrennung oder nach der Verbrennung. Durch Kombination von Biomassekraftwerken und CCS-Technologien kann der Atmosphäre Kohlendioxid entzogen werden (sogenannte negative Emissionen).

1.4 Erneuerbare Energiequellen

Es werden drei regenerative Primärenergiearten unterschieden:

- die Solarstrahlung als Folge der Kernfusion im Inneren der Sonne
- die geothermische Energie als Folge des radioaktiven Zerfalls im Erdkern
- die Gezeitenenergie als Folge der Planetenbewegung und Gravitation

Die Solarstrahlung kann direkt genutzt werden. Daneben bildet sie die Grundlage für weitere regenerative Energiearten: Die unterschiedliche Erwärmung der Erdoberfläche bewirkt die Ausbildung von Luftdruckunterschieden; in der Folge entstehen in der Atmosphäre Luftströmungen. Die Solarstrahlung treibt den Wasserkreislauf an und ist Voraussetzung für die Produktion von Biomasse durch Photosynthese. Die aus den genannten regenerativen Primärenergiequellen resultierenden Energieströme unterscheiden sich hinsichtlich der Energiedichte und der Verfügbarkeit. Durch geeignete Technologien ist die Umwandlung regenerativer Primärenergieträger in verbrauchsgerechte End- und Nutzenergie möglich. Tab. 1.6 gibt einen Überblick über das erneuerbare Energieangebot und dessen energetischen Nutzungsmöglichkeiten.

Die in Tab. 1.6 dargestellten Technologien haben verschiedene technologische Reifegrade erreicht und unterscheiden sich demzufolge in ihrer Wirtschaftlichkeit, die wiederum Auswirkungen auf die Kosten der bereitgestellten Endenergie hat. Die hauptsächlichen Vor- und Nachteile erneuerbarer Energiequellen im Vergleich zu fossilen und nuklearen Energieträgern sind in Tab. 1.7 zusammengefasst.

In diesem Lehrbuch bilden Technologien den inhaltlichen Schwerpunkt, die weltweit den größten Investitionszuwachs erfahren bzw. erwarten lassen – die Windkraftnutzung und die Nutzung der Solarstrahlung. Nach den Plänen der Bundesregierung zur Energiewende in Deutschland soll die Stromerzeugung im Jahr 2025 zu 40 bis 45 % aus regenerativen Quellen erfolgen; eine zentrale Rolle wird dabei die Windenergie einnehmen. Nach Erwartungen der Internationalen Energieagentur werden Photovoltaik- und solarthermische Kraftwerke bis zum Jahr 2060 mehr als die Hälfte des weltweiten Strombedarfs decken. Die Solarenergie würde damit zur wichtigsten Energiequelle, die Energiegewinnung stünde auf einer kohlenstoffarmen Basis. Darüber hinaus wird im vorliegenden Buch die Brennstoffzellentechnologie besprochen, die ein großes Potenzial sowohl für die dezentrale stationäre Energieversorgung als auch für mobile Anwendungen besitzt.

Tab. 1.6 Überblick über erneuerbare Energiequellen, genutzte physikalische Effekte und Kraftwerkstechnologien zur Erzeugung elektrischer (ϟ) und thermischer Endenergie (⇄)

Primärenergieart	Energieart	genutzte physikalische Effekte	Kraftwerkstyp	bereitgestellte Endenergieart
Solarstrahlung	Solarstrahlung	Strahlungsenergie (Photovoltaischer Effekt)	Solarzelle, Photovoltaisches Kraftwerk	ϟ
		Strahlungsenergie (Thermische Energie)	Solarthermisches Kraftwerk	ϟ ⇄
			Solarkollektor	⇄
		Meeresströmung aufgrund von Temperaturunterschieden	Meeresströmungskraftwerk	ϟ
		Erwärmung der Erdoberfläche	Meereswärmekraftwerk	ϟ
	Windkraft	Luftströmung	Windkraftanlage	ϟ
		Wellenbewegung	Wellenkraftwerk	ϟ
	Wasserkraft	Wasserkreislauf	Wasserkraftwerk	ϟ
	Biomasse	Biomassewachstum durch Photosynthese	Biomasseheizkraftwerk, Biogasanlage	ϟ ⇄
Geothermie	Geothermische Energie	Erdwärme in oberflächennahen Schichten	Wärmepumpe	⇄
		Erdwärme in tieferen Schichten	Geothermisches Kraftwerk	ϟ ⇄
Gezeitenenergie	Gravitation	Auftreten von Gezeiten	Gezeitenkraftwerk	ϟ

Tab. 1.7 Wesentliche Vorteile und Nachteile erneuerbarer Energiequellen

Vorteile
regenerative Primärenergiequellen besitzen eine praktisch unerschöpfliche Verfügbarkeit
Einsatz regenerativer Energiequellen schont begrenzte Ressourcen konventioneller Energieträger und schafft Voraussetzungen für deren anderweitige Nutzung (z. B. zur stofflichen Umwandlung) sowie eine nachhaltige Energieversorgung
bei der direkten Nutzung werden in der Regel keine oder nur geringe negative Auswirkungen auf Umwelt und Klima verursacht (Probleme können jedoch innerhalb vor- und nachgelagerter Prozesse entstehen, z. B. Freisetzung von Treibhausgasen durch intensiv betriebene Landwirtschaft, Monokulturen zum Anbau von Energiepflanzen, aufwendige Herstellung von Photovoltaikmodulen auf Siliziumbasis, erhebliche Eingriffe in die Landschaftsgestaltung durch den Bau von Wasserkraftwerken)
risikoarme Nutzung und problemloser Rückbau der Anlagentechnik, während des Betriebes fallen keine oder nur wenige gefährliche Reststoffe an
sofern es sich um ein einheimisches Primärenergieangebot handelt, entfallen Energieträgertransporte und die Importabhängigkeit von Energieträgern sinkt
Technologien eignen sich für die dezentrale Energieversorgung in Regionen mit fehlender Infrastruktur, leisten dadurch einen Beitrag zur globalen Energieversorgung und tragen zur Steigerung der lokalen Wertschöpfung bei
in Deutschland innovativer Wirtschaftszweig mit hohem Exportpotenzial und zunehmender Bedeutung als Wirtschaftsfaktor
Nachteile
die geringe Energiedichte einiger erneuerbarer Energiequellen führt zu einem großen Flächenbedarf der Umwandlungsanlage und in der Folge zu hohen Investitionskosten
die Verfügbarkeit einiger erneuerbarer Energien unterliegt der Witterung, das Energieangebot ist dadurch nur mit eingeschränkter Genauigkeit vorhersagbar und planbar

Literatur

1. Bundesministerium für Wirtschaft und Energie (Hrsg.): Erneuerbare Energien in Zahlen. Nationale und internationale Entwicklung im Jahr 2015. Berlin (2016)
2. Eurostat (Hrsg.): http://ec.europa.eu/eurostat/statistics-explained/index.php/Renewable_energy_statistics (2016). Zugegriffen am 18.10.2016
3. Amtblatt der Europäischen Union vom 05.06.2009, Richtlinie 2009/28/EG des Europäischen Parlaments und des Rates
4. BP p.l.c. (Hrsg.): BP Statistical Review of World Energy June 2017. London (2017)
5. Deutsche Stiftung Weltbevölkerung (Hrsg.): Weltbevölkerung – Entwicklung und Projektionen. Hannover (2016)
6. BP p.l.c. (Hrsg.): BP Energy Outlook to 2035. London (2016)
7. http://corporate.exxonmobil.de/de-de/energie/globaler-energy-outlook (2016). Zugegriffen am 21.10.2016
8. Weber, H.: Versorgungssicherheit und Systemstabilität beim Übergang zur regenerativen elektrischen Energieversorgung. VGB PowerTech **8**, 26–31 (2014)
9. International Energy Agency (Hrsg.): Key World Energy Statistics 2016. Paris (2016)

10. Deutsche Bunsen-Gesellschaft für Physikalische Chemie (Hrsg.): Feuerlöscher oder Klimakiller?
    Kohlendioxid CO_2 – Facetten eines Moleküls. Frankfurt a. M. (2010)
11. Intergovernmental Panel on Climate Change (Hrsg.): Climate Change 2007 - The Physical
    Science Basis. Contribution of Working Group I to the Fourth Assessment Report of the IPCC.
    Cambridge University Press, Cambridge/New York (2007)
12. Wissenschaftlicher Beirat der Bundesregierung Globale Umweltveränderungen: Die Zukunft der
    Meere – zu warm, zu hoch, zu sauer. Berlin (2006)
13. Wissenschaftlicher Beirat der Bundesregierung Globale Umweltveränderungen: Welt im Wandel.
    Gesellschaftsvertrag für eine Große Transformation. Berlin (2011)
14. Strauß, K.: Kraftwerkstechnik zur Nutzung fossiler, nuklearer und regenerativer Energiequellen,
    5. Aufl. Springer, Berlin/Heidelberg (2006)
15. Cerbe, G., Wilhelms, G.: Technische Thermodynamik, 17. Aufl. Hanser, München (2013)
16. UNSW Climate Change Research Centre (Hrsg.): The Copenhagen Diagnosis, 2009: Updating
    the World on the Latest Climate Science. Sydney (2009)
17. Weltbank (Hrsg.): Weltentwicklungsbericht 2010: Entwicklung und Klimawandel. Washington,
    DC (2010)
18. Stern, N.: The Economics of Climate Change: The Stern Review. Cambridge University Press,
    Cambridge (2007)
19. Brasseur, G., Jacob, D., Schuck-Zöller, S. (Hrsg.): Klimawandel in Deutschland. Springer
    Spektrum, Berlin/Heidelberg (2017). https://doi.org/10.1007/978-3-662-50397-3_1
20. REN21 (Hrsg.): Renewables 2016 – Global Status Report. Paris (2016)
21. Münchner Rückversicherungs-Gesellschaft (Hrsg): Schadensspiegel 2/2008. München (2008)
22. Bundesministerium für Wirtschaft und Energie (Hrsg.): Energiedaten – Nationale und internatio-
    nale Entwicklung. Berlin (2016)
23. Shell International BV (Hrsg.): A Better Life with a Healthy Planet. Pathways to Net-Zero
    Emissions. The Hague (2016)

Check for updates

Grundlagen zur Bewertung von Energiesystemen

2

2.1 Einleitung

Das Ziel der Bewertung von Energiesystemen besteht in einem möglichst umfassenden Vergleich zwischen verschiedenen regenerativen Energiesystemen untereinander sowie zwischen regenerativen und konventionellen Energiesystemen. Die Gegenüberstellung verschiedener Umwandlungstechnologien ist problembehaftet. Es existieren zwar zahlreiche Bewertungskriterien, diese liefern aber nicht immer objektive Ergebnisse. Häufig werden ungeeignete Vergleichsmethoden verwendet oder einzelne Vergleichsparameter zusammenhangslos hervorgehoben. Eine vergleichende Betrachtung kann lediglich zwischen Technologien vorgenommen werden, die die gleiche Art von End- bzw. Nutzenergie bereitstellen, wie elektrische Energie oder Wärme.

Im diesem Kapitel werden folgende Bewertungskriterien zum Vergleich von Energiesystemen erläutert:

- **Mengenmäßige Verfügbarkeit der Primärenergie** unter Berücksichtigung geografischer und zeitlicher Aspekte
- **Technische Bewertungskriterien**
  Anlagenleistung
  Technische Verfügbarkeit
  Betriebsstundenzahl
  Volllaststundenzahl
  Technische Lebensdauer
- **Energetische Bewertungskriterien**
  Wirkungsgrad
  Nutzungsgrad
  Energieerntefaktor
  Globalwirkungsgrad

© Springer Fachmedien Wiesbaden GmbH 2018
G. Reich, M. Reppich, *Regenerative Energietechnik*,
https://doi.org/10.1007/978-3-658-20608-6_2

- **Ökonomische Bewertungskriterien**
  Energetische Amortisationsdauer
  Gesamtkosten
  Kosten der bereitgestellten Sekundärenergie
- **Ökologische Bewertungskriterien**
  Emissionen
  Sonstige Umwelteffekte
- **Potenziale, Entwicklungsperspektiven**

Daneben existieren weitere, allerdings schwer quantifizierbare Kriterien, auf die nur am Rande hingewiesen wird.

2.2   Mengenmäßige Verfügbarkeit der Primärenergie

Ein grundsätzlicher Nachteil erneuerbarer Energiesysteme im Vergleich zu konventionellen Umwandlungsanlagen besteht in ihrer geringeren durchschnittlichen Leistungsdichte. Die Leistungsdichte gibt die bereitgestellte Energie je Flächeneinheit einer Anlage an, die zur Energieumwandlung unter Berücksichtigung der eingesetzten Technologie benötigt wird, Tab. 2.1. Eine geringere Leistungsdichte führt bei der Bereitstellung einer festgelegten Energiemenge zu einem größeren Flächen- und Materialbedarf.

Die diskontinuierliche Verfügbarkeit sowie die begrenzte Zuverlässigkeit des Energieangebotes aus erneuerbaren Primärenergiequellen stellen weitere Nachteile dar. Das Wettergeschehen beeinflusst die Verfügbarkeit und das Angebot der regenerativen Energiequellen Wasserkraft, Windenergie und Solarstrahlung. Das Angebot dieser regenerativen

Tab. 2.1 Durchschnittliche Leistungsdichten verschiedener Umwandlungsverfahren

Energieträger (Erläuterungen)	Leistungsdichte [kW/m²]
Uran (Wärmestromdichte am Hüllrohr eines Brennelementes eines Kernreaktors)	650
Kohle (Wärmestromdichte an der Berohrung des Dampferzeugers eines Kohlekraftwerkes)	500
Wasserkraft (kinetische Energie bei einer Strömungsgeschwindigkeit von 6 m/s)	108
Gezeitenströmung (Mittelwert)	0,002
Wellenenergie (bei einer Wellenhöhe von 1,5 m)	14,5
Windenergie (kinetische Energie bei einer Strömungsgeschwindigkeit von 6 m/s)	0,13
Solarenergie (global)	< 1,37
Solarenergie (Mittelwert in Deutschland)	0,11
Erdwärme	0,00006

Energien besitzt aufgrund der Witterungsabhängigkeit einen mehr oder weniger stark
ausgeprägten stochastischen Charakter, der sich nachteilig auf die Verfügbarkeit auswirkt.
Unterschiede des Energieangebotes treten sowohl bezüglich der zeitlichen Angebotscharakteristik als auch der geografischen Verteilung auf. Zeitliche Variationen treten im
Tages-, Monats- und Jahresverlauf auf. Demgegenüber sind einige erneuerbare Energiequellen wie Biomasse speicherbar; ihr Primärenergieangebot steht kontinuierlich zur
Verfügung wie geothermische Energie, oder es kann zuverlässig vorhergesagt werden
wie Gezeitenenergie.

Im Gegensatz zu erneuerbaren Energiequellen weisen fossile Energieträger aufgrund
ihrer Speicherbarkeit keine Abhängigkeit von der Primärenergieverfügbarkeit auf. Da diese
Energieträger weltweit gehandelt werden, stehen sie – abgesehen von geopolitischen
Einflüssen – kontinuierlich zur Verfügung. Fossile Energieträger bieten den wesentlichen
Vorteil, End- bzw. Nutzenergie nachfrageabhängig bereitstellen zu können. Sie bilden
deshalb bislang die Basis für eine planbare und zuverlässige Energieversorgung.

Die Herausforderung eines nachhaltigen Energieversorgungssystems besteht darin, die
mangelnde Verfügbarkeit erneuerbarer Energiesysteme durch intelligente Verknüpfung
mit konventionellen oder anderen regenerativen Kraftwerksarten zu verbessern. Grund-
sätzliche Maßnahmen zur Verstetigung der bereitgestellten End- und Nutzenergien aus
zeitlich veränderlichen Energiequellen sind:

- die kombinierte Nutzung verschiedener regenerativer Energiequellen, deren zeitliche
  Angebotscharakteristiken sich teilweise ergänzen (z. B. an geeigneten Standorten Kombination aus Windkraft- und Photovoltaikanlage)
- die Verknüpfung von regenerativen und konventionellen Energiesystemen zu sogenannten Hybridsystemen (z. B. Kombination aus Windkraftanlage und Dieselgenerator;
  Kombination aus Gas-Brennwertkessel und Solarkollektor)
- die Ausstattung regenerativer Energiesysteme mit Technologien zur Energiespeicherung (z. B. Verwendung von Salzspeichern in solarthermischen Kraftwerken; Pump-
  und Druckluftspeicher; Wasserstoff- und Methanspeicher)
- die Integration regenerativer Energiesysteme in bestehende Kraftwerksparks.

Das Beispiel der Windenergienutzung möge einige, aus der mengenmäßigen Primärenergieverfügbarkeit hervorgehende Probleme verdeutlichen. Im Jahr 2016 war in
Deutschland eine Gesamtkapazität an Kraftwerksleistung zur Stromerzeugung von fast
194 GW installiert. Hiervon entfielen knapp 25 % bzw. 48,2 GW auf Windkraftanlagen,
die vorrangig in Norddeutschland betrieben werden. Die elektrische Energie aus Windkraftanlagen wird zumindest teilweise fluktuierend erzeugt und in das Verteilungsnetz
eingespeist. Im Falle von unvorhersehbaren Schwankungen des Windenergieangebotes
wird zur kurzfristigen Anpassung der Energieerzeugung an den Energieverbrauch für die
Dauer von einigen Minuten bis einigen Stunden Regelenergie benötigt, die in Deutschland
hauptsächlich durch Gasturbinen- und Pumpspeicherkraftwerke bereitgestellt wird. Bei
einem weiteren Ausbau der Windenergie ist ein Netzausbau unerlässlich, um die im

Norddeutschen Tiefland sowie in Nord- und Ostsee erzeugte elektrische Energie zu den Verbrauchsschwerpunkten transportieren zu können. Weiterhin führen verbesserte Windprognosemodelle zu einer optimierten Betriebsplanung von Windkraftanlagen. In der Folge können die Fahrpläne aller Kraftwerke in einer Regelzone als kleinster Einheit des Verbundsystems exakter aufeinander abgestimmt werden. Meteorologische Prognosemodelle gestatten die Vorhersage der Windleistung für einen Zeitraum von 24 Stunden mit einem mittleren Fehler von weniger als 5 % der installierten Nennleistung bzw. für einen Vorhersagezeitraum von 72 Stunden mit einem mittleren Fehler von weniger als 10 % der installierten Nennleistung.

Der erwartete Ausbau dezentraler regenerativer Energieerzeugungsanlagen in Deutschland sowie deren Integration in den bestehenden Kraftwerkspark erfordert eine weitreichende Umgestaltung des nationalen Verbundnetzes. Dessen Charakter eines bloßen Verteilungsnetzes, das elektrische Energie von zentralen Großkraftwerken zu Verbrauchern transportiert, muss sich zu einem anpassungsfähigen Ausgleichsnetz wandeln. In intelligenten Netzen, sogenannten Smart Grids, lassen sich unter Anwendung moderner Informations- und Kommunikationstechnologien mehrere dezentrale Energieversorgungsanlagen zu virtuellen Kraftwerken zusammenschließen sowie mit anderen dezentralen aber auch zentralen Erzeugern sowie mit Speichern und Verbrauchern flexibel und effizient verknüpfen. Smart Grids sind Voraussetzung für die Integration und die intelligente Koordination aller Arten von Netzbenutzern, um die Energieversorgung wirtschaftlich, sicher und umweltfreundlich zu gestalten. Daneben ist die Integration der europäischen Elektrizitätsnetze voranzutreiben.

2.3   Technische Bewertungskriterien

Die in diesem Kapitel behandelten technischen Bewertungskriterien werden im Anhang A.2 für konventionelle und regenerative Umwandlungsanlagen gegenübergestellt. Der Leser findet im Anhang detaillierte Angaben zu einem Steinkohlekraftwerk, einem erdgasbefeuerten GuD-Kraftwerk sowie zu Photovoltaik-, Wind- und Wasserkraftanlagen. Das Steinkohle- und das GuD-Kraftwerk dienen im Kap. 2 als konventionelle Referenzanlagen.

2.3.1   Anlagenleistung

Die in diesem Lehrbuch betrachteten Energieumwandlungsanlagen stellen entweder elektrische oder thermische Endenergie zur Verfügung. Die Anlagenleistung entspricht der installierten elektrischen Nennleistung P_{el} bzw. der installierten thermischen Nennleistung P_{th} der untersuchten Anlage.

Fossil befeuerte Großkraftwerke und Kernkraftwerke erreichen in der Regel eine elektrische Nennleistung von mehreren Hundert Megawatt. Photovoltaikanlagen decken einen wesentlich kleineren, aber breiten Leistungsbereich von einigen Kilowatt bis in den

Tab. 2.2 Installierte Bruttoleistung zur Stromerzeugung aus regenerativen Energiequellen in Deutschland im Jahr 2015 [1] und möglicher Ausbau bis 2025 [2]

	Installierte Bruttoleistung [MW_{el}]	
Kraftwerksart	2015	2025
Biomassekraftwerke	7180	10.000
Geothermische Kraftwerke	34	k. A.
Netzgekoppelte Photovoltaikanlagen	39.787	39.500
Windkraftanlagen	44.470	57.100
Wasserkraftwerke	5589	5200

dreistelligen Megawatt-Bereich ab. Windkraftanlagen werden mit einer Nennleistung bis 8 MW_{el} angeboten. Lediglich Wasserkraftanlagen erreichen und übertreffen den Leistungsbereich konventioneller Großkraftwerke. Das weltweit größte Kraftwerk stellt das Drei-Schluchten-Wasserkraftwerk am Jangtse in China mit einer Leistung von 18,2 GW_{el} dar.

Tab. 2.2 gibt einen Überblick über die installierte elektrische Gesamtnennleistung aller regenerativen Stromerzeugungsanlagen in Deutschland im Jahr 2015 sowie einen Ausblick auf deren Ausbau bis zum Jahr 2025.

2.3.2 Technische Verfügbarkeit

Die technische Verfügbarkeit V beschreibt den Anteil eines Betrachtungszeitraums, innerhalb dessen eine Kraftwerksanlage bestimmungsgemäß zur Verfügung steht. Sie wird in Prozent angegeben und beschreibt die Zuverlässigkeit bzw. Störanfälligkeit der Anlage. Man unterscheidet die Zeitverfügbarkeit und die Arbeitsverfügbarkeit. Die Zeitverfügbarkeit ist ein Maß für die zeitliche Einsatzbereitschaft einer Anlage. Sie wird durch den Quotienten aus der Verfügbarkeitszeit und der Kalenderzeit berechnet. Somit berücksichtigt die Zeitverfügbarkeit zwar Anlagenstillstände jedoch keine Minderleistungen innerhalb des Betrachtungszeitraums. Die Arbeitsverfügbarkeit ist der Quotient aus verfügbarer Arbeit und der im gleichen Betrachtungszeitraum möglichen Nennarbeit, die aus dem Produkt aus Nennleistung und Kalenderzeit gebildet wird. Im Unterschied zur Zeitverfügbarkeit ist die Arbeitsverfügbarkeit geringer, da sie auch Minderleistungen aufgrund des technischen und betrieblichen Zustands einer Anlage einbezieht.

Im Zeitraum von 2003 bis 2012 betrug die Zeitverfügbarkeit von fossil befeuerten Kraftwerksblöcken, deren Betreiber Mitgliedsunternehmen im Fachverband VGB Power-Tech e.V. sind, durchschnittlich 85,6 % [3]. Die Arbeitsverfügbarkeit belief sich im gleichen Zeitraum auf durchschnittlich 83,7 % [3]. Im Vergleich zu fossil befeuerten Kraftwerken erreichen regenerative Umwandlungsanlagen ähnlich hohe Zeitverfügbarkeiten. Demgegenüber hängt ihre Arbeitsverfügbarkeit wesentlich von der Primärenergieverfügbarkeit ab. Biomasseheizkraftwerke weisen eine Zeitverfügbarkeit von 95 % sowie eine geringfügig geringere Arbeitsverfügbarkeit auf. Moderne Onshore-

Windkraftanlagen erzielen eine Zeitverfügbarkeit von 97 bis 99 %, dagegen liegt ihre Arbeitsverfügbarkeit je nach Anlagenstandort zwischen 20 und 40 %. Ähnliche Eigenschaften besitzen andere Technologien, die witterungsabhängige Energiequellen nutzen: die Arbeitsverfügbarkeit von Photovoltaikanlagen beträgt 10 bis 15 %, die von Wasserkraftanlagen 30 bis 80 %.

2.3.3 Betriebsstundenzahl

Die Betriebsstundenzahl t_B gibt die Anzahl der Stunden an, die eine Anlage innerhalb eines Jahres in Betrieb ist. Sie ist aufgrund von notwendigen Revisionen und Wartungsstillständen üblicherweise kleiner als 8760 h/a.

2.3.4 Volllaststundenzahl

Die Volllaststundenzahl t_V ist der Quotient aus der abgegebenen Energiemenge in einem Betrachtungszeitraum [Wh/a, kWh/a, MWh/a] und der Nennleistung der Anlage [W, kW, MW], folglich wird sie in der Einheit h/a angegeben. Zur schnellstmöglichen Amortisation der Investitionskosten ist eine hohe Volllastundenzahl anzustreben. Die Volllaststundenzahl regenerativer Umwandlungsanlagen hängt wiederum von der Primärenergieverfügbarkeit am Anlagenstandort ab und ist in der Regel geringer als die Volllaststundenzahl konventioneller Kraftwerke, siehe Tab. 2.3.

Bei fossil befeuerten Kraftwerken, bei Kernkraftwerken aber auch bei Laufwasser- und Pumpspeicherkraftwerken stimmen die Volllaststundenzahl und die Betriebsstundenzahl nahezu überein, da sie vorzugsweise mit Nennleistung betrieben werden. Dagegen weisen Windkraftanlagen und Anlagen zur Nutzung der Solarenergie höhere Betriebs-

Tab. 2.3 Vorläufige Volllaststundenzahlen deutscher Kraftwerke im Jahr 2015 [4]

Kraftwerkstyp	Volllaststunden [h/a]
Kernkraftwerke	7590
Braunkohlekraftwerke	6810
Biomassekraftwerke	6040
Steinkohlekraftwerke	3910
Lauf- und Speicherwasserkraftwerke	3310
Erdgasgefeuerte Gasturbinenkraftwerke	2030
Mineralölkraftwerke	1100
Windkraftanlagen (Onshore)	1780
Windkraft (Offshore), zwei Windparks, 2014	3420
Pumpspeicherkraftwerke	1020
Photovoltaikanlagen	990

stundenzahlen als Volllaststundenzahlen auf; diese Anlagen können aufgrund der unsteten Primärenergieträgerverfügbarkeit häufig nur eine Leistung abgeben, die kleiner als ihre Nennleistung ist.

Die Volllaststundenzahl beeinflusst maßgeblich die bereitgestellte Endenergiemenge einer Umwandlungstechnologie. Beispielsweise betrug in Deutschland im Jahr 2015 die Bruttostromerzeugung durch Photovoltaikanlagen mit einer installierten elektrischen Gesamtnennleistung nach Tab. 2.2 von 39,78 GW$_p$ aufgrund der unter hiesigen klimatischen Bedingungen erreichbaren relativ geringen Volllaststundenzahl 38,74 TWh. Demgegenüber wurde in Biomassekraftwerken, deren installierte Gesamtleistung nur 7,18 GW betrug, im Jahr 2015 wegen der höheren Vollaststundenzahl eine Strommenge von 50,29 TWh erzeugt [1].

2.3.5   Technische Lebensdauer

Die technische Lebensdauer L kennzeichnet den Zeitraum, in dem eine Anlage physisch zur Verfügung steht und die geforderten Aufgaben zur Energieumwandlung ohne Einschränkungen erfüllt. Sie wird in Jahren angegeben. Während des Betriebs unterliegen eine Anlage und ihre Komponenten Alterung und Verschleiß. Daher sind innerhalb der technischen Lebensdauer Wartungsarbeiten erforderlich. Nach Erreichen der technischen Lebensdauer werden Kraftwerke entweder grundlegend modernisiert, durch Neubauten ersetzt oder stillgelegt und zurück gebaut.

2.4   Energetische Bewertungskriterien

2.4.1   Wirkungsgrad

Zur Bereitstellung einer gewünschten Endenergieform E wird einem Umwandlungsprozess gemäß Abb. 2.1 die Primärenergie E_{zu} zugeführt. Während des Umwandlungsprozesses treten verschiedenartige Energieverluste E_{vi} auf, die im Wesentlichen durch physikalische Einschränkungen der eigentlichen Umwandlung von Primärenergie in Endenergie, durch den Eigenenergieverbrauch der Konversionsanlage sowie durch Verteilungsverluste verursacht werden. Daher ist die abgegebene Endenergie stets kleiner als die zugeführte Primärenergie. Als Kriterium zur energetischen Bewertung eines Umwandlungsprozesses wird der Wirkungsgrad η eingeführt. Er ist ein Maß für die momentane Prozessgüte der Energieumwandlung und hängt vom jeweiligen Betriebszustand der Anlage sowie von einer Reihe von Betriebsparametern ab. Während des Anlagenbetriebs verhalten sich die zugeführte Primärenergie E_{zu}, die abgegebene Endenergie E und die Energieverluste E_V variabel. Der Wirkungsgrad unterliegt zeitlichen Schwankungen. Er wird deshalb für definierte Auslegungsbedingungen angegeben, z. B. für die Nennleistung der Anlage.

In Anlehnung an Abb. 2.1 ergibt sich der Wirkungsgrad aus

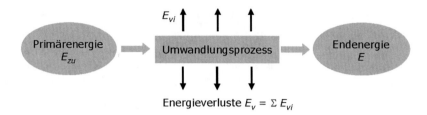

Abb. 2.1 Vereinfachte Darstellung eines allgemeinen Energieumwandlungsprozesses

$$\eta = \frac{\text{momentaner Nutzen}}{\text{momentaner Aufwand}} = \frac{E}{E_{zu}} = \frac{E_{zu} - E_V}{E_{zu}} = 1 - \frac{E_V}{E_{zu}} \quad , \quad 0 \leq \eta < 1. \qquad (2.1)$$

2.4.2 Nutzungsgrad

Da der Wirkungsgrad η aufgrund variabler Betriebsbedingungen zeitlichen Änderungen unterliegt, wird der Nutzungsgrad eingeführt. Er ist der Quotient aus der in einem bestimmten Zeitraum, z. B. innerhalb eines Jahres oder der gesamten technischen Lebensdauer, abgegebenen Endenergie und der im gleichen Zeitraum zugeführten Primärenergie. Falls der Nutzungsgrad während der gesamten technischen Lebensdauer konstant ist, gilt:

$$\overline{\eta} = \frac{\int\limits_{L} E}{\int\limits_{L} E_{zu}} \quad , \quad 0 \leq \overline{\eta} < 1. \qquad (2.2)$$

Die in Gl. 2.2 betrachtete technische Lebensdauer L schließt Leerlauf-, Teillast-, Anfahr- und Abfahrphasen ein. Daher ist der Nutzungsgrad kleiner als der Wirkungsgrad bei Auslegungsbedingungen.

Zur energetischen Gesamtbewertung einer Umwandlungsanlage reichen die ingenieurtechnischen Kriterien Wirkungsgrad und Nutzungsgrad nicht aus, da beide Kennzahlen lediglich den eigentlichen Umwandlungsprozess bewerten, nicht aber Energieaufwendungen für die Realisierung der Umwandlungsanlage sowie für notwendige vor- und nachgelagerte Prozesse berücksichtigen.

2.4.3 Energieerntefaktor

Der Energieerntefaktor beschreibt die Güte der technischen Realisierung des gesamten Energiewandlungsprozesses. Es gilt:

$$\bar{\varepsilon} = \frac{\int\limits_{L} E}{\int\limits_{L} E_{ein}} \quad , \quad \text{wobei} \quad \bar{\varepsilon} \gg 1. \tag{2.3}$$

Falls die bereitgestellte Endenergie E [kWh, GJ] während der gesamten technischen Lebensdauer konstant ist, erfolgt deren Berechnung unter den Annahmen $V = \text{konst.}$, $t_V = \text{konst.}$ vereinfacht nach:

$$E_L = \int\limits_{L} E = P \cdot V \cdot t_V \cdot L. \tag{2.4}$$

Der Energieerntefaktor nach Gl. 2.3 stellt das Verhältnis der durch eine Technologie während ihrer Lebensdauer zur Verfügung gestellten Endenergie zum notwendigen energetischen Aufwand für den Bau, den Betrieb und die Entsorgung der Umwandlungsanlage dar. Sein Zahlenwert muss größer als eins sein; Systeme mit $\bar{\varepsilon} \leq 1$ sind unbrauchbar. Gl. 2.3 erfordert eine Bilanzierung über die gesamte technische Lebensdauer einer Konversionsanlage; die Bestimmung des Energieerntefaktors erfordert deshalb eine Lebenszyklusanalyse[1], deren Erstellung seit 2006 in DIN EN ISO 14040 geregelt ist. Die eingesetzte Energie E_{ein} setzt sich nach Gl. 2.5 aus verschiedenen energetischen Bestandteilen zusammen:

$$E_{ein} = E_B + E_H + E_N + E_E. \tag{2.5}$$

Während für konventionelle Energiesysteme stets $E_B > 0$ gilt, entsteht für bestimmte regenerative Energiesysteme wie solarthermische Anlagen, Photovoltaik- oder Windkraftanlagen kein energetischer Aufwand für die Bereitstellung des Primärenergieträgers, d. h. $E_B \approx 0$. Bei Anlagen zur Nutzung von Biomasse und bei geothermischen Anlagen entsteht dagegen ein solcher Aufwand, sodass auch hier $E_B > 0$ gilt.

Zur Gewährleistung der Kompatibilität zwischen Nutzungsgrad und Energieerntefaktor sind in beiden Definitionen nach Gl. 2.2 und 2.3 nach ihrem Umwandlungsgrad gleichartige Energieformen einzusetzen. Aus Gl. 2.3 folgt unter Berücksichtigung von Gl. 2.2:

$$\bar{\varepsilon} = \bar{\eta} \cdot \frac{\int\limits_{L} E_{zu}}{\int\limits_{L} E_{ein}}, \quad \bar{\varepsilon} > 1, \quad 0 \leq \bar{\eta} < 1. \tag{2.6}$$

---

[1]Alternative Begriffe sind Ökobilanz, Life Cycle Analysis oder Life Cycle Assessment (LCA). Nähere Erläuterungen folgen in Abschn. 2.6.

Da in Gl. 2.2 E_{zu} die einem Umwandlungsprozess zugeführte Primärenergie darstellt (siehe Abb. 2.1), muss die zur Realisierung des Umwandlungsprozesses aufgewendete Energie E_{ein} ebenfalls in Form von Primärenergie ausgedrückt werden. Unter vereinfachten Annahmen gilt:

$$E_{ein} = \overline{\eta} \cdot E_{ein\,pr}. \tag{2.7}$$

In Gl. 2.7 kennzeichnet die Größe $E_{ein\,pr}$ die erforderliche Primärenergie in kWh_{pr} bzw. GJ_{pr}, aus der während des Lebenszyklus einer Konversionsanlage mittels geeigneter Umwandlungsprozesse die Bestandteile der eingesetzten Energie E_{ein} gemäß Gl. 2.5 bereitgestellt werden. Die vereinfachte Betrachtung nach Gl. 2.7 setzt voraus, dass

- alle einzubeziehenden Teilprozesse den gleichen Nutzungsgrad aufweisen und dass dieser Nutzungsgrad über die gesamte Nutzungsdauer unveränderlich ist, $\overline{\eta} = $ konst.
- alle einzubeziehenden Teilprozesse die gleiche Primärenergieart verwenden
- alle einzubeziehenden Teilprozesse die gleiche Nutzenergieart liefern.

Aus Gl. 2.6 folgt unter Berücksichtigung von Gl. 2.7 der primärenergetisch bewertete Energieerntefaktor ε:

$$\varepsilon = \overline{\eta} \cdot \overline{\varepsilon} = \overline{\eta} \cdot \frac{\int\limits_L E}{\int\limits_L E_{ein}} = \frac{\int\limits_L E}{\int\limits_L E_{einpr}}. \tag{2.8}$$

Die Relation zwischen primärenergetisch bewertetem Energieerntefaktor und Nutzungsgrad lautet:

$$\varepsilon = \frac{\int\limits_L E}{\int\limits_L E_{ein\,pr}} \quad \gg \quad \overline{\eta} = \frac{\int\limits_L E}{\int\limits_L E_{zu}} \quad \geq \quad 0. \tag{2.9}$$

Der Nutzungsgrad $\overline{\eta}$ beschreibt nach Gl. 2.2 die Umwandlung der während der gesamten Nutzungsdauer einer Konversionsanlage zugeführten Primärenergie in Endenergie. Demgegenüber vergleicht der primärenergetisch bewertete Energieerntefaktor ε nach Gl. 2.8 die während der gesamten Nutzungsdauer bereitgestellte Endenergie mit der erforderlichen Primärenergie zur Realisierung des Umwandlungsprozesses von der Errichtung der Konversionsanlage bis zu deren Entsorgung. Bei der Berechnung des Energieerntefaktors wird der Energieinhalt zugeführter Primärenergieträger zur Umwandlung in Endenergie nicht berücksichtigt, sondern nur der komplementäre Energieanteil $E_{ein\,pr}$ zur Realisierung des Umwandlungsprozesses, der in die Definition des Nutzungsgrades nicht einfließt.

Gl. 2.8 nimmt nach Einsetzen der primärenergetisch bewerteten Energieaufwendungen unter Berücksichtigung von Gl. 2.5 folgende Form an:

$$\varepsilon = \frac{\int\limits_L E}{\int\limits_L \left(E_{B\,pr} + E_{H\,pr} + E_{N\,pr} + E_{E\,pr} \right)} \qquad (2.10)$$

bzw.

$$\varepsilon = \frac{1}{k_B + k_H + k_N + k_E} \qquad (2.11)$$

mit den Koeffizienten

$$k_B = \frac{\int\limits_L E_{B\,pr}}{\int\limits_L E} \;,\quad k_H = \frac{\int\limits_L E_{H\,pr}}{\int\limits_L E} \;,\quad k_N = \frac{\int\limits_L E_{N\,pr}}{\int\limits_L E} \quad \text{und} \quad k_E = \frac{\int\limits_L E_{E\,pr}}{\int\limits_L E}. \qquad (2.12)$$

Zur Lebenszyklusanalyse einer Konversionsanlage eignen sich im Wesentlichen drei verschiedene Methoden der ganzheitlichen Bilanzierung [5]: Prozesskettenanalyse, Input-Output-Analyse, Hybridmethoden. Bei der Prozesskettenanalyse wird das betrachtete Energieumwandlungssystem in endlich viele, überschaubare Teilsysteme zerlegt. In jedem Teilsystem finden Stoff- und Energieumwandlungen statt, die zu bilanzieren sind. Hierbei werden alle Teilprozesse bis zur Rohstoffgewinnung zurückverfolgt. Die Prozesskettenanalyse zeichnet sich durch eine hohe Genauigkeit aus, die allerdings in starkem Maße von der Datenverfügbarkeit abhängt. Ihr Nachteil besteht im hohen Arbeitsaufwand, insbesondere bei zunehmendem Detaillierungsgrad. In der Praxis ist es notwendig, sinnvolle Abbruchkriterien zu formulieren, um nicht relevante Stoff- und Energieströme auszuschließen und somit den Arbeitsaufwand der Prozesskettenanalyse zu begrenzen.

Die Input-Output-Analyse beruht auf statistischen Daten der volkswirtschaftlichen Gesamtrechnung. Die mit einem Energieumwandlungssystem zusammenhängenden Stoff- und Energieströme werden sektoralen Produktionswerten zugeordnet. Dabei werden sämtliche Vorleistungen erfasst, da alle volkswirtschaftlichen Verflechtungen eines Produktionszweiges in die Bilanzierung einfließen. Die Input-Output-Analyse erfordert einen wesentlich geringeren Arbeitsaufwand als die Prozesskettenanalyse. Sie besitzt demgegenüber aber eine geringere Genauigkeit, da bei der Bilanzierung eine Mittelwertbildung über teilweise unbekannte Prozesse vorgenommen wird.

Um die Vorteile beider zuvor beschriebener Bilanzierungsmethoden miteinander zu kombinieren, wurden Hybridansätze entwickelt. Diese gewährleisten eine hohe Genauigkeit bei vertretbarem Arbeitsaufwand.

Neben der gewählten Bilanzierungsmethode hängt die Qualität der Ergebnisse einer Lebenszyklusanalyse in erheblichem Maße von der Verfügbarkeit und Genauigkeit von

Daten über den Energieumwandlungsprozess sowie über vor- und nachgelagerte Prozesse ab.

Die quantitative Bestimmung der erforderlichen Energieeinsätze ist aufgrund zahlreicher Teilprozesse, komplexer Zusammenhänge zwischen diesen Teilprozessen sowie der Vielzahl der Einflussparameter nur unter Verwendung von Computermodellen möglich. Beispielsweise steht das Programm GEMIS[2] zur Verfügung. Derartige Modelle geben den Energieerntefaktor oft nicht explizit an, sondern er muss aus anderen Kennzahlen ermittelt werden. Eine solche Kennzahl ist der kumulierte Energieaufwand (KEA) nach VDI-Richtlinie 4600, der die gesamten nichterneuerbaren und erneuerbaren Energieaufwendungen zur Realisierung eines Energieumwandlungssystems berücksichtigt. Der kumulierte Energieaufwand kennzeichnet die Gesamtheit aller primärenergetisch bewerteten, direkten und indirekten Energieaufwendungen, die zur Bereitstellung einer festgelegten Menge an Endenergie während der gesamten Lebensdauer einer Konversionsanlage erforderlich ist. Die Lebensdauer umfasst die Lebenszyklusphasen Herstellung, Nutzung und Entsorgung. Weiterhin sind Aufwendungen für die Energieträgerbereitstellung zu berücksichtigen. Die Berechnung des Energieerntefaktors mithilfe des kumulierten Primärenergieaufwands erfolgt nach

$$\varepsilon = \frac{\int_L E}{\int_L E \cdot (KEA_B + KEA_H + KEA_N + KEA_E) - \int_L E_{zu}} = \frac{\int_L E}{KEA \cdot \int_L E - \int_L E_{zu}}. \quad (2.13)$$

Der kumulierte Energieaufwand bezieht sich auf die abgegebene Endenergie, er wird demnach beispielweise in kWh_{pr}/kWh_{el} oder kWh_{pr}/kWh_{th} angegeben. Bei der Ermittlung des kumulierten Energieaufwands nach VDI 4600 wird auch der Primärenergieaufwand für die eigentliche Umwandlung von Primär- in Endenergie gemäß Abb. 2.1 eingeschlossen. Dieser energetische Anteil muss bei der Berechnung des Energieerntefaktors im Nenner von Gl. 2.13 wieder subtrahiert werden, da in den Energieerntefaktor nur solche energetischen Aufwendungen einfließen, die nicht mit der eigentlichen Umwandlung von Primär- in Endenergie zusammenhängen.

In der Praxis kann der Energieerntefaktor ε auch mittels stark vereinfachter Kosten-Energie-Umrechnungen auf Basis der gesamtvolkswirtschaftlicher Kennziffern Bruttoinlandsprodukt (BIP) bzw. Bruttosozialprodukt (BSP) und Primärenergieverbrauch (PEV) abgeschätzt werden, wie in folgender Aufgabe demonstriert wird:

---

[2]GEMIS ist das Akronym für *Globales Emissions-Modell integrierter Systeme*. Es handelt sich um eine Public-Domain-Software mit integrierter Datenbank zur Bewertung von Umwelteffekten von Systemen zur Energie- und Stoffumwandlung sowie von Verkehrssystemen, die von der IINAS GmbH – Internationales Institut für Nachhaltigkeitsanalysen und -strategien Darmstadt angeboten wird; Download verfügbar unter: http://iinas.org/gemis-download-121.html. Außerdem steht unter http://www.probas.umweltbundesamt.de/php/index.php ein webbasiertes Werkzeug des Umweltbundesamtes zur Verfügung, das ohne die Installation weiterer Software nutzbar ist.

Aufgabe 2.1

Für ein steinkohlebefeuertes Dampfkraftwerk und ein Kernkraftwerk mit Siedewasserreaktor ist der jeweilige primärenergetisch bewertete Energieerntefaktor abzuschätzen. Zu beiden Kraftwerken sind folgende Angaben bekannt:

	Steinkohlekraftwerk	Kernkraftwerk (Siedewasserreaktor)
Elektrische Nennleistung	200 MW$_{el}$	1300 MW$_{el}$
Nutzungsgrad	40 %	34 %
Technische Lebensdauer	30 a	30 a
Technische Verfügbarkeit	86,3 %	91,5 %
Volllaststunden	7106 h/a	7659 h/a
Baukosten	153,4 Mio. €	3,02 Mrd. €
Betriebskosten	255,6 Mio. €	613,5 Mio. €
Bereitstellungskosten der Pimär-energieträger	1,43 Mrd. €	1,12 Mrd. €
Entsorgungskosten	keine Angaben	255,6 Mio. €

Hinweise: Die Zahlenangaben stammen aus den 80er-Jahren. In diesem Zeitraum wurde das letzte deutsche Kernkraftwerk in Betrieb genommen (Neckarwestheim, 1989). Die Abschätzung wird deshalb für das Bezugsjahr 1989 durchgeführt. Vereinfachend wird angenommen, dass beide Kraftwerke eine gleich lange technische Lebensdauer besitzen. Die Entsorgungskosten werden nur beim Kernkraftwerk berücksichtigt, sie umfassen die Kosten für den Austausch und die Endlagerung der abgebrannten Brennelemente. Entsorgungskosten für den Rückbau werden bei beiden Kraftwerken nicht berücksichtigt. Die zu vergleichenden Kraftwerke liefern die gleiche Endenergieform elektrische Energie.

Zunächst müssen aus den bekannten Kosten die entsprechenden Primärenergieaufwendungen ermittelt werden. Die Umrechnung wird mithilfe volkswirtschaftlicher Eckdaten, einer gesamtvolkswirtschaftlichen Input-Output-Analyse, für das Jahr 1989 vorgenommen. Je komplexer ein Umwandlungssystem beschaffen ist (d. h. je mehr Zweige einer Volkswirtschaft an der Realisierung beteiligt sind), desto eher ist diese Umrechnung anwendbar. Da beide betrachteten Kraftwerke hoch komplexe Systeme darstellen, führt die folgende Umrechnung zu einer brauchbaren Abschätzung des Energieerntefaktors.

Bruttosozialprodukt (1989)	BSP = 596,16 Mrd. €
Primärenergieverbrauch (1989)	PEV = 400 Mio. t SKE = $3{,}256 \cdot 10^{12}$ kWh$_{pr}$

$$f_P = \frac{\text{BSP}}{\text{PEV}} = \frac{596{,}16 \cdot 10^9}{3{,}256 \cdot 10^{12}} \cdot \frac{€}{\text{kWh}_{pr}} = 0{,}1831 \, \frac{€}{\text{kWh}_{pr}}$$

Der Faktor f_P entspricht der Energieproduktivität, die angibt, welche volkswirtschaftliche Gesamtleistung aus einer Einheit eingesetzter Primärenergie innerhalb des Betrachtungszeitraums erbracht wurde. Heute wird die Energieproduktivität, die auch als Maß zur Beurteilung der Effizienz im Umgang mit Primärenergie aufgefasst werden kann, als Quotient aus Bruttoinlandsprodukt und Primärenergieverbrauch berechnet:

$$f_P = \frac{\text{BIP}}{\text{PEV}}$$

Der reziproke Wert der Energieproduktivität f_P stellt die Energieintensität f_I dar. Diese kennzeichnet das Verhältnis zwischen dem Primärenergieverbrauch und dem Bruttoinlandsprodukt. Die Energieintensität wird in der Regel auf 1000 € bzw. 1000 USD BIP bezogen.

$$f_I = \frac{1}{f_P} = \frac{\text{PEV}}{\text{BSP}} = \frac{1}{0,1831} \frac{\text{kWh}_{pr}}{\text{€}} = 5{,}462 \frac{\text{kWh}_{pr}}{\text{€}} = 5462 \frac{\text{kWh}_{pr}}{1000 \text{ €}}$$

Mithilfe der Energieintensität können anschließend bekannte Kosten in den entsprechenden Primärenergiebedarf umgerechnet werden.

Die Bestimmung des primärenergetischen Energieerntefaktors geht von Gl. 2.10 aus, in die die bereitgestellte elektrische Endenergie nach Gl. 2.4 eingesetzt wird. Schließlich wird die Energieproduktivität f_P oder die Energieintensität f_I zur Umrechnung der Kosten in Primärenergieaufwendungen benutzt:

$$\varepsilon = \frac{\int_L E}{\int_L \left(E_{B\,pr} + E_{H\,pr} + E_{N\,pr} + E_{E\,pr} \right)}$$

$$= \frac{fP \cdot P_{el} \cdot V \cdot t_V \cdot L}{K_B + K_H + K_N + K_E} = \frac{P_{el} \cdot V \cdot t_V \cdot L}{f_I \cdot (K_B + K_H + K_N + K_E)}$$

Für das Steinkohlekraftwerk erhält man:

$$\varepsilon_{\text{SKW}} = \frac{200 \cdot 10^3 \text{ kW} \cdot 0{,}863 \cdot 7106 \text{ h} \cdot 30 \text{ a} \cdot \text{€}}{5{,}462 \cdot (0{,}1534 + 0{,}2556 + 1{,}43) \cdot 10^9 \cdot \text{€} \cdot \text{kWh}_{pr} \cdot \text{a}} = \underline{\underline{3{,}66}}$$

Für das Kernkraftwerk ergibt sich:

$$\varepsilon_{\text{KKW}} = \frac{1300 \cdot 10^3 \text{ kW} \cdot 0{,}915 \cdot 7659 \text{ h} \cdot 30 \text{ a} \cdot \text{€}}{5{,}462 \cdot (3{,}02 + 0{,}6135 + 1{,}12 + 0{,}2556) \cdot 10^9 \cdot \text{€} \cdot \text{kWh}_{pr} \cdot \text{a}} = \underline{\underline{9{,}99}}$$

Diskussion: Das Steinkohlekraftwerk erzeugt während der technischen Lebensdauer etwa 3,7-mal mehr Endenergie, als nichterneuerbare und erneuerbare Primärenergie für seine Realisierung aufzuwenden ist; das Kernkraftwerk erzeugt fast 10-mal mehr Endenergie. Demzufolge besitzt das Kernkraftwerk bei alleiniger Betrachtung des Energieerntefaktors gegenüber dem Steinkohlekraftwerk einen deutlichen Vorteil. Dieser Vorteil bleibt selbst dann bestehen, wenn sich die angegebenen Entsorgungskosten auf 2,556 Mrd. € verzehnfachen würden (für diesen Fall erhält man $\varepsilon_{KKW} \approx 6, 85$). Weiterhin sei auf die unterschiedliche Kostenstruktur beider Kraftwerke hingewiesen. Während beim Steinkohlekraftwerk die Bereitstellungskosten für den Primärenergieträger dominieren, sind dies beim Kernkraftwerk die Baukosten.

Ergänzung: Für das Steinkohlekraftwerk wurde mit 7106 Volllaststunden pro Jahr ein Einsatz im Grundlastbetrieb angenommen. In Deutschland werden Steinkohlekraftwerke üblicherweise im Mittellastbetrieb mit etwa 4000 Volllaststunden pro Jahr eingesetzt, siehe Tab. 2.3. Überprüfen Sie, welche Auswirkungen diese veränderte Betriebsweise bei ansonsten unveränderten Randbedingungen auf den Energieerntefaktor des Steinkohlekraftwerks hat!

2.4.4   Globalwirkungsgrad

Der Globalwirkungsgrad stellt das Verhältnis der während der Nutzungsdauer einer Konversionsanlage bereitgestellten Endenergie zu sämtlichen Energieaufwendungen dar, die für den Betrieb und die Realisierung einer Konversionsanlage benötigt werden. Er erfasst sowohl die Primärenergie, die nach Abb. 2.1 zur unmittelbaren Umwandlung in Endenergie eingesetzt wird, als auch die erforderliche Primärenergie zur Realisierung des Umwandlungsprozesses sowie aller vor- und nachgelagerter Prozesse. Der Globalwirkungsgrad beschreibt somit die Gesamtgüte eines Energieumwandlungsprozesses:

$$\delta = \frac{\int\limits_L E}{\int\limits_L \left(E_{zu} + E_{ein\,pr}\right)} = f\left(\overline{\eta}, \varepsilon\right). \qquad (2.14)$$

Nach mathematischer Umformung erkennt man die Abhängigkeit des Globalwirkungsgrades von Nutzungsgrad und Energieerntefaktor:

$$\delta = \frac{1}{\int\limits_L \left(\frac{E_{zu}}{E} + \frac{E_{ein\,pr}}{E}\right)} = \frac{1}{\frac{1}{\overline{\eta}} + \frac{1}{\varepsilon}} = \frac{\overline{\eta} \cdot \varepsilon}{\overline{\eta} + \varepsilon}. \qquad (2.15)$$

Folgende beiden Grenzfälle sind denkbar: Bei einem kleinen Energieerntefaktor nähert sich der Globalwirkungsgrad dem Energieerntefaktor an, d. h. $\delta \rightarrow \varepsilon$. In diesem Falle dominiert die zur Realisierung des Umwandlungsprozesses erforderliche Energie $E_{ein\ pr}$. Aus

$$\int_L E_{ein\ pr} \gg \int_L E_{zu}$$

folgt $\varepsilon \ll \bar{\eta} < 1$. Ein derartiger Prozess ist jedoch technisch unbrauchbar, da nach Gl. 2.9 $\varepsilon > \bar{\eta}$ gelten muss. Bei großen Energieerntefaktoren nähert sich der Globalwirkungsgrad dagegen dem Nutzungsgrad an, es gilt $\delta \rightarrow \bar{\eta}$. In diesem Falle überwiegt die dem Umwandlungsprozess zugeführte Primärenergie. Aus

$$\int_L E_{zu} \gg \int_L E_{ein\ pr}$$

folgt $\varepsilon \gg \bar{\eta}$. Für bestehende, fossil befeuerte Kraftwerke ist diese Beziehung erfüllt, d. h. die dem Umwandlungsprozess zugeführte Primärenergie ist wesentlich größer als der Primärenergieaufwand, der zur Realisierung des Kraftwerks einschließlich aller vor- und nachgelagerter Prozesse benötigt wird (siehe Steinkohlekraftwerk in Aufgabe 2.1).

Aufgabe 2.2

Berechnen Sie für das steinkohlebefeuerte Dampfkraftwerk und das Kernkraftwerk aus Aufgabe 2.1 den Globalwirkungsgrad.

Für die Berechnung des Globalwirkungsgrades gilt Gl. 2.15. Die erforderlichen Angaben zum primärenergetisch bewerteten Energieerntefaktor und zum Nutzungsgrad entnimmt man Aufgabe 2.1. Für die beiden Kraftwerksarten ergibt sich:

$$\delta_{SKW} = \frac{\bar{\eta}_{SKW} \cdot \varepsilon_{SKW}}{\bar{\eta}_{SKW} + \varepsilon_{SKW}} = \frac{0{,}4 \cdot 3{,}66}{0{,}4 + 3{,}66} = \underline{\underline{0{,}36}}$$

$$\delta_{KKW} = \frac{\bar{\eta}_{KKW} \cdot \varepsilon_{KKW}}{\bar{\eta}_{KKW} + \varepsilon_{KKW}} = \frac{0{,}34 \cdot 9{,}99}{0{,}34 + 9{,}99} = \underline{\underline{0{,}33}}$$

Diskussion: Aufgrund des mathematischen Charakters von Gl. 2.15 nähert sich das Ergebnis δ stets dem Minimum aus Nutzungsgrad $\bar{\eta}$ und primärenergetisch bewertetem Erntefaktor ε an. Daher besitzt das Steinkohlekraftwerk wegen des höheren Nutzungsgrades auch den größeren Globalwirkungsgrad.

Die alleinige Betrachtung energetischer Kriterien wirft eine Reihe von Problemen auf: Werden beispielsweise zwei konventionelle Kohlekraftwerke mit gleich großem Nutzungsgrad – eines mit Schadstoffbehandlungstechnologien, z. B. durch eine Rauchgasreinigungsanlage, das andere ohne Schadstoffbehandlung – miteinander verglichen, besitzt das Kohlekraftwerk mit Rauchgasreinigung aufgrund des höheren apparativen Aufwands den kleineren Energieerntefaktor und folglich den kleineren Globalwirkungsgrad. Allerdings verursacht dieses hinsichtlich energetischer Bewertungskriterien schlechtere Kraftwerk wesentlich geringere negative Umweltauswirkungen als das Kraftwerk ohne Schadstoffbehandlung. Dieser Umstand ist auch bei einer zukünftigen Integration der Abscheidung von Kohlendioxid aus dem Kraftwerksprozess zu berücksichtigen, da der Nutzungsgrad eines mit einer CO_2-Abscheidetechnologie ausgestatteten Kraftwerkes erheblich sinkt.

Zur Bewertung konventioneller Umwandlungssysteme – insbesondere solcher, die auf der Verbrennung fossiler Energieträger beruhen – sollte vorrangig der Nutzungsgrad gemäß Gl. 2.2 herangezogen werden. Dessen Steigerung führt zur unmittelbaren Verringerung von Umweltbelastungen durch verminderte Emissionen. Bei regenerativen Umwandlungssystemen spielt dagegen der Nutzungsgrad aufgrund der häufig kostenlos verfügbaren und kohlenstofffreien Primärenergiequelle eine untergeordnete Rolle, wie bei Technologien zur Nutzung der Solarstrahlung oder der Windenergie. In diesem Falle entstehen bei der eigentlichen Umwandlung von Primär- in Endenergie keinerlei Emissionen. Diese werden durch den Bau, den Betrieb und die Entsorgung der Anlage verursacht. Die Bewertung regenerativer Umwandlungssysteme sollte daher anhand des primärenergetisch bewerteten Energieerntefaktors nach Gl. 2.10 vorgenommen werden.

2.5 Ökonomische Bewertungskriterien

2.5.1 Energierückzahlzeit

Die Energierückzahlzeit T_p ergibt sich aus dem Verhältnis der Lebensdauer eines Energiesystems und dessen primärenergetischen Energieerntefaktor:

$$T_p = \frac{L}{\varepsilon} = \frac{\int\limits_L E_{ein\,pr}}{\int\limits_L E} \cdot L \tag{2.16}$$

Die Energierückzahlzeit kann auch als primärenergetische Amortisationszeit aufgefasst werden. Nach Erreichen der Energierückzahlzeit hat ein Energiesystem so viel Endenergie bereitgestellt, wie Primärenergie zur Realisierung des gesamten Umwandlungsprozesses erforderlich ist. Die Energierückzahlzeit sollte demnach so kurz wie möglich sein.

Aufgabe 2.3

Bestimmen Sie für das steinkohlebefeuerte Dampfkraftwerk und das Kernkraftwerk aus Aufgabe 2.1 die Energierückzahlzeit.

Die erforderlichen Angaben zur technischen Lebensdauer und zum primärenergetisch bewerteten Energieerntefaktor entnimmt man wiederum Aufgabe 2.1. Aus Gl. 2.16 folgt:

$$T_{p\text{SKW}} = \frac{30 \cdot a}{3,66} = \underline{\underline{8,2 \ a}}$$

$$T_{p\text{KKW}} = \frac{30 \cdot a}{9,99} = \underline{\underline{3 \ a}}$$

Diskussion: Unter Annahme gleicher technischer Lebensdauern benötigt das Steinkohlekraftwerk einen Zeitraum von 8,2 Jahren, um dieselbe Menge an elektrischer Endenergie bereit zu stellen, die an Primärenergie zur Realisierung des gesamten Kraftwerksprozesses einschließlich sämtlicher vor- und nachgelagerter Prozesse notwendig ist. Das Kernkraftwerk benötigt hierzu nur eine Dauer von drei Jahren.

Tab. 2.4 gibt für ausgewählte regenerative Umwandlungsanlagen zur Bereitstellung elektrischer oder/und thermischer Endenergie die Energierückzahlzeiten unter derzeitigen Randbedingungen an. Bei allen betrachteten Anlagentypen variiert die Energierückzahlzeit in Abhängigkeit vom gewählten Anlagenstandort. Beispielsweise wird bei Windkraftanlagen in Offshore-Windparks die energetische Amortisation bereits nach neun Monaten erreicht, während Windkraftanlagen an Binnenstandorten eine Energierückzahlzeit von bis zu zweieinhalb Jahren benötigen. Fossile Kraftwerke besitzen wegen der kontinuierlichen Zufuhr von nichterneuerbaren Brennstoffen zur Energieumwandlung beträchtlich längere Energierückzahlzeiten.

2.5.2   Gesamtkosten der Nutzungstechnik

Bei der ökonomischen Bewertung von Energiesystemen unterscheidet man interne und externe Kosten. Interne Kosten werden mit betriebswirtschaftlichen Methoden berechnet und fließen in die Preisbildung eines Produktes oder einer Dienstleistung ein. Allerdings reicht die alleinige Betrachtung interner Kosten für eine umfassende ökonomische Bewertung einer Technologie nicht aus. Externe Kosten erfassen Aufwendungen, die durch Risiken für die menschliche Gesundheit sowie durch Schädigungen der natürlichen Umwelt und den Klimawandel entstehen. Externe Kosten gehen in die Preisbildung bisher nur unvollständig ein, werden also vom Verursacher oder vom Verbraucher nur teilweise oder gar nicht getragen. Beispiele für die Einbeziehung externer Kosten bei der Energiepreisbildung stellen die Stromsteuer oder die Kosten für Emissionszertifikate dar.

Tab. 2.4 Energierückzahlzeiten ausgewählter regenerativer Energieerzeugungssysteme

Energieerzeugungssystem	Energierückzahlzeit [a]
Windkraftanlagen	0,25–2,5
Solarthermische Parabolrinnenkraftwerke	$\approx 0,5$
Photovoltaikanlagen	0,5–3
Solarthermische Kollektoren	1–2,5
Laufwasserkraftwerke	< 1

Eine wirtschaftliche Bewertung auf Basis interner Kosten ermöglicht den Vergleich unterschiedlicher Technologien zur Energieumwandlung, da der gleiche Bewertungsmaßstab – der Geldwert – verwendet wird. Voraussetzung einer wirtschaftlichen Bewertung ist die Beschreibung der technischen Eigenschaften eines Energiesystems mithilfe von wirtschaftlichen Kategorien. Die jährlichen Gesamtkosten ermöglichen den Vergleich von Techniken mit unterschiedlicher Nutzungsdauer. In den Gesamtkosten können nur erfassbare interne Kosten berücksichtigt werden.

Die Gesamtkosten werden in fixe und variable Kosten eingeteilt. Zu fixen Kosten zählen hauptsächlich Investitionskosten, die mit dem Aufbau und dem Erwerb einer Anlage verbunden sind. Variable Kosten umfassen Betriebs- und Wartungskosten. Fixe und variable Kosten sind von Anlagengröße und technologischem Reifegrad (Prototyp, Serienprodukt) abhängig. Weiterhin haben Primärenergieträgerkosten sowie eventuelle Steuern und Subventionen auf die Kostenstruktur Einfluss. Für die Berechnung der jährlichen Gesamtkosten gilt:

$$C_{ges} = C_K + C_B + C_{EK} \pm C_S. \tag{2.17}$$

Die jährlichen Investitionskosten C_K werden in diesem Lehrbuch bei einer ausschließlichen Fremdfinanzierung nach der Annuitätenmethode ermittelt:

$$C_K = a \cdot K. \tag{2.18}$$

Die Berechnung der Annuität erfolgt nach

$$a = \frac{i \cdot (i+1)^t}{(i+1)^t - 1}. \tag{2.19}$$

Die Annuität nach Gl. 2.19 gewährleistet die Rückzahlung des investierten Kapitals K während der Abschreibungsdauer eines Energiesystems t in gleichen Jahresraten; sie stellt somit die jährliche Zinszahlung bzw. Tilgungsrate dar. Häufig werden vereinfacht volkswirtschaftliche Kosten betrachtet. In diesem Fall werden die Kapitalkosten über die gesamte technische Lebensdauer L abgeschrieben, folglich gilt $t = L$.

Für die Abschätzung der Investitionskosten K energietechnischer Anlagen stehen in der Literatur (z. B. [6]) vereinfachte Näherungsansätze in der Form

$$K = C_1 + C_2 \cdot A^n + C_3 \qquad (2.20)$$

zur Verfügung.

Die jährlichen Betriebs- und Wartungskosten C_B werden üblicherweise als Anteil des investierten Kapitals angegeben:

$$C_B = b \cdot K \qquad \text{mit} \qquad 0{,}02\,\text{a}^{-1} \leq b \leq 0{,}15\,\text{a}^{-1}. \qquad (2.21)$$

In der Regel steigen die jährlichen Betriebs- und Wartungskosten im Laufe der Nutzungsdauer einer energietechnischen Anlage an, da mit fortschreitender Nutzung der Austausch von Komponenten mit begrenzter Lebensdauer oder umfangreichere Wartungsmaßnahmen erforderlich werden.

Die jährlichen Energiekosten für die zugeführte Primärenergie C_{EK} verhalten sich einerseits proportional zur bereitgestellten Menge an End- bzw. Nutzenergie andererseits proportional zum Preis des eingesetzten Primärenergieträgers. Die jährlichen Energiekosten sinken mit steigendem Nutzungsgrad einer Energieumwandlungsanlage. Für regenerative Energiequellen wie Solarstrahlung, Wind- oder Wasserkraft gilt $C_{EK} = 0$; Ausnahmen bilden beispielsweise biogene Brennstoffe wie Pellets oder Hackschnitzel.

Bei der Betrachtung eventuell auftretender jährlicher Steuern oder Subventionen C_S ist zu berücksichtigen, dass diese von energiepolitischen Rahmenbedingungen abhängen und in der Regel zeitlich variabel erhoben bzw. gewährt werden.

Die Energiegestehungskosten C_E stellen schließlich die Beziehung zwischen den jährlichen Gesamtkosten C_{ges} nach Gl. 2.17 und der jährlich bereitgestellten Endenergie E_a, die auch als Jahresenergiebereitstellung bezeichnet wird, her:

$$C_E = \frac{C_{ges}}{E_a}. \qquad (2.22)$$

Unter der Jahresenergiebereitstellung wird die durch eine Konversionsanlage bereitgestellte mittlere jährliche Energie frei Anlagenausgang verstanden, z. B. die innerhalb eines Jahres in das öffentliche Versorgungsnetz eingespeiste elektrische Energie einer Windkraftanlage oder die innerhalb eines Jahres in das Hausversorgungsnetz eingespeiste Wärmemenge einer Wärmepumpe. Sie wird nach Gl. 2.23 ermittelt:

$$E_a = \int_a \dot{E}\ dt. \qquad (2.23)$$

Die Berechnung der Jahresenergiebereitstellung nach Gl. 2.23 erfordert in der Praxis aufgrund des hohen Rechenaufwandes den Einsatz von Tabellenkalkulationsprogrammen.

Sofern die jährlich bereitgestellte Endenergie zeitlich konstant ist, erfolgt die Berechnung unter der Annahme $V = \text{konst.}$ vereinfacht nach:

$$E_a = P \cdot V \cdot t_V. \tag{2.24}$$

Gemäß Gl. 2.22 nehmen die Energiegestehungskosten mit sinkenden Investitions-, Betriebs-und Wartungskosten, Energieträgerkosten sowie mit steigender Volllaststunden-zahl und steigender technischer Verfügbarkeit der Umwandlungsanlage ab.

Die folgende Aufgabe verdeutlicht zusammenfassend die Ermittlung der Energie-gestehungskosten:

Aufgabe 2.4

Ein erdgasgefeuertes Gas- und Dampfturbinenkraftwerk besitzt eine elektrische Nenn-leistung von 600 MW, eine technische Lebensdauer von 25 Jahren und eine technische Verfügbarkeit von 97 %. Das Kraftwerk wird im Mittellastbetrieb mit 5150 Volllast-stunden pro Jahr eingesetzt. Die Investitionskosten beliefen sich auf 300 Mio. €, deren Fremdfinanzierung vollständig über ein Bankdarlehen zu einem Zinssatz von 4,5 % erfolgte. Die jährlich erforderlichen Betriebs- und Wartungskosten können mit 2,93 % der Investitionskosten abgeschätzt werden. Die Kosten für die Erdgasbeschaffung werden über die gesamte Lebensdauer mit 78,4 Mio. €/a angenommen. Ermitteln Sie die Stromgestehungskosten des GuD-Kraftwerks.

Zunächst werden die jährlichen Gesamtkosten des Kraftwerkes nach Gl. 2.17 berech-net. Die Bestimmung der jährlichen Investitionskosten erfolgt nach der An-nuitätenmethode, Gl. 2.18 und 2.19. Hierbei wird vorausgesetzt, dass die Abschreibung über die technische Lebensdauer vorgenommen wird. In Gl. 2.17 sind für die vorlie-gende Kraftwerksart weder Steuern noch Subventionen zu berücksichtigen. Für die verschiedenen Kostenbestandteile und die jährlichen Gesamtkosten erhält man:

$$C_K = a \cdot K = \frac{0{,}045 \cdot 1{,}045^{25}}{1{,}045^{25} - 1} \cdot 300 \cdot 10^6 \, \frac{€}{a} = 20{,}23 \; \text{Mio.} \; \frac{€}{a}$$

$$C_B = b \cdot K = 0{,}0293 \cdot 300 \cdot 10^6 \, \frac{€}{a} = 8{,}8 \; \text{Mio.} \; \frac{€}{a}$$

$$C_{EK} = 78{,}4 \; \text{Mio.} \; \frac{€}{a}$$

$$C_S = 0$$

$$C_{ges} = C_K + C_B + C_{EK} \pm C_S = (20{,}23 + 8{,}8 + 78{,}4) \cdot 10^6 \, \frac{€}{a} = \underline{107{,}43 \cdot 10^6 \, \frac{€}{a}}$$

Anschließend wird nach Gl. 2.23 bzw. 2.24 die jährliche Stromerzeugung des GuD-Kraftwerks berechnet:

$$E_a = P_{el} \cdot V \cdot t_V = 600 \text{ MW} \cdot 0,97 \cdot 5150 \, \frac{\text{h}}{\text{a}} = 2{,}9973 \cdot 10^9 \, \frac{\text{kWh}}{\text{a}}$$

Die Stromgestehungskosten des Kraftwerks ergeben sich nach Gl. 2.22 aus dem Quotienten der jährlichen Gesamtkosten und der jährlich bereitgestellten elektrischen Energie:

$$C_E = \frac{C_{ges}}{E_a} = \frac{107{,}43 \cdot 10^6 \; € \cdot \cancel{a}}{2{,}9973 \cdot 10^9 \, \cancel{a} \cdot \text{kWh}} = 0{,}036 \; \frac{€}{\text{kWh}} = 3{,}6 \; \frac{\text{ct}}{\text{kWh}}$$

Diskussion: In dieser vereinfachten Berechnung wurden die Investitionskosten des Kraftwerks über dessen gesamte Lebensdauer abgeschrieben. Aus betriebswirtschaftlichen Gesichtspunkten wird der Kraftwerksbetreiber jedoch interessiert sein, diese Abschreibung über einen kürzeren Zeitraum vorzunehmen. In der Folge steigen die Stromgestehungskosten. Beispielsweise erhöhen sich bei einer Verkürzung der Abschreibungsdauer von 25 auf zehn Jahre bei ansonsten unveränderten Randbedingungen die jährlichen Investitionskosten auf 37,91 Mio. €/a, die Stromgestehungskosten wachsen auf 4,17 ct/kWh an. Weiterhin wurde in dieser Aufgabe von langfristig konstanten Energieträgerkosten ausgegangen. In der Praxis wäre eine Analyse der Entwicklung des Erdgaspreises erforderlich.

Die Gestehungs- oder Erzeugungskosten bilden lediglich einen Anteil bei der Strompreisbildung für Verbraucher. Hinzu kommen Kostenanteile für den Transport und Vertrieb, Umlagen nach dem Erneuerbare-Energien-Gesetz und dem Kraft-Wärme-Kopplungsgesetz, die Offshore-Haftungsumlage, die Konzessionsabgabe sowie die Strom- und die Umsatzsteuer. Der durchschnittliche Bruttostrompreis für Haushaltskunden betrug im Jahr 2016 bei einem Jahresverbrauch von 3500 kWh in Deutschland 28,69 ct/kWh.

Ergänzung: Nach Tab. 2.3 betrug die Volllaststundenzahl von Gasturbinenkraftwerken im Jahr 2015 lediglich 2030 h/a. Bestimmen Sie für diese Volllaststundenzahl bei ansonsten unveränderten Randbedingungen und einer Abschreibung über die technische Lebensdauer die Stromgestehungskosten des GuD-Kraftwerks! Welche Schlussfolgerungen ziehen Sie für den Einsatz dieses Kraftwerks?

2.6 Ökologische Bewertungskriterien

Ökologische Bewertungskriterien dienen dem Erfassen und Bewerten von Auswirkungen auf Mensch, Umwelt und Klima, die durch Energieumwandlungsprozesse verursacht werden. Die ganzheitliche Bilanzierung eines Energiesystems wird mittels der in Abschn. 2.4.3 eingeführten Lebenszyklusanalyse bzw. Ökobilanz nach DIN EN ISO 14040 durchgeführt. Wesentliche Bestandteile einer Ökobilanz sind:

▶ **Festlegung des Untersuchungsziels und des Untersuchungsrahmens**
Klärung des Zwecks der Ökobilanz; Definition der Funktion des Energieumwandlungssystems und dessen Systemgrenzen; Treffen vereinfachender Annahmen

▶ **Durchführung der Sachbilanz**
Ermittlung der notwendigen Rohstoffe und der emittierten Schadstoffe; Zuordnung der Rohstoffe und Emissionen zu den einzelnen Funktionen des Energieumwandlungssystems sowie deren Bilanzierung; Feststellung der Datenqualität

▶ **Wirkungsabschätzung**
Definition der zu betrachtenden Wirkungskategorien; Feststellung der Auswirkungen des Ressourcenverbrauchs und der Emissionen des Energieumwandlungssystems auf Umwelt, Klima, Gesundheit; Festlegen einer Gewichtung der Auswirkungen

▶ **Auswertung der Untersuchungsergebnisse**
Ziehen von Schlussfolgerungen, Feststellung der Unsicherheiten der Untersuchung, Bewertung der Zuverlässigkeit der Ergebnisse, Ableitung von Empfehlungen

Innerhalb der Sachbilanz wird der gesamte Lebensweg der Energiegewinnung rekonstruiert. Das Ziel der Sachbilanz besteht in der Quantifizierung von Stoff- und Energieströmen des untersuchten Energiesystems über dessen gesamte Lebensdauer. Hierzu werden alle interessierenden Stoff- und Energieströme des Energiesystems über den gesamten Lebensweg unter Verwendung der in Abschn. 2.4.3 beschriebenen Methoden Prozesskettenanalyse, Input-Output-Analyse oder Hybridverfahren bilanziert.

Im Rahmen der sich an die Sachbilanz anschließenden Wirkungsabschätzung werden die von den Stoff- und Energieströmen verursachten Wirkungen auf Mensch, Umwelt und Klima ausgewählten Wirkungskategorien zugeordnet. Die Quantifizierung der Auswirkungen einer Wirkungskategorie gelingt durch Berechnung von Wirkungsindikatoren, siehe Tab. 2.5. Durch Stoff- und Energieströme hervorgerufene Emissionen mit ähnlicher

Tab. 2.5 Wirkungskategorien und Wirkungsindikatoren [5]

Wirkungskategorie	Wirkungsindikator
Treibhauseffekt	Treibhauspotenzial
Eutrophierung von Böden und Gewässern	Eutrophierungspotenzial
Versauerung von Böden und Gewässern	Versauerungspotenzial
Auswirkungen auf die menschliche Gesundheit	Verlorene Lebenserwartung (Mortalitätsrisiko), Lebenszeit mit beeinträchtigter Gesundheit (Morbiditätsrisiko)
Schädigung von Materialien und Nutzpflanzen	Schadenskosten
Verbrauch endlicher Primärenergieträger	Kumulierter Primärenergieaufwand
Entnahme nichtenergetischer Rohstoffe	Verbrauch von charakteristischen Materialien wie Bauxit, Eisen, Kalk, Kupfer

Wirkung werden schließlich zu Wirkungspotenzialen zusammengefasst, und es wird eine monetäre Bewertung vorgenommen. Die monetäre Bewertung orientiert sich an der Zahlungsbereitschaft einer Personengruppe zur Vermeidung bestimmter Risiken oder Schäden.

Von wesentlicher Bedeutung sind Schadstoffemissionen, die durch Energieumwandlungsprozesse entstehen und Umwelt-, Klima- und Gesundheitsschäden bedingen.

Der anthropogen verursachte Treibhauseffekt beschreibt den Beitrag zur zusätzlichen, über die Wirkung natürlicher Prozesse hinausgehende Erwärmung der Erdatmosphäre. Wichtige klimawirksame chemische Verbindungen sind die Treibhausgase Kohlendioxid CO_2, Methan CH_4, Lachgas N_2O, Schwefelhexafluorid SF_6, wasserstoffhaltige Fluorkohlenwasserstoffe H-FKW und perfluorierte Kohlenwasserstoffe FKW. Um die Treibhauswirkung der einzelnen Gase vergleichen zu können, wird ihnen nach Tab. 2.6 ein relatives Treibhauspotenzial zugeordnet.

Das relative Treibhauspotenzial ist ein Maß für die Treibhauswirkung einer chemischen Verbindung im Vergleich zur Referenzsubstanz Kohlendioxid und wird in CO_2-Äquivalenten[3] angegeben. Es definiert, welche Menge an Kohlendioxid in einem Betrachtungszeitraum von 100 Jahren in der Atmosphäre die gleiche Treibhauswirkung wie das untersuchte Gas entfalten würde. Die in Tab. 2.6 genannten Zahlenwerte richten sich nach dem Zweiten Sachstandsbericht des IPCC (1995), siehe [7]. Diese sind für die Berichterstattung unter der Klimarahmenkonvention der Vereinten Nationen UNFCCC sowie nach dem Kyoto-Protokoll vorgeschrieben. Der Vierte Sachstandsbericht geht von abweichenden Werten aus, z. B. für Methan 25 g CO_2e/g, für Distickstoffoxid 298 g CO_2e/g. Das Treibhauspotenzial einer Energieumwandlungsanlage wird in Kilogramm bzw. Tonnen CO_2-Äquivalente je spezifischer Einheit Endenergie angegeben und berechnet sich durch

---

[3]Als international gebräuchliche Abkürzung für CO_2-Äquivalente wird CO_2e verwendet.

Tab. 2.6 Treibhausgase und ihre relativen Treibhauspotenziale [7]

Treibhausgas		Relatives Treibhauspotenzial [g CO_2e/g]
Kohlendioxid	CO_2	1
Methan	CH_4	21
Lachgas	N_2O	310
Wasserstoffhaltige Fluorkohlenwasserstoffe (Hydrofluorocarbons, HFC)	H-FKW	140 – 11.700
Perfluorierte Kohlenwasserstoffe (Perfluorocarbons, PFC)	FKW	6500 – 9200
Schwefelhexafluorid	SF_6	23.900

Multiplikation des relativen Treibhauspotenzials gemäß Tab. 2.6 mit der Masse des jeweils emittierten Treibhausgases, die in der Regel auf eine Einheit bereitgestellter Endenergie bezogen wird.

Aufgabe 2.5

Für ein bestehendes Braunkohlenkraftwerk mit Staubfeuerung, das über eine installierte Nettoleistung von 800 MW_{el}, einen Nutzungsgrad von 40 % und eine Lebensdauer von 35 Jahren verfügt, ist das Treibhauspotenzial zu berechnen. Das Kraftwerk wird mit rheinländischer Braunkohle versorgt, die im Tagebau gefördert wird. Im Rahmen der Sachbilanz wurden unter Berücksichtigung des Kraftwerksbetriebs, der Brennstoffbereitstellung, des Baus und Rückbaus des Kraftwerkes sowie sonstiger Vorleistungen folgende spezifischen Emissionen ermittelt: 1054 g/kWh CO_2, 94 mg/kWh CH_4, 53 mg/kWh N_2O, 263 mg/kWh Partikel, 830 mg/kWh NO_x, 401 mg/kWh SO_x [5].

Zunächst werden aus den obigen Angaben die treibhauswirksamen Emissionen festgestellt: Diese sind CO_2, CH_4 und N_2O. Unter Berücksichtigung des jeweiligen relativen Treibhauspotenzials dieser drei Gase nach Tab. 2.6 erfolgt zunächst die Berechnung des spezifischen Treibhauspotenzials des Kraftwerkes:

$$\text{THP} = \sum_{i=1}^{3} m_i \cdot \text{THP}_i = m_{CO_2} \cdot \text{THP}_{CO_2} + m_{CH_4} \cdot \text{THP}_{CH_4} + m_{N_2O} \cdot \text{THP}_{N_2O}$$

$$\text{THP} = 1054 \ \frac{g}{kWh} \cdot 1 \ \frac{g \ CO_2e}{g} + 94 \cdot 10^{-3} \frac{g}{kWh} \cdot 21 \ \frac{g \ CO_2e}{g}$$
$$+ 53 \cdot 10^{-3} \frac{g}{kWh} \cdot 310 \ \frac{g \ CO_2e}{g} = 1072 \ \frac{g \ CO_2e}{kWh}$$

Das Braunkohlenkraftwerk weist ein spezifisches Treibhauspotenzial von 1072 g CO_2e/kWh_{el} auf.

Bei Kenntnis der jährlich bzw. während der gesamten Lebensdauer bereitgestellten elektrischen Endenergie nach Gl. 2.23 bzw. 2.24 lässt sich anschließend das absolute Treibhauspotenzial des Kraftwerks innerhalb des Betrachtungszeitraums in Tonnen CO_2e bestimmen. Beispielsweise ergibt sich unter Annahme einer Volllaststundenzahl von 6500 h/a und einer technischen Verfügbarkeit von 84 % nach Gl. 2.24

$$E_a = P \cdot V \cdot t_V = 800 \ MW \cdot 0{,}84 \cdot 6500 \ \frac{h}{a} = 4{,}368 \cdot 10^9 \ \frac{kWh}{a}$$

Das absolute Treibhauspotenzial erhält man anschließend aus

$$THP_{abs} = E_a \cdot THP = 4{,}368 \cdot 10^9 \ \frac{kWh}{a} \cdot 1{,}072 \cdot 10^{-3} \ \frac{t\ CO_2e}{kWh} \approx 4{,}682 \cdot 10^6 \frac{t\ CO_2e}{a}$$

Falls weitere Treibhausgase emittiert und bilanziert würden, wären diese bei der Berechnung des Treibhauspotenzials auf ähnliche Art und Weise zu berücksichtigen.

Der unerwünschte Eintrag von mineralischen Nährstoffen in Böden und Gewässer wird als Eutrophierung bezeichnet. In aquatischen Ökosystemen steigt durch verstärkten Nährstoffeintrag die Biomasseproduktion zunächst an. Der resultierende hohe Sauerstoffbedarf kann anschließend zum Absterben des Gewässers führen. In terrestrischen Ökosystemen ist die Verschiebung des Artengleichgewichts die Folge. Referenzsubstanz für die Berechnung des Eutrophierungspotenzials ist das Phosphat-Ion PO_4^{3-}. Weiterhin verursachen Stickoxide NO_x und Ammoniak NH_3 einen verstärkten Nährstoffeintrag. Das relative Eutrophierungspotenzial wichtiger Verbindungen kann Tab. 2.7 entnommen werden. Die Berechnung des Eutrophierungspotenzials erfolgt in analoger Weise wie die Bestimmung des Treibhauspotentials.

Schadstoffe mit Säurebildungspotenzial bewirken eine Versauerung der Böden und Gewässer. Durch Säureeintrag und die damit verbundene pH-Wert-Absenkung können sowohl terrestrische als auch aquatische Ökosysteme beeinflusst werden. Referenzsubstanz

Tab. 2.7 Chemische Verbindungen und ihre relativen Eutrophierungspotenziale [7]

Verbindung		Relatives Eutrophierungspotenzial
Phosphat	PO_4^{3-}	1
Stickstoff	NO_x	0,42
Phosphor	P	3,06
Ammonium-Ion	NH_4^+	0,33

Tab. 2.8 Gasförmige Schadstoffe und ihre relativen Versauerungspotenziale [7]

Gas		Relatives Versauerungspotenzial
Schwefeldioxid	SO_2	1
Stickoxide	NO_x	0,696
Chlorwasserstoff	HCl	0,878
Fluorwasserstoff	HF	1,601
Schwefelwasserstoff	H_2S	0,983
Ammoniak	NH_3	1,88

für die Berechnung des Versauerungspotenzials ist Schwefeldioxid. Weitere versauernd wirkende Luftschadstoffe sind Stickoxide, Ammoniak sowie Chlor- und Fluorwasserstoff, denen ein relatives Versauerungspotenzial gemäß Tab. 2.8 zugeordnet wird. Das SO_2-Äquivalent der dort angegebenen Luftschadstoffe gibt an, welche Menge an Schwefeldioxid die gleiche versauernde Wirkung aufweisen würde.

Verschiedene Luftschadstoffe, die bei Energieumwandlungsprozessen freigesetzt werden (Feinstaub, Schwefeldioxid, Ozon, Schwermetalle), wirken gesundheitsschädlich. Die Belastung der Bevölkerung mit Luftschadstoffen kann akute oder chronische Gesundheitsschäden zur Folge haben, die durch die Verkürzung der Lebensdauer oder die Beeinträchtigung der Lebensqualität quantitativ beschrieben werden.

Luftschadstoffe können weiterhin Materialschäden, die durch korrodierend wirkende säurebildende oder oxidierende Gase verursacht werden, sowie Schädigungen der Pflanzen- und Tierwelt hervorrufen.

Der Ozonabbau wird durch chemische oder physikalische Einwirkungen von der Erde aus hervorgerufen. Als Hauptursache für die Schädigung der Ozonschicht gelten Fluorchlorkohlenwasserstoffe FCKW, die nach ihrer Freisetzung langsam in die Atmosphäre aufsteigen und nach zehn bis 15 Jahren die Stratosphäre erreichen.

Die oben genannten Auswirkungen von Schadstoffemissionen lassen sich inzwischen mithilfe geeigneter Werkzeuge quantifizieren (z. B. GEMIS). Weitaus schwerer fällt die Abschätzung sonstiger Effekte, die externe Kosten verursachen können. Hierzu zählen u. a. Lärmemissionen, visuelle Veränderungen des Landschaftsbildes, Flächenverbrauch, Akzeptanz in der Bevölkerung, Auswirkungen auf den Arbeitsmarkt, Einflüsse auf die Versorgungssicherheit.

2.7 Potenziale und Entwicklungsperspektiven

Eine wichtige Kenngröße zur Bewertung der künftigen Bedeutung und der daraus resultierenden Marktanteile von Primärenergieträgern stellt das Potenzial dar. Man unterscheidet verschiedene Potenzialbegriffe. Zur Bewertung der Entwicklungsperspektiven von Energieträgern werden das theoretische, das technische, das wirtschaftliche und das erschließbare Potenzial eingeführt, Abb. 2.2. Erneuerbare Energieträger besitzen ein enormes

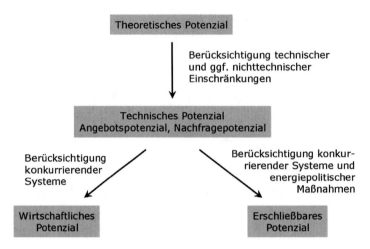

Abb. 2.2 Unterscheidung verschiedener Potenzialbegriffe

theoretisches Potenzial, da sie aus unerschöpflichen Quellen gespeist werden. Ihr wirtschaftliches Potenzial ist unter gegebenen Rahmenbedingungen jedoch häufig begrenzt.

Das theoretische Potenzial beschreibt das theoretisch physikalisch nutzbare Energieangebot einer Energiequelle innerhalb einer Region innerhalb eines Zeitraums. Es handelt sich z. B. um die innerhalb eines Jahres von der Sonne auf die Erdoberfläche eingestrahlte Energie oder um die potenzielle Energie aller Gewässer eines Gebiets. Das theoretische Potenzial kennzeichnet die theoretische Obergrenze des realisierbaren Beitrags einer Energiequelle zur Energieversorgung unabhängig von physikalischen, technischen oder wirtschaftlichen Einschränkungen. Es berücksichtigt keinerlei Begrenzungen hinsichtlich der Flächennutzung oder des Wirkungsgrades. Das theoretische Potenzial lässt sich typischerweise nur zu einem geringen Anteil in Nutzenergie umwandeln.

Das technische Potenzial umfasst den Anteil des theoretischen Potenzials, der unter Berücksichtigung gegebener technischer Einschränkungen mit einem bestimmten Nutzungsgrad nutzbar ist. Es berücksichtigt außerdem unüberwindbare nichttechnische Einschränkungen, wie Gesetzgebung, Infrastruktur, Platzbedarf, Angebot-Nachfrage-Relation, ökologische Anforderungen. Das technische Potenzial lässt sich in technisches Angebotspotenzial, z. B. die in Deutschland solarthermisch bereitstellbare Wärme, und in technisches Nachfragepotenzial, z. B. die Nachfrage nach solarthermischer Niedertemperaturwärme in Deutschland, unterteilen. Das technische Nachfragepotenzial nimmt auch auf beschränkte Möglichkeiten der tatsächlichen Nutzung verschiedener Energieformen Rücksicht. So übersteigt das technische Potenzial solarthermischer Anlagen in Deutschland die Nachfrage nach Niedertemperaturwärme bei weitem.

Das wirtschaftliche Potenzial kennzeichnet den Anteil des technischen Potenzials, der unter gegebenen energiepolitischen Rahmenbedingungen wirtschaftlich genutzt werden kann. Das wirtschaftliche Potenzial ist zeitabhängig. Weiterhin hängt es von wirtschaftlichen Parametern wie Zinssatz, Abschreibungsdauer und Eigenkapitalanteil ab. Ein

Tab. 2.9 Technisches Nachfragepotenzial [8] und Nutzung von regenerativen Energieträgern bei der Bereitstellung von Endenergie in Form von Strom und Wärme in Deutschland im Jahr 2015 [1]

Stromerzeugung	Technisches Nachfragepotenzial [TWh/a]	Stromerzeugung 2015 [TWh/a]
Wasserkraft	31,5–40	18,97
Windenergie (On- und Offshore)	75–85	79,21
Photovoltaik	55–65	38,74
Biomasse (feste Biomasse einschließlich biogener Abfall, Klärschlamm, flüssige Biomasse, Biogas, Klär- und Deponiegas)	k. A.	50,29
Geothermie	369	0,133
Wärmeerzeugung	Technisches Nachfragepotenzial [TWh/a]	Wärmeverbrauch 2015 [TWh/a]
Solarthermie	59,4–302,5	7,81
Biomasse (feste Biomasse einschließlich biogener Abfall, Klärschlamm, flüssige Biomasse, Biogas, Klär- und Deponiegas)	k. A.	138,64
Geothermie (oberflächennahe und tiefe Geothermie, verschiedene Technologien)	986,7–2255	11,40

gebräuchliches Kriterium zur Bewertung des wirtschaftlichen Potenzials ist die Amortisation des eingesetzten Kapitals innerhalb der jeweiligen Anlagennutzungsdauer unter Berücksichtigung der Investitionskosten, der Energiegestehungskosten, des Diskontsatzes, eventueller alternativer Brennstoffkosten, der bestehenden Versorgungsinfrastruktur.

Das erschließbare Potenzial beschreibt schließlich den zu erwartenden tatsächlichen Beitrag eines Primärenergieträgers zur Energieversorgung.

Das wirtschaftliche und das erschließbare Potenzial hängen erheblich von energiepolitischen Rahmenbedingungen ab. In der Regel ist das erschließbare Potenzial zu Beginn der Markteinführung einer Technologie kleiner als das wirtschaftliche Potenzial. Ursachen können z. B. begrenzte Herstellungskapazitäten sein. Das erschließbare Potenzial kann auch größer als das wirtschaftliche Potenzial sein, wenn beispielsweise eine erneuerbare Energietechnik subventioniert wird.

In Tab. 2.9 werden für die Endenergiearten Strom und Wärme das technische Nachfragepotenzial sowie die tatsächliche Nutzung regenerativer Energieträger in Deutschland im Jahr 2015 gegenübergestellt. Nach [1] deckten erneuerbare Energiequellen im Jahr 2015 in Deutschland 12,5 % des Primärenergieverbrauchs bzw. 14,9 % des Bruttoendenergieverbrauchs. Ihr Anteil an der Deckung des Bruttostromverbrauchs betrug 31,6 %, an der Wärme- und Kältebereitstellung 13,2 %. Weiterhin wurden 5,2 % des Endenergieverbrauchs im Verkehrssektor gedeckt.

Am Beispiel des Anbaus und der Nutzung von Biomasse, die zur Energieerzeugung vielfältige Chancen bietet, wird die Notwendigkeit der Beachtung ökologischer und sozialer Auswirkungen verdeutlicht. Das Potenzial nachwachsender Rohstoffe ist dadurch begrenzt, dass landwirtschaftliche Produktionsflächen nicht uneingeschränkt zur Verfügung stehen. Daher konkurriert der Biomasseanbau zur Energieerzeugung mit der Nahrungs- und der Futtermittelproduktion. Energieträger aus Biomasse besitzen bezüglich der Freisetzung von Treibhausgasen gegenüber fossilen Energieträgern nur dann einen Vorteil, wenn nachwachsende Rohstoffe umweltverträglich angebaut und nachhaltig verwendet werden. Die intensivlandwirtschaftlich betriebene Biomasseerzeugung erweist sich dagegen u. a. durch den größeren Einsatz von Dünge- und Pflanzenschutzmitteln als umweltgefährdend [9].

Literatur

1. Bundesministerium für Wirtschaft und Energie (Hrsg.): Erneuerbare Energien in Zahlen. Nationale und internationale Entwicklung im Jahr 2015. Berlin (2016)
2. Deutsche Bank Research: Moderne Stromspeicher: Unverzichtbare Bausteine der Energiewende. Frankfurt a. M. (2012)
3. VGB PowerTech e.V. (Hrsg.): Verfügbarkeit von Wärmekraftwerken 2003–2012. Technisch-wissenschaftlicher Bericht TW 103 V. Essen (2013)
4. BDEW Bundesverband der Energie- und Wasserwirtschaft e.V.: Jahresvolllastunden 2010 bis 2015. Berlin (2016)
5. Marheinecke, T.: Lebenszyklusanalyse fossiler, nuklearer und regenerativer Stromerzeugungstechniken. Forschungsbericht Institut für Energiewirtschaft und Rationelle Energieanwendung, Bd. 87. Universität Stuttgart (2002)
6. Hirschberg, H.-G.: Handbuch Verfahrenstechnik und Anlagenbau. Springer, Berlin (1999)
7. Intergovernmental Panel on Climate Change (Hrsg.): Climate Change 1995, Cambridge University Press, Cambridge (1996)
8. Kaltschmitt, M., Streicher, W., Wiese, A. (Hrsg.): Erneuerbare Energien, 5. Aufl. Springer, Berlin/Heidelberg (2014)
9. Sachverständigenrat für Umweltfragen: Klimaschutz durch Biomasse. Berlin (2007)

Nutzung der Solarstrahlung

3

3.1 Die Sonne als Energiequelle

Die Sonne stellt den Zentralkörper unseres Planetensystems dar. Sie besteht zu etwa 75 % aus Wasserstoff, zu 23 % aus Helium und nur zu ca. 2 % aus schwereren Elementen. Ihr Alter wird auf etwa 4,57 Milliarden Jahre geschätzt. Tab. 3.1 enthält einige wichtige Daten von Sonne und Erde.

Die Solarstrahlung entsteht durch Energiefreisetzung bei der Kernfusion – der Umwandlung von Wasserstoff in Helium im Inneren der Sonne. Über verschiedene Zwischenreaktionen werden vier Wasserstoffkerne (Protonen ^1p) zu einem Heliumkern (Alphateilchen $^4\alpha$), bestehend aus zwei Neutronen ^1n und zwei Protonen ^1p, verschmolzen. Dabei werden zwei Positronen e^+ und zwei Neutrinos ν_e erzeugt. Abb. 3.1 zeigt die einzelnen Reaktionsschritte, Gl. 3.1 die resultierende Bruttoreaktion.

$$4_1^1 p \rightarrow {}_2^4\alpha + 2\,e^+ + 2\nu_e + \Delta E \tag{3.1}$$

Die erzeugten Heliumkerne haben aufgrund der Bindungsenergie eine mit $\Delta m = 4{,}79 \cdot 10^{-29}$ kg geringfügig kleinere Masse als die Summe der ursprünglichen Wasserstoffkerne (Massendefekt). Der Massenunterschied wird gemäß der Gl. 3.2

$$\Delta E = \Delta m \cdot c^2 \tag{3.2}$$

in Energie umgewandelt. Mit der Lichtgeschwindigkeit $c = 2{,}99792458 \cdot 10^8$ m/s und der Elementarladung 1 eV $= 1{,}6022 \cdot 10^{-19}$ J wird hierbei eine Energiemenge von ca. $\Delta E = 26{,}7$ MeV $= 4{,}28 \cdot 10^{-12}$ J pro Fusion von vier Protonen zu einem He-Kern frei. Im Kern der Sonne werden pro Sekunde 564 Millionen Tonnen Wasserstoff zu 560 Millionen Tonnen Helium fusioniert. Die 4,3 Millionen Tonnen Differenz pro Sekunde ergeben eine Gesamtleistung von etwa $3{,}85 \cdot 10^{26}$ W, die im Kern freigesetzt

© Springer Fachmedien Wiesbaden GmbH 2018
G. Reich, M. Reppich, *Regenerative Energietechnik*,
https://doi.org/10.1007/978-3-658-20608-6_3

Tab. 3.1 Daten von Sonne und Erde

	Sonne	Erde
Durchmesser	$1{,}392 \cdot 10^6$ km	$1{,}276 \cdot 10^4$ km
Oberfläche	$6{,}092 \cdot 10^{12}$ km^2	$5{,}112 \cdot 10^8$ km^2
Volumen	$1{,}415 \cdot 10^{18}$ km^3	$1{,}087 \cdot 10^{12}$ km^3
Masse	$1{,}989 \cdot 10^{30}$ kg	$1{,}574 \cdot 10^{24}$ kg
Mittlere Dichte	$1{,}408$ kg/m^3	$5{,}516$ kg/m^3
Gravitationsbeschleunigung	274 m/s^2	$9{,}81$ m/s^2
Oberflächentemperatur	5777 K	288 K
Kerntemperatur	$15 \cdot 10^6$ K	6700 K
Abstand Sonne – Erde	$1{,}471 \cdot 10^8$ km bis $1{,}521 \cdot 10^8$ km	
Mittlerer Abstand Sonne – Erde	$1{,}496 \cdot 10^8$ km	

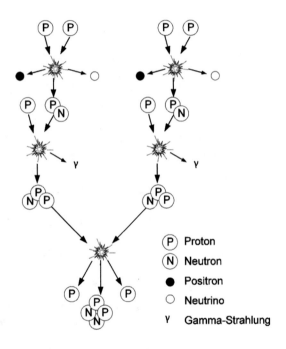

Abb. 3.1 Fusion von vier Wasserstoffkernen zu einem Heliumkern

Ⓟ Proton
Ⓝ Neutron
● Positron
○ Neutrino
γ Gamma-Strahlung

und schließlich an der Oberfläche zum Großteil als Licht abgestrahlt wird. Bei einer Oberfläche von $6{,}087 \cdot 10^{12}$ km^2 ergibt dies eine spezifische Strahlungsleistung von

$$\dot{E}_S = \frac{\dot{Q}_S}{A_S} = 63{,}1 \, \frac{MW}{m^2} \qquad (3.3)$$

an der Sonnenoberfläche. Betrachtet man die Sonne als schwarzen Körper, lässt sich über das Stefan-Boltzmann-Gesetz

$$\dot{E}_S = \sigma \cdot T^4 \tag{3.4}$$

mit der Stefan-Boltzmann-Konstanten

$$\sigma = 5,67 \cdot 10^{-8} \frac{W}{m^2 K^4} \tag{3.5}$$

die mittlere Oberflächentemperatur der Sonne zu $T_S = 5777$ K berechnen.

Die spezifische Strahlungsleistung nimmt mit dem Quadrat der Entfernung ab. Bei einem Sonnendurchmesser von $r_S = 1{,}39 \cdot 10^6$ km und einem Abstand zwischen Sonne und Erde r_{SE}, der sich aufgrund der elliptischen Erdbahn zwischen $1{,}47 \cdot 10^8$ km und $1{,}52 \cdot 10^8$ km bewegt, ergibt sich eine Strahlungsleistung ausserhalb der Erdatmosphäre zwischen 1325 W/m^2 und 1420 W/m^2. Der Mittelwert wird als Solarkonstante $\dot{E}_0$ bezeichnet und beträgt

$$\dot{E}_0 = \left(\frac{r_S}{r_{SE}}\right)^2 \cdot \dot{E}_S = 1367 \frac{W}{m^2}. \tag{3.6}$$

Berücksichtigt man die elliptische Umlaufbahn der Erde um die Sonne, lässt sich die taggenaue Strahlungsleistung außerhalb der Erdatmosphäre (nach VDI 3789 [1]) ermitteln, wobei N_{Tag} die Nummer des betrachteten Tages im Jahr bedeutet.

$$\dot{E}_{(N_{Tag})} = \left[1 + 0{,}03344 \cdot \cos\left(N_{Tag} \cdot 0{,}9856^{\circ} - 2{,}72^{\circ}\right)\right] \cdot \dot{E}_0 \tag{3.7}$$

Bei einem Erdradius von 6378 km beträgt die mittlere solare Strahlungsleistung außerhalb der Atmosphäre $1{,}75 \cdot 10^{17}$ W, entsprechend einer jährlich eingestrahlten Energie von $5{,}51 \cdot 10^{24}$ J. Könnte diese zu 100 % umgesetzt werden, genügten 37 Minuten um den jährlichen weltweiten Primärenergiebedarf von ca. 385 EJ $= 385 \cdot 10^{18}$ J im Jahr 2010 zu decken, d. h. die außerhalb der Atmosphäre auf die Erde treffende Solarstrahlung übersteigt den weltweiten Energieverbrauch in etwa um das 14.000-fache. Die Solarstrahlung besitzt somit ein enormes theoretisches Potenzial.

Die Solarstrahlung bildet die Grundlage für den Wasserkreislauf, die Bewegung von Luftmassen (Windentstehung) und das Wachstum von Biomasse.

Die verschiedenen direkten Nutzungsmöglichkeiten der Solarstrahlung bestehen in der

- passiven Nutzung der Sonnenenergie durch sonnenausgerichtetes Bauen und Gestalten von Gebäuden („Solararchitektur"),
- Solarthermische Bereitstellung von Wärme (Solarkollektor),
- Solarthermische Stromerzeugung (solarthermisches Kraftwerk),
- Photovoltaik (Bereitstellung von Strom durch direkte Umwandlung von Sonnenlicht in elektrische Energie: Solarzelle, photovoltaisches Kraftwerk) (Abb. 3.2).

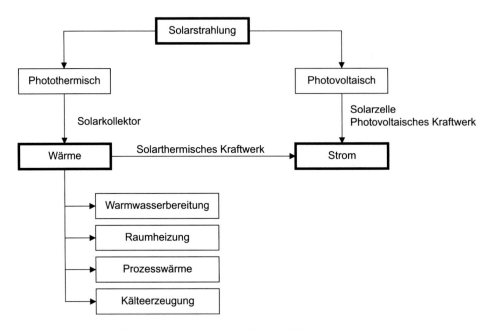

Abb. 3.2 Technische Umwandlung der Solarstrahlung in Wärme und Strom

Bei der Nutzung der Solarstrahlung treten folgende Probleme auf:

- örtlich und zeitlich ungleichmäßige Einstrahlung durch den Wechsel Tag/Nacht sowie den Wechsel der Jahreszeiten und unvorhersehbare Witterungsbedingungen,
- geringe Energiedichte, aus der ein großer Flächenbedarf der Energieumwandlungsanlage und hohe Investitionskosten folgen,
- zusätzliche Aufwendungen für eine eventuelle Energiespeicherung.

Typische Leistungsdichten erneuerbarer Energien und deren Vergleich mit konventionellen Energien finden sich in Tab. 2.1.

3.2   Solarstrahlung auf der Erde

Wie oben gezeigt, beträgt die von der Sonne auf die Erde eingestrahlte Energie etwa $5{,}51 \cdot 10^{24}$ J/a. Die auf der Erde gemessenen Einstrahlungswerte liegen jedoch deutlich unter der Solarkonstanten von 1367 W/m². Ursache hierfür ist die Reduktion der der Strahlungsstärke beim Durchdringen der Atmosphäre durch

- Reflexion an der oberen Atmosphärengrenze,
- Absorption in der Atmosphäre durch die drei-atomigen Gase Ozon O_3, Wasserdampf H_2O und Kohlendioxid CO_2,
- Rayleigh-Streuung,
- Mie-Streuung.

Die Einstrahlungsbilanz auf die Erdoberfläche zeigt Abb. 3.3. An der oberen Atmosphärengrenze werden 31 % der gesamten Einstrahlung reflektiert, so dass 69 % in die Erdatmosphäre eindringen. Durch die Bestandteile Wasserdampf, Ozon und Kohlendioxid werden 17,4 % der Einstrahlung in der Lufthülle absorbiert und sorgen für deren Erwärmung. Die Absorption ist stark selektiv und führt nur in Teilbereichen des Sonnenspektrums zu Reduktionen.

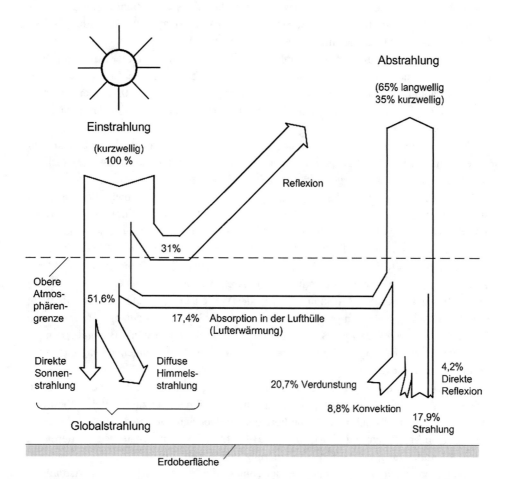

Abb. 3.3 Bilanzen von Ein- und Abstrahlung auf der Erdoberfläche (nach [2])

Die Reduktion durch Rayleigh-Streuung erfolgt an molekularen Bestandteilen der Luft, deren Durchmesser deutlich kleiner als die Wellenlänge der Solarstrahlung ist, entsprechend steigt der Einfluss der Rayleigh-Streuung mit abnehmender Wellenlänge. Die so gestreute Strahlung wird zu etwa gleichen Teilen auf die Erdoberfläche und in den Weltraum gestrahlt. Unter Mie-Streuung versteht man die Streuung an Aerosolen wie Eiskristallen, Salzkristallen und Staubteilchen, deren Durchmesser den der Wellenlänge der Strahlung übersteigt. Sie ist standortabhängig. Im Hochgebirge ist sie am geringsten, in Industriegebieten mit starker Luftverschmutzung am größten. In Abhängigkeit von der Sonnenhöhe trifft ein Großteil der so gestreuten Strahlung auf die Erdoberfläche. Bei klarem Himmel ist der Anteil der Mie-Streuung sehr gering und es überwiegt die Rayleigh-Streuung. Da kurze Wellenlängen (blaues Licht) stärker gestreut werden als lange Wellenlängen, erscheint der Himmel blau.

Von der Gesamtstrahlung treffen etwa 51,6 % auf die Erdoberfläche. Dieser Anteil wird als Globalstrahlung bezeichnet und setzt sich aus direkter Sonnenstrahlung und diffuser Himmelsstrahlung zusammen. Direkte Strahlung kann optisch konzentriert werden, diffuse Strahlung dagegen nicht. Die Globalstrahlung besteht zu 50 % aus energiereicher sichtbarer Strahlung, zu 6 % aus ultravioletter Strahlung und zu 44 % aus infraroter Strahlung. Von der Erdoberfläche werden 4,2 % reflektiert. Der restliche die Erdoberfläche erreichende Strahlungsanteil wird in langwellige Wärmestrahlung umgewandelt. 20,7 % der Einstrahlung bewirken Verdunstungsvorgänge auf der Erdoberfläche und bilden die Grundlage des Wasserkreislaufs.

Zwischen ein- und abgestrahlter Energie besteht ein annäherndes Gleichgewicht. Ein Anteil von etwa 0,1 % der Einstrahlung wird durch die Fixierung in Biomasse gespeichert. Die Abstrahlung ist deshalb geringfügig kleiner als die Einstrahlung [2].

Wie Abb. 3.4 zeigt, setzt sich die Solarstrahlung aus Licht verschiedener Wellenlängen und Energieintensitäten zusammen. Dabei wird die Intensität des Strahlungsspektrums außerhalb der Atmosphäre (AM 0, air mass 0) beim Durchlaufen der Erdatmosphäre durch die selektive Absorption in Teilbereichen recht stark reduziert, wie für AM 1,5 (Weglänge entspricht der 1,5-fachen Atmosphärendicke, entsprechend einer Sonnenhöhe von 41,8°) gezeigt. Das Energiemaximum liegt im sichtbaren Spektralbereich bei 0,5 bis 0,6 µm (grünes bis gelbes Licht). Mit kleiner werdender Wellenlänge, im ultravioletten Bereich, nimmt die Strahlungsleistung rasch ab. Bei größer werdender Wellenlänge, im infraroten Bereich, kommt es zu einer langsamen Abnahme der Strahlungsleistung. Bedingt durch die selektive Absorption in der Atmosphäre werden einige Wellenlängenbereiche stark bis komplett unterdrückt.

Geographische Unterschiede der Sonneneinstrahlung werden in Abb. 3.5 dargestellt. In Nähe des Äquators ist die Einstrahlung am größten, während sie zu den Polen abnimmt. Angaben zur Globalstrahlung auf eine horizontale Fläche an verschiedenen Standorten in Deutschland erhält man aus DIN 4710:2003-01 [3] oder beim Deutschen Wetterdienst (z. B. Solaratlas für Bayern). Eine Orientierung liefert Abb. 3.6.

Die Globalstrahlung $\dot{E}_{G,hor}$ auf eine horizontale Fläche setzt sich aus Direktstrahlung $\dot{E}_{dir,hor}$ und Diffusstrahlung $\dot{E}_{diff,hor}$ zusammen:

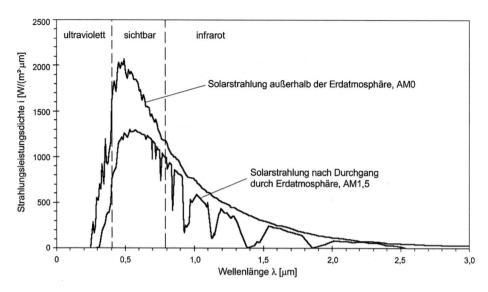

Abb. 3.4 Energieverteilungsspektren der Solarstrahlung

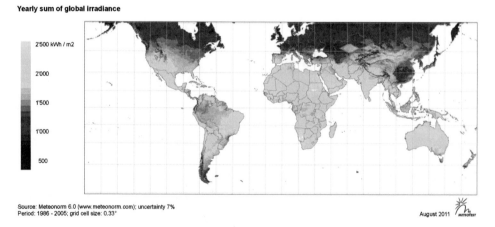

Abb. 3.5 Jährliche globale Einstrahlung in kWh/(m²a). (Quelle: METEOTEST/meteonorm)

$$\dot{E}_{G,hor} = \dot{E}_{dir,hor} + \dot{E}_{diff,hor} \tag{3.8}$$

Die Globalstrahlung sowie die Anteile von Diffus- und Direktstrahlung sind tages- und jahreszeitlichen Schwankungen unterworfen. An klaren Sommertagen überschreitet die Globalstrahlung Werte von 1000 W/m², während an trüben Wintertagen kaum 100 W/m² erreicht werden. Abb. 3.7 zeigt Monatsmittelwerte der Strahlungsleistung in Augsburg.

Wie oben gezeigt, reduziert sich die Strahlungsintensität beim Durchgang durch die Erdatmosphäre. Durch Integration über die Weglänge erhält man einen Zusammenhang

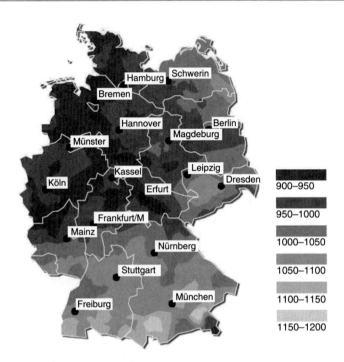

Abb. 3.6 Jährliche Einstrahlungswerte für Deutschland in kWh/(m²a). (Quelle: Solarpraxis AG)

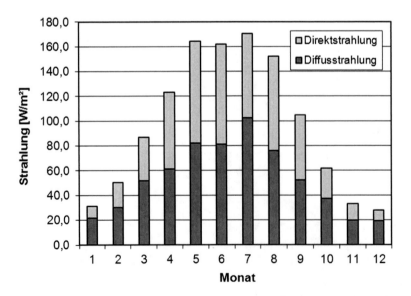

Abb. 3.7 Monatsmittlere Strahlungsleistung in Augsburg in W/m², berechnet mit dem Bayerischen Solaratlas

Tab. 3.2 Trübungsfaktor nach Linke [1]

	Trübungsfaktor F_{Linke}
sehr saubere Kaltluft	2
saubere Warmluft	3
feuchtwarme Luft	4 ... 6
verunreinigte Luft	> 6

zwischen der Direktstrahlung nach Durchlaufen der Erdatmosphäre $\dot{E}_{dir}$ und der Strahlungsintensität außerhalb der Erdatmosphäre $\dot{E}_{(Ntag)}$. Hierfür kann näherungsweise geschrieben werden:

$$\dot{E}_{dir} = \dot{E}_{(N_{Tag})} \cdot \exp\left(-F_{Linke} \cdot \frac{m}{0{,}9 \cdot m + 9{,}4} \cdot \frac{p}{p_0}\right) \tag{3.9}$$

mit

$$m = \frac{1}{\sin \gamma_S} \tag{3.10}$$

Hierin ist m der Air-Mass-Faktor (AM), das Verhältnis Weglänge durch die Atmosphäre zu Dicke der Atmosphäre. F_{Linke} ist der Trübungsfaktor nach Linke, der Werte zwischen 2 und 10 annehmen kann. Tab. 3.2 zeigt Richtwerte für verschiedene Umgebungsbedingungen. Die effektive zu durchdringende Luftmasse wird durch das Verhältnis Luftdruck auf Höhe des untersuchten Ortes p und Luftdruck auf Meeresniveau p_0 berücksichtigt.

Neben dem Trübungsfaktor nach Linke muss noch die Bewölkung berücksichtigt werden. Hieraus ist ersichtlich, dass die exakte Berechnung der solaren Einstrahlung äußerst komplex und mit großen Unsicherheiten verbunden ist. Üblicherweise wird deshalb auf statistische Einstrahlungsdaten zurückgegriffen, wie z. B. den Europäischen Strahlungsatlas [4] oder den Bayerischen Solaratlas [5].

Die Messung der Globalstrahlung erfolgt mittels Pyranometern, deren Funktionsprinzip auf der Absorption von Strahlung an einer schwarzen Platte und deren Umwandlung in Wärme beruht (Abb. 3.8).

3.2.1 Berechnung des Sonnenstandes

Zur Berechnung des Sonnenstandes kann auf verschiedene Algorithmen zurückgegriffen werden. Im Folgenden wird das Berechnungsverfahren nach DIN 5034-2 [6] verwendet. Der aktuelle Sonnenstand wird durch die Elevation γ_S (Sonnenhöhe = Winkel zwischen Horizontale und Sonnenvektor) und den Azimut α_S (Winkel zwischen der Nordrichtung und horizontaler Projektion des Sonnenvektors) beschrieben (Abb. 3.9).

Abb. 3.8 Pyranometer zur
Messung der Solarstrahlung

Abb. 3.9 Winkelbezeichnungen des Sonnenstandes nach
DIN 5034

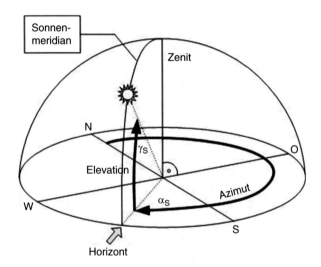

Azimut und Elevation sind von geografischem Standort, Datum und Uhrzeit abhängig.
Zunächst wird der Parameter J′, der aktuelle Winkel der Erdlaufbahn um die Sonne,
definiert:

$$J' = 360° \cdot \frac{Tag\,des\,Jahres}{Zahl\,der\,Tage\,im\,Jahr} \tag{3.11}$$

Hieraus lässt sich die Sonnendeklination δ, der Winkel des Sonnenvektors zum
Himmelsäquator zum Tageshöchststand ermitteln. Sie bewegt sich zwischen −23,45° am
22. Dezember und +23,45° am 21. Juni.

$$\delta\left(J'\right) = \begin{bmatrix} 0,3948 - 23,2559 \cdot \cos\left(J' + 9,1°\right) - 0,3915 \cdot \cos\left(2 \cdot J' + 5,4°\right) \\ -0,1764 \cdot \cos\left(3 \cdot J' + 26°\right) \end{bmatrix}° \quad (3.12)$$

Weiterer Parameter der Berechnung nach DIN 5034 ist die Zeitgleichung:

$$Zgl\left(J'\right) = \begin{bmatrix} 0,0066 + 7,3525 \cdot \cos\left(J' + 85,9°\right) + 9,9359 \cdot \cos\left(2 \cdot J' + 108,9°\right) \\ +0,3387 \cdot \cos\left(3 \cdot J' + 105,2°\right) \end{bmatrix} \text{min}$$

$$(3.13)$$

Aus der mitteleuropäischen Zeit MEZ wird abhängig von der geografischen Länge λ die mittlere Ortszeit MOZ ermittelt:

$$MOZ = MEZ - 4 \cdot \left(15° - \lambda\right) \cdot \text{min}/° \quad (3.14)$$

Die wahre Ortszeit WOZ erhält man mit

$$WOZ = MOZ + Zgl. \quad (3.15)$$

Mit der geografischen Breite φ und dem Stundenwinkel

$$\omega = (12.00\,h - WOZ) \cdot 15°/h \quad (3.16)$$

lassen sich nun Sonnenhöhe γ_S

$$\gamma_S = \arccos\left(\cos\omega \cdot \cos\varphi \cdot \cos\delta + \sin\varphi \cdot \sin\delta\right) \quad (3.17)$$

und Sonnenazimut α_S berechnen.
Für eine wahre Ortszeit WOZ $\leq$ 12.00 h gilt:

$$\alpha_S = 180° - \arccos\frac{\sin\gamma_S \cdot \sin\varphi - \sin\delta}{\cos\gamma_S \cdot \cos\varphi} \quad (3.18)$$

Für eine wahre Ortszeit WOZ > 12.00 h gilt:

$$\alpha_S = 180° + \arccos\frac{\sin\gamma_S \cdot \sin\varphi - \sin\delta}{\cos\gamma_S \cdot \cos\varphi} \quad (3.19)$$

In Tab. 3.3 sind Breiten- und Längengrade Augsburg, Berlin und das Solarkraftwerk Andasol in Andalusien angegeben. Abb. 3.10 zeigt das mit obigen Gleichungen berechnete

Tab. 3.3 Breitengrade φ und Längengrade λ ausgewählter Orte

	Augsburg	Berlin	Andasol Solarkraftwerk Spanien
Breitengrad φ	48,4	52,3	37,2
Längengrad λ	−10,9	−13,2	3,1

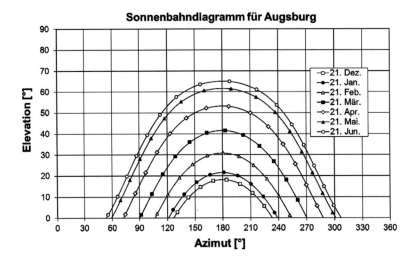

Abb. 3.10 Sonnenbahndiagramm für Augsburg (Breitengrad φ = 48,4°, Längengrad λ = −10,9°)

Sonnenbahndiagramm für Augsburg für die erste Jahreshälfte. Die Sonnenbahnen für die zweite Jahreshälfte lassen sich hieraus ableiten.

3.2.2 Berechnung des Sonneneinfallswinkels

Für eine horizontale Fläche lässt sich der Sonneneinfallswinkel Θ_{hor} (Winkel zwischen Flächennormale und Sonnenvektor) direkt aus der Sonnenhöhe γ_S ermitteln.

$$\Theta_{hor} = 90^\circ - \gamma_S \tag{3.20}$$

Für eine um den Elevationswinkel γ_E und den Azimutwinkel α_E geneigte Ebene sind die Winkelbezeichnungen in Abb. 3.11 dargestellt. Dabei wird der Azimutwinkel positiv nach Westen gezählt.

Der Einfallswinkel Θ_{gen} (Winkel zwischen Flächennormale n und Sonnenvektor s) ergibt sich zu:

$$\Theta_{gen} = \arccos\left[-\cos\gamma_S \cdot \sin\gamma_E \cdot \cos(\alpha_S - \alpha_E) + \sin\gamma_S \cdot \cos\gamma_E\right] \tag{3.21}$$

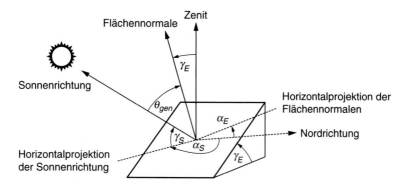

Abb. 3.11 Sonneneinfallswinkel auf eine geneigte Ebene

3.2.3 Einstrahlung auf eine geneigte Ebene

Die Globalstrahlung auf eine geneigte Oberfläche $\dot{E}_{G,gen}$ setzt sich aus der direkten Strahlung $\dot{E}_{dir,gen}$, der diffusen Himmelsstrahlung $\dot{E}_{diff,gen}$ und der vom Boden reflektierten Strahlung $\dot{E}_{refl,gen}$ zusammen. Als Basis zur Berechnung dient die Globalstrahlung auf eine horizontale Fläche. Daten hierzu liefert der Deutsche Wetterdienst (DWD). Für Bayern sind detaillierte Angaben über die Globalstrahlung auf eine horizontale Fläche, deren Aufteilung in Direkt- und Diffusstrahlung in Abhängigkeit vom geografischen Ort im Bayerischen Solaratlas [5] zu finden. Wie in Abb. 3.12 gezeigt, verringert sich die Direktstrahlung auf eine horizontale Fläche $\dot{E}_{dir,gen}$ mit abnehmender Sonnenhöhe γ_S gegenüber der Direktstrahlung auf eine zum Sonnenvektor senkrecht stehenden Fläche $\dot{E}_{dir}$.

$$\dot{E}_{dir,hor} = \dot{E}_{dir} \cdot \sin \gamma_S \tag{3.22}$$

Somit ergibt sich für die Direktstrahlung auf eine geneigte Ebene:

$$\dot{E}_{dir,gen} = \dot{E}_{dir,hor} \cdot \frac{\cos \Theta_{gen}}{\sin \gamma_S} \tag{3.23}$$

Für die Diffusstrahlung kann näherungsweise angenommen werden:

$$\dot{E}_{diff,gen} = \frac{1}{2} \cdot \dot{E}_{diff} (1 + \cos \gamma_E) \tag{3.24}$$

Gl. 3.24 gilt streng genommen nur bei bedecktem Himmel, soll hier jedoch zur Abschätzung genügen. Für detailliertere Berechnungen sei auf numerische Simulationsprogramme wie f-CHART oder Polysun verwiesen.

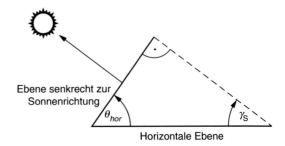

Abb. 3.12 Sonneneinfallswinkel auf eine horizontale
Ebene

3.2.4 Vorgehensweise zur Ermittlung der Einstrahlung auf eine geneigte Ebene

Zur Berechnung der Einstrahlung auf eine beliebig orientierte Fläche stehen Simulationsprogramme wie z. B. f-CHART oder Polysun zur Verfügung. Die Ermittlung der Sonnenscheindauer wird mit Hilfe von Sonnenscheinautografen vorgenommen, deren Funktionsweise in der Strahlungskonzentration durch eine Glaskugel besteht. Die konzentrierte
Strahlung erzeugt auf normiertem Papier einen Brennstreifen, aus dessen Länge und
Verlauf sich die Sonnenscheindauer bestimmen lässt. Angaben zur Sonnenscheindauer
können ebenfalls DIN 4710:2003-01 [3] entnommen oder beim Deutschen Wetterdienst
erfragt werden. In Mitteleuropa liegen typische Werte bei 1600 h/a, in Bayern zwischen
1400 h/a in Franken und 1800 h/a im Alpenvorland.

Ein vereinfachtes Schema zur Ermittlung der solaren Einstrahlung auf eine beliebig
geneigte Ebene findet sich im Bayerischen Solaratlas [5]. Dort finden sich Karten mit
Jahreswerten und Monatswerten der mittleren Sonnenscheindauer und der Globalstrahlung.

3.3 Passive Sonnenenergienutzung

Rund 23 % des Endenergieverbrauches in Deutschland wird zu Raumheizzwecken in
privaten Haushalten aufgewendet. Der Heizenergieverbrauch beträgt bei Altbauten (Errichtung vor 1995) je nach Gebäudetyp 150 bis 260 kWh/(m^{2}a). Durch gesetzliche Vorgaben
wie die Wärmeschutzverordnung (WSVO) und Energieeinsparverordnung (EnEV) wurde
der zulässige Primärenergiebedarf für die Raumheizung sukzessive auf 50 kWh/(m^{2}a)
gesenkt (EnEV 2012) [7].

Die passive Sonnenenergienutzung basiert auf der Absorption kurzwelliger Solarstrahlung an lichtundurchlässigen Gebäudeaußenflächen oder im Inneren eines Gebäudes nach
dem Durchgang durch eine transparente Außenfläche. Die absorbierte Solarenergie
erwärmt die entsprechenden Bauteile, welche die Energie wiederum durch Konvektion
und langwellige Wärmestrahlung an die Umgebung abgeben. Der Umfang der aufgenom-
menen Sonnenenergie einer bestrahlten Fläche wird durch die Ausrichtung, die Verschattung und den Absorptionskoeffizienten der jeweiligen Absorberfläche bestimmt. Höhe und

Zeitpunkt der Energieabgabe der Bauteile wird durch die Wärmeleitfähigkeit, die Dichte und die spezifische Wärmekapazität der absorbierenden Bauteile und der Temperaturdifferenz zur Umgebung beeinflusst. Durch eine geeignete Ausrichtung und die bauliche Verschattung kann die jahreszeitliche Wirkung der passiven Sonnenenergienutzung beeinflusst werden [8].

Grundregeln für die bauliche Ausstattung und die Ausrichtung des Gebäudes sind:

- möglichst kompakte Bauform mit geringer Oberfläche (A/V $\leq$ 0,45 m^{-1}),
- gute Wärmedämmung,
- Hauptausrichtung des Gebäudes nach Süden,
- größtmögliche Tageslichtausnutzung (Reduzierung des Beleuchtungsbedarfs).

Bei der Gestaltung der Fenster sollten folgende Grundsätze beachtet werden:

- Orientierung nach Süden,
- Verwendung von Gläsern mit hoher Wärmedämmung (2fach-/3fach-Verglasung, Wärmeschutzverglasung) und hoher Lichtdurchlässigkeit,
- Schutz vor Überhitzung im Sommer durch feststehende Verschattungseinrichtungen (Balkone, Vorsprünge) oder bewegliche Jalousien,
- innenliegender Blendschutz für den Winter.

Ein Beispiel für eine effektive Verschattungseinrichtung eines nach Süden ausgerichteten Gebäudes zeigt Abb. 3.13.

Bei *Direktgewinnsystemen* tritt das Sonnenlicht durch die transparenten Fensterflächen direkt in den Raum ein und wird an den Innenwänden in Wärme umgewandelt. Wand- und Lufttemperatur ändern sich gleichzeitig. Vorteil dieser Systeme sind der einfache Aufbau und niedrige Speicherverluste, da die Strahlungsenergie direkt im zu beheizenden Raum

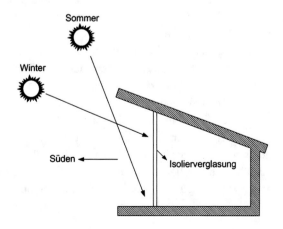

Abb. 3.13 Abschattung von Fensterflächen durch Dachüberstände

Abb. 3.14 Beispiele für ein
Solarwandsystem

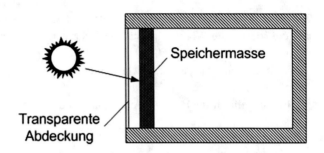

umgewandelt wird. Von Nachteil ist die geringe Phasenverschiebung zwischen Einstrahlung und Innentemperatur. Deshalb eignen sich diese Systeme besonders, wenn
Wärmebedarf und Solarstrahlung zeitgleich auftreten, wie z. B. in Bürogebäuden. Direkt-
gewinnsysteme lassen sich nur über eine Verschattung regeln.

Indirekte Gewinnsysteme (Solarwände), haben direkt hinter der südorientierten Vergla-
sung eine massive Wand, wie es in Abb. 3.14 gezeigt ist. Diese besteht üblicherweise aus
Stein oder Beton, und besitzt zwei Funktionen: die eines Kollektors und die eines Speichers. Die Außenoberfläche der Wand ist zumeist schwarz, gestrichen oder selektiv
beschichtet. Durch Wärmeleitung wird die Energie zur raumseitigen Wandfläche geführt
und dort an die Raumluft abgegeben. Innentemperatur und Einstrahlung sind damit
phasenverschoben.

Solarwandsysteme zeichnen sich durch einfachen Aufbau, die phasenverschobene
Raumerwärmung und die gegenüber Direktgewinnsystemen geringeren Raumtemperatur-
schwankungen aus. Von Nachteil sind die im Vergleich zu Direktgewinnsystemen
erhöhten Wärmeverluste. Die Höhe der absorbierten Solarstrahlung kann nur über Verschattungseinrichtungen geregelt werden. Ist die Solarstrahlung einmal im Speicher absorbiert, kann die Wärmeabgabe an den Raum nicht mehr beeinflusst werden.

Solarwandsysteme sind ideale Ergänzungen zu Direktgewinnsystemen, da durch die
Kombination beider Systeme die Dauer der Wärmeabgabe in den Raum verlängert wird.
Damit eignen sie sich für Wohnungen und Einfamilienhäuser mit kontinuierlichem
Wärmebedarf. Eine Verbesserung ihrer Effizienz wird durch den Einsatz transparenter
Wärmedämmung erreicht.

Lichtdurchlässige Dämmstoffe, die eine passive Nutzung der Sonnenenergie als
Wärmequelle direkt an der Außenwand von Gebäuden ermöglichen, bezeichnet man als
Transparente Wärmedämmung (TWD). Diese Form der Fassadendämmung minimiert
einerseits den Wärmeverlust über die Außenwände und erzeugt gleichzeitig Heizenergie
durch die Absorption von einfallendem Sonnenlicht. Die passive Solarenergienutzung
erfolgt bei der transparenten Wärmedämmung über verschiedene Schichten. Ein licht-
durchlässiger Glasputz und Glasvlies lässt das Sonnenlicht auf die Dämmschicht aus
Kapillarplatten fallen. Diese Kapillarplatten aus Kunststoff – vorstellbar wie viele aufeinander geschichtete Strohhalme – leiten das Sonnenlicht an die schwarze Absorberschicht

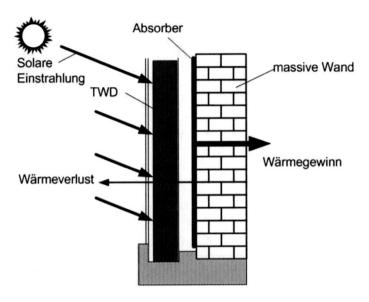

Abb. 3.15 Transparente Wärmedämmung

Abb. 3.16 Kapillarstruktur
einer transparenten
Wärmedämmung

weiter, die das Licht in Wärme umwandelt und im Mauerwerk speichert (Abb. 3.15 und
3.16). Die Wärme wird durch Wärmeleitung an die Innenwand transportiert und zeit-
verzögert als angenehm empfundene Wärmestrahlung an den Innenraum abgegeben
(Abb. 3.17).

Durch die horizontale Anordnung der Kapillaren einer Dämmschicht wird die Strahlungsenergie der tief stehenden Wintersonne an die Absorberschicht weitergeleitet. Durch
Reflexionen an dem Glasputz und in den Kapillaren dringt das Sonnenlicht im Sommer
nicht an die Hauswand vor und beugt einer zusätzlichen, unerwünschten Aufheizung in der

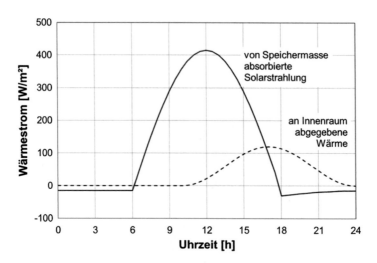

Abb. 3.17 Zeitliche Verzögerung bei der Wärmeabgabe

warmen Jahreszeit vor. Für Altbauten, die sich gerade durch massive aber schlecht
wärmegedämmte Wände auszeichnen, eignet sich die TWD zur energetischen Sanierung
besonders. Hier erzielt man Wärmegewinne an Südfassaden von bis zu 150 kWh pro m^2
TWD und Jahr.

TWD-Systeme sind wesentlich teurer ist als konventionelle Wärmedämmung. Bei
Leichtbauwänden können die solaren Gewinne mit Fenstern oft günstiger erreicht werden.
Wenn es nicht ausreichend Dachvorsprünge oder Verschattungseinrichtungen gibt, kann es
im Sommer zu Überhitzungsproblem an ost- oder westorientierten Wänden mit transparenter Dämmung kommen.

Ein Beispiel für kompakte Bauform, Ausrichtung nach Süden und transparente
Wärmedämmung ist die Chamanna digl Kesch (Keschhütte) in den Schweizer Alpen
(Albula, Graubünden), wie sie in Abb. 3.18 gezeigt ist. Zusätzlich tragen photovoltaische
Kollektoren zwischen den Fenstern und thermische Kollektoren auf dem Dach zur Ener-
gieeffizienz bei.

Unabhängige Energiegewinnsysteme sind üblicherweise Wintergärten. Mit Wintergärten kann nicht nur Wärme gewonnen, sondern gleichzeitig noch zusätzlicher Wohnraum
geschaffen werden. Sie stellen eine eigenständige Temperaturzone dar und sind vom Rest
der Wohnung thermisch getrennt (siehe Abb. 3.19). Sie sind mit Abstand die beliebtesten
passiven Solarsysteme, was jedoch nur teilweise auf das Energiegewinnpotenzial zurückzuführen ist. Ihr besonderer Reiz liegt eher in der Bereitstellung von zusätzlichem,
besonders attraktivem Wohnraum. Eine Grundvoraussetzung für einen energetisch sinn-
vollen Einsatz ist jedoch, dass sie weder geheizt noch gekühlt werden.

Abb. 3.18 Keschhütte in den Schweizer Alpen: Hier wurden kompakte Bauform, Ausrichtung nach Süden und transparente Wärmedämmung realisiert. Photovoltaische Kollektoren zwischen den Fenstern und thermische Kollektoren auf dem Dach tragen zur Energieeffizienz bei

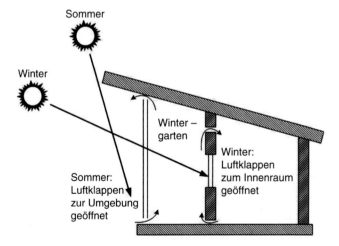

Abb. 3.19 Funktionsweise eines Wintergartens

3.4   Solarthermie

Rund 40 % der in Deutschland verbrauchten Endenergie fallen im Niedertemperaturbereich bei Temperaturen unterhalb von 60 °C an. Niedertemperaturwärme wird vor allem
in folgenden Bereichen benötigt:

- Schwimmbadwassererwärmung,
- Trinkwassererwärmung,
- Heizungsunterstützung bzw. Gebäudeheizung,
- Niedertemperatur-Prozesswärme.

Mit Hilfe von Sonnenkollektoren kann Solarstrahlung mit hohem Wirkungsgrad in Niedertemperaturwärme umgewandelt und z. B. für Heizzwecke zur Verfügung gestellt werden.
Anlagen zur solaren Trinkwassererwärmung haben in den vergangenen Jahrzehnten eine
starke Verbreitung gefunden. Anlagen zur solaren Heizungsunterstützung gewinnen zunehmend an Bedeutung. Abb. 3.20 zeigt die Entwicklung des Solarkollektor-Marktes in
Deutschland seit 2001.

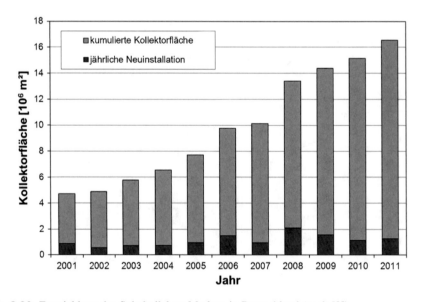

Abb. 3.20 Entwicklung des Solarkollektor-Marktes in Deutschland (nach [9])

3.4.1 Physikalische Grundlagen

Das Grundprinzip der solarthermischen Nutzung besteht in der Umwandlung von kurzwelliger Solarstrahlung in Wärme. Dieser Prozess wird als photothermische Energiewandlung bezeichnet.

3.4.1.1 Die thermooptischen Eigenschaften Reflexion, Absorption, Transmission und Emission

Trifft Strahlungsenergie $\dot{E}_G$ z. B. in Form von Licht auf Materie, wird ein Teil der Strahlung an der Oberfläche reflektiert. Der Reflexionskoeffizient ρ bezeichnet den Anteil der reflektierten Strahlung. Die in die Materie eindringende Strahlung wird teilweise absorbiert. Die Fähigkeit Strahlung zu absorbieren wird durch den Absorptionskoeffizienten α dargestellt. Der restliche Anteil der Strahlung, der den Körper durchstrahlt, die Transmission, wird durch den Transmissionskoeffizienten τ dargestellt. Durch die Absorption von Strahlungsenergie erwärmt sich der Körper und strahlt entsprechend seiner Temperatur und seinem Emissionskoeffizienten ε Wärmestrahlung ab. Dieser Zusammenhang ist in Abb. 3.21 dargestellt.

Für reflektierte, absorbierte und transmittierte Strahlung gilt:

$$\dot{E}_R = \rho \cdot \dot{E}_G \tag{3.25}$$

$$\dot{E}_A = \alpha \cdot \dot{E}_G \tag{3.26}$$

$$\dot{E}_T = \tau \cdot \dot{E}_G \tag{3.27}$$

Mit dem Stefan-Boltzmann-Gesetz lässt sich für die im Infrarotbereich emittierte Strahlung schreiben:

Abb. 3.21 Reflexion, Absorption, Transmission, Emission

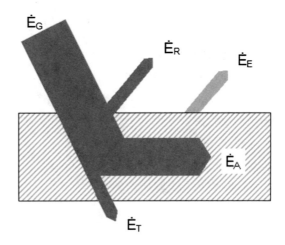

$$\dot{E}_E = \sigma \cdot \varepsilon \cdot T_K^4 \tag{3.28}$$

Dabei ist $\sigma = 5,67 \cdot 10^{-8}$ W/(m^2 K^4) die *Stefan-Boltzmann-Konstante*.

Mit dem ersten Hauptsatz der Thermodynamik lassen sich die eingestrahlten und ausgesendeten Energieströme bilanzieren. Für die eingetrahlten Energieströme gilt:

$$\dot{E}_G = \dot{E}_R + \dot{E}_A + \dot{E}_T \tag{3.29}$$

Setzt man Gl. 3.25 bis 3.27 in 3.29 ein, erhält man:

$$\rho + \alpha + \tau = 1 \tag{3.30}$$

Für die Summe der ausgesendeten Energieströme gilt:

$$\dot{E}_{aus} = \dot{E}_R + \dot{E}_E + \dot{E}_T \tag{3.31}$$

Im thermischen Gleichgewicht sind ein- und ausgetrahlte Energien gleich, im Körper stellt sich die Gleichgewichtstemperatur T_K = const. ein.

$$\dot{E}_G = \dot{E}_{aus} \tag{3.32}$$

Hieraus folgt mit Gl. 3.29 bis 3.31

$$\alpha = \varepsilon \tag{3.33}$$

Absorptionskoeffizient α und Emissionskoeffizient ε sind also gleich, wobei beide Koeffizienten eine Funktion der Wellenlänge bzw. der Temperatur des Strahlers sind. Diesen Zusammenhang bezeichnet man als das Kirchhoff'sche Gesetz.

$$\alpha(T, \lambda) = \varepsilon(T, \lambda) \tag{3.34}$$

Reflexionkoeffizient ρ und Transmissionskoffizient τ sind ebenfalls von Wellenlänge bzw. der Temperatur des Strahlers abhängig.

$$\rho = \rho(T, \lambda) \tag{3.35}$$

$$\tau = \tau(T, \lambda) \tag{3.36}$$

Für opake, d. h. strahlungsundurchlässige Materie ist der Transmissionskoeffizient $\tau = 0$ und es gilt:

$$\rho + \alpha = 1 \tag{3.37}$$

3.4.1.2 Anforderungen an Material- und Oberflächeneigenschaften

Wie in Abb. 3.4 gezeigt wurde, liegt der Wellenlängenbereich der kurzwelligen Solarstrahlung bei $0{,}3\ \mu m < \lambda_s < 2{,}5\ \mu m$, während die von erwärmten Oberflächen emittierte langwellige Wärmestrahlung Wellenlängenbereiche von $2{,}5\ \mu m < \lambda_\ell < 30\ \mu m$ umfasst. Hieraus ergeben sich folgende Forderungen an die thermooptischen Eigenschaften von Solarkollektoren:

- Transparente Abdeckungen sollten für Solarstrahlung möglichst durchlässig sein, $\tau_S = \tau\,(\lambda_s) = 1$. Strahlungswärmeverluste des Absorbers, d. h. langwellige Wärmestrahlung sollte an der transparenten Abdeckung möglichst reflektiert werden, $\rho_\ell = \rho\,(\lambda_\ell) = 1$, bzw. nicht durchgelassen werden, $\tau_\ell = \tau\,(\lambda_\ell) = 0$.
- Der Absorber sollte das gesamte solare Strahlungsspektrum vollständig absorbieren, $\alpha_S = \alpha\,(\lambda_s) = 1$, bzw. $\rho_S = \rho\,(\lambda_S) = 0$. Im Bereich der Wärmestrahlung sollte er aber nicht emittieren, $\varepsilon_\ell = \varepsilon\,(\lambda_\ell) = 0$, bzw. $\rho_\ell = \rho\,(\lambda_\ell) = 1$.
- Spiegel zur Konzentration sollten sichtbares Licht möglichst komplett reflektieren, $\rho_S = \rho\,(\lambda_s) = 1$.
- Linsen zur Konzentration sollten für sichtbares Licht vollständig transparent sein, $\tau_S = \tau\,(\lambda_s) = 1$.

Diese Forderungen werden durch Materialien bzw. Oberflächen mit selektiven thermooptischen Eigenschaften realisiert. Das vereinfachte solare Strahlungsspektrum (Schwarzer Körper von 5777 K), das Strahlungsspektrum der Wärmestrahlung (Schwarzer Körper von 330 K), sowie Absorptionskoeffizienten für einen nicht selektiven und einen idealen selektiven Absorber sind in Abb. 3.22 dargestellt. Die durch die beschriebenen thermooptischen Eigenschaften resultierenden Energieströme in einem Flachkollektor sind in

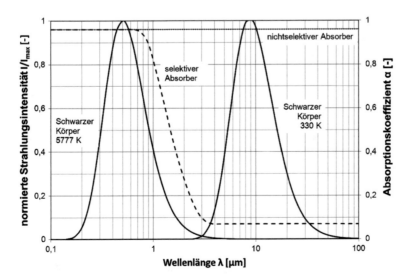

Abb. 3.22 Normierte Strahlungsspektren der Solarstrahlung (5777 K) und der Wärmestrahlung (330 K), sowie thermooptische Eigenschaften eines nichtselektiven und eines selektiven Absorbers

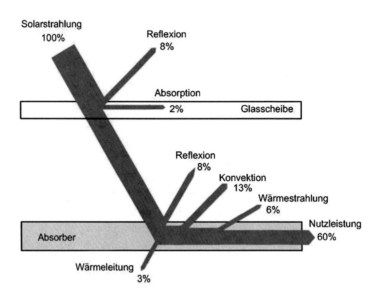

Abb. 3.23 Energiewandlung und Verluste in einem Flachkollektor (nach [10])

Abb. 3.23 skizziert. Die resultierende an das Wärmeträgermedium abgegebene Nutzleistung beträgt rund 60 %.

3.4.2   Elemente solarthermischer Anlagen

Solarthermische Anlagen wandeln solare Strahlung in Wärme um. Diese Wärme wird von einem Wärmeträgermedium abgeführt und entweder direkt genutzt oder in einem Speicher für eine spätere Nutzung eingelagert. In Deutschland werden fast ausschließlich nicht-konzentrierende Flüssigkeitskollektoren eingesetzt. Diese werden im Folgenden eingehend beschrieben. Im Anschluss daran werden die für den Betrieb solarthermischer Anlagen benötigten Systemelemente wie Speicher, Wärmeträgermedium oder Wärmeüberträger dargestellt.

3.4.2.1 Aufbau von thermischen Solarkollektoren
Kollektoraufbau

Abb. 3.24 zeigt den Aufbau eines typischen Flachkollektors. Der Kollektor besteht aus dem Absorber mit den entsprechenden Leitungen für das Wärmeträgermedium, der transparenten Abdeckung sowie dem Gehäuse mit der Wärmedämmung.

Absorber

Der Absorber nimmt die Solarstrahlung auf und wandelt einen möglichst großen Teil davon in Wärme um. Dies gelingt durch Absorberoberflächen mit einem möglichst hohen

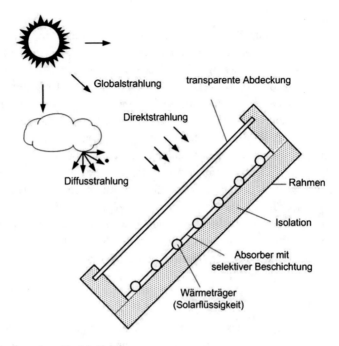

Abb. 3.24 Aufbau eines Flachkollektors

Absorptionsvermögen im Wellenlängenbereich des sichtbaren Lichtes. Im Wellenlängenbereich der Wärmestrahlung wird dagegen ein niedriges Absorptions- und damit auch
Emissionsvermögen angestrebt. Der Absorber muss eine hohe Wärmeleitfähigkeit besitzen, um die Wärme bei kleinen Temperaturdifferenzen zum Wärmeträgermedium zu
transportieren. Weiterhin muss er beständig gegen hohe Temperaturschwankungen und
UV-Strahlung sein. Somit kommen als Absorbermaterial haupsächlich Metalle oder Kunststoffe in Frage.

Um eine hohe Absorption des Sonnenlichts α_S zu erreichen, kann der Absorber auf der
sonnenorientierten Seite schwarz lackiert werden. Hiermit lässt sich eine maximale Absorbertemperatur von ca. 130 °C erreichen, da gleichzeitig eine hohe Emission für Wärmestrahlung ε_ℓ besteht. Abhilfe schafft hier eine selektive Beschichtung, die einen hohen
Absorptionskoeffizienten für das kurzwellige Strahlungsspektrum des Sonnenlichts aufweist, während sie gleichzeitig die langwellige Wärmestrahlung nur wenig emittiert.
Dadurch lassen sich die Wärmeverluste im Vergleich zu Absorbern ohne selektive
Beschichtung deutlich reduzieren. Mit galvanisch aufgebrachtem Schwarzchrom lässt
sich ein Verhältnis solare Absorption zu Wärmeemission von $\alpha_S/\varepsilon_\ell = 9{,}6$ erreichen, mit
dem ebenfalls galvanisch aufgebrachten Schwarznickel $\alpha_S/\varepsilon_\ell = 12$. Nicht-galvanische
Beschichtungen wie *Titan-Nitrit-Oxid (TiNOx)* und Keramik-Metall-Strukturen (*Sun-
select*) erreichen $\alpha_S/\varepsilon_\ell = 19$, womit Absorbertemperaturen von über 200 °C erreicht werden
können.

Abdeckung

Eine transparente Abdeckung des Kollektors dient der Verringerung der konvektiven Wärmeverluste des Absorbers an die Umgebung. Sie muss für die Solarstrahlung möglichst durchlässig sein und die langwellige thermische Rückstrahlung des Absorbers zurückhalten. Gleichzeitig sollte sie konvektive Wärmeverluste an die Umgebung reduzieren. Als Material kommen Glasscheiben, Kunststoffplatten oder Kunststofffolien in Frage. Aufgrund der Degradation von Kunststoffen (Versprödung, Verkratzen, reduzierte Transparenz) wird meist Glas verwendet. Durch einen niedrigen Eisengehalt kann dessen Absorptionsvermögen im kurzwelligen Strahlungsbereich herabgesetzt werden. Dadurch wird ein Aufheizen der Scheibe vermieden und die konvektiven Wärmeverluste an die kältere Umgebung werden herabgesetzt. Infrarot-reflektierende Schichten, die an der Unterseite der Abdeckung aufgedampft werden, reflektieren die langwellige Wärmestrahlung des Absorbers zurück und reduzieren damit die Verluste weiter. Infrarot-reflektierendes eisenarmes Glas mit einer aufgedampften In_2O_3 oder ZnO_2-Schicht besitzt einen Transmissionskooeffizienten für sichtbares Licht von $\tau_S = 0{,}95$ und einen Reflexionskoeffizienten für Wärmestrahlung von $\rho_\ell = 0{,}85$.

Gehäuse

Das Gehäuse dient als Struktur des Kollektors und dichtet ihn gegen die Umgebung ab. Es besteht aus einem wärmegedämmten Rahmen aus Aluminium, verzinktem Stahlblech oder Kunststoff. Bei der Montage auf Schrägdächern können Kollektoren als Aufdach- oder Indachkollektoren ausgeführt werden. Dabei fügen sich Indachkollektoren in das vorhandene Dach ein und übernehmen die wetterfeste Abdichtung des Daches.

3.4.2.2 Kollektorbauarten

Die Einteilung der verschiedenen Kollektorbauarten erfolgt anhand des Wärmeträgermediums (Flüssigkeit oder Luft) und der Art der Strahlungsaufnahme (konzentrierend oder nicht konzentrierend). Dadurch ergibt sich eine Vielzahl von Varianten, die im Folgenden näher dargestellt werden.

Schwimmbadabsorber

Bei der Erwärmung von Badewasser in Freibädern liegt die gewünschte Wassertemperatur von ca. 25 °C im Bereich der Umgebungstemperatur. Auf eine Wärmedämmung kann daher verzichtet werden. Sie bestehen aus einer Absorbermatte aus schwarzem Kunststoff mit einem entsprechenden Rohrleitungssystem für den Wärmeträger. In der Regel dient das Schwimmbadwasser als Wärmeträger.

Flachkollektor

Bei der Trinkwassererwärmung und der Heizungsunterstützung bzw. Raumheizung werden höhere Temperaturen benötigt. Hier kommen meist Flachkollektoren zum Einsatz. Sie bestehen aus einem Metallabsorber in einem wärmegedämmten Gehäuse mit einer oder mehreren transparenten Abdeckscheiben. Um die konvektiven Wärmeverluste vom Absorber an die Abdeckung weiter zu reduzieren, kann der Zwischenraum evakuiert werden (Vakuum-Flachkollektor). Die flächenspezifischen Kosten betragen rund 300 bis 400 €/m² [11].

Vakuum-Röhrenkollektor

Werden noch höhere Temperaturen benötigt, kommen Vakuum-Röhrenkollektoren zum Einsatz. Hier existieren zwei unterschiedliche Bauarten, der Vakuum-Röhrenkollektor nach dem Sydney-Prinzip und der Heat-Pipe-Kollektor. Durch das Vakuum werden die Verluste durch Konvektion und Wärmeleitung weitgehend unterdrückt. Dadurch können bei hohen Kollektortemperaturen hohe flächenspezifische Energieerträge erreicht werden. Aufgrund des relativ hohen erreichbaren Temperaturniveaus ist ihr Einsatz im Bereich der industriellen Niedertemperaturprozesswärme oder zur solaren Kühlung in Verbindung mit Absorptionskältemaschinen interessant. Von Nachteil sind die höheren Kosten gegenüber nicht vakuumisolierten Flachkollektoren.

Vakuum-Röhrenkollektor nach dem Sydney-Prinzip

Die Sydney-Röhre besteht, ähnlich einem Dewar-Gefäß oder einer Thermoskanne aus zwei koaxial geführten Glasrohren, die mit metallischen Klammern auf Abstand gehalten werden (siehe Abb. 3.25). Der so im Innern entstehende Hohlraum wird vor dem Verschließen durch Verschmelzen evakuiert. Das innere Glasrohr ist auf seiner durch das Vakuum geschützten Außenseite mit einer hochselektiven Beschichtung versehen. Um den röhrenförmigen Absorber noch effizienter nutzen zu können, kann unter dem Hüllrohr ein Reflektor montiert werden, der die zwischen den Absorberröhren durchtretende Strahlung auf die nicht beschienene Rückseite des Absorberrohrs lenkt. Der interne Wärmefluss von der Absorberschicht auf dem Glasinnenrohr zum Wärmeträgermedium in den U-förmig gebogenen Fluidrohren erfolgt über ein Wärmeleitblech aus Aluminium. Aufgrund der

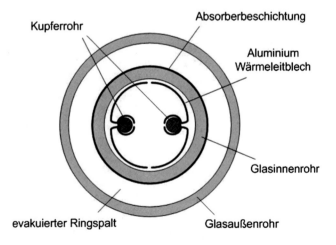

Abb. 3.25 Vakuum-Röhrenkollektor nach dem Sydney-Prinzip

guten Isolation durch das Vakuum ergibt sich eine flachere Wirkungsgradkennlinie, d. h. bei höheren Kollektortemperaturen ergeben sich Wirkungsgradvorteile gegenüber dem Flachkollektor. Von Nachteil sind zusätzliche Transmissionsverluste durch zwei Glasröhren, das ungünstige Verhältnis Aperturfläche der Absorberschicht zu Kollektorfläche, der nur punkt- bzw. linienförmige thermische Kontakt zwischen Glasinnenseite und Fluidrohr, was zu geringen Konversionsfaktoren führt. Die flächenspezifischen Kosten bewegen sich zwischen 500 und 850 €/m^2, etwa doppelt so hoch wie beim Flachkollektor [11].

Heat-Pipe-Kollektor
Der Absorber von Heat-Pipe-Kollektoren (Wärme-Rohr-Kollektoren) besteht aus einem hochselektiv beschichteten ebenem Blech mit einem Flüssigkeitskanal, das in einer evakuierten Glasröhre liegt. Im Gegensatz zu Flachkollektoren oder Sydneyröhren, die von einem Wasser-Frostschutzmittel-Gemisch als Wärmeträgermedium durchströmt werden, befindet sich beim Heat-Pipe-Kollektor im Rohr meist eine Flüssigkeit, die unter Sonneneinstrahlung auf einem niedrigen Temperaturniveau verdampft. Der Dampf steigt im schräg montierten Rohr nach oben, gibt über den Kondensator die Energie an den Wärmeträger des Solarkreislaufes ab, kondensiert dabei aus und fließt der Schwerkraft folgend in den Absorber zurück, um erneut zu verdampfen (siehe Abb. 3.26). Durch die Vakuumisolation ergibt sich eine flache Wirkungsgradkennlinie, bei höheren Kollektortemperaturen ergeben sich Wirkungsgradvorteile gegenüber dem Flachkollektor. Nachteil dieser Bauart sind mögliche Vakuumverluste an der Metall-Glas-Durchdringung sowie die höheren Kosten gegenüber Flachkollektoren. Die flächenspezifischen Kosten betragen rund 850 bis 1000 €/m^2, also mehr als das doppelte der Kosten von Flachkollektoren [11].

Luftkollektor
Im Gegensatz zu den vorher beschriebenen Flüssigkeitskollektoren dient hier Luft als Wärmeträger. Dadurch ergibt sich ein einfacherer Kollektoraufbau. Zum Transport der Luft werden jedoch große Kanäle und eine hohe Antriebsleistung für die Ventilatoren benötigt. Da in unseren Breiten vorwiegend Warmwasserheizungssysteme verwendet werden, haben sich Luftkollektoren bisher nicht durchgesetzt. Luftkollektoren eignen sich jedoch gut für die solare Raumheizung bei Niedrigenergiehäusern mit Abluftwärmerückgewinnung oder zur solaren Unterstützung von Außenluft-Wärmepumpen. Ein weiteres Einsatzgebiet ist die solare Trocknung von Agrarprodukten.

Konzentrierender Kollektor
Will man höhere Temperaturen erreichen als mit Flachkollektoren möglich ist, muss die einfallende Sonnenstrahlung durch Spiegel oder Linsen konzentriert werden, ehe sie auf den Absorber gelenkt wird. Eine Einteilung strahlungskonzentrierender Kollektoren erfolgt in feststehende, einachsig und zweiachsig nachgeführte Systeme. Dabei können Temperaturen von über 1000 °C im Absorber erreicht werden. Da aus physikalischen Gründen nur

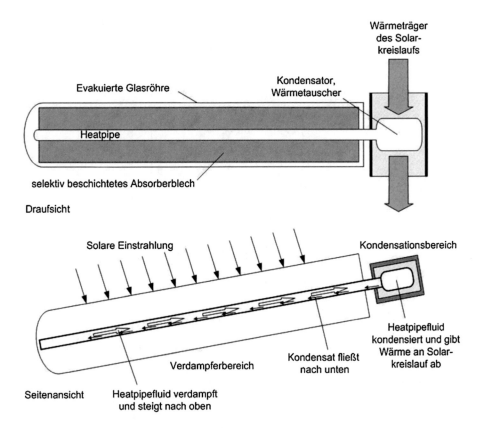

Draufsicht

Seitenansicht

Abb. 3.26 Heat-Pipe-Kollektor, Aufbau und Funktionsprinzip

der Direktanteil der Strahlung konzentriert werden kann, ist die Verwendung von konzentrierenden Kollektoren nur in Gebieten mit einem hohen Direktstrahlungsanteil technisch sinnvoll. Da in Deutschland ca. 60 % der am Boden ankommenden Solarstrahlung Diffusstrahlung ist, kommen diese Kollektoren hier kaum zur Anwendung. Eine Ausnahme sind feststehende Systeme mit CPC-Spiegeln (Compound Parabolic Concentrator) (Abb. 3.27). Dabei wird über parabolische Spiegel sowohl direkte als auch ein größerer Anteil der diffusen Strahlung auf den Absorber in der Vakuumröhre gelenkt. Speziell während Zeiten mit einem hohen Diffusstrahlungsanteil kann dadurch der Wärmeertrag der Kollektoren deutlich gesteigert werden [12].

3.4.2.3 Kollektorverschaltung
Eine solarthermische Anlage besteht üblicherweise aus mehreren Einzelkollektoren, die hydraulisch in Reihe oder parallel verschaltet werden.

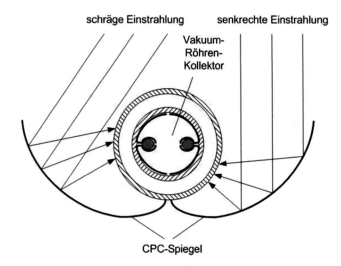

schräge Einstrahlung   senkrechte Einstrahlung

Vakuum-
Röhren-
Kollektor

CPC-Spiegel

Abb. 3.27 Vakuum-Röhrenkollektor mit CPC-Spiegel

Parallelschaltung

Bei kleinen und mittleren Anlagen werden die Kollektoren meist parallel geschaltet und nach dem High-Flow-Prinzip mit hohem Massendurchsatz und geringer Temperaturerhöhung im Kollektor betrieben. Bedingt durch die dadurch resultierende niedrige mittlere Kollektortemperatur erreicht man hohe Wirkungsgrade. Eine gleichmäßige Durchströmung der einzelnen Absorber wird mit der Tichelmann-Verschaltung erzielt, bei der die Druckverluste in allen parallel geschalteten Kollektoren möglichst gleich sind. Hierzu werden die einzelnen Kollektoren so zwischen Verteiler und Sammler angeschlossen, dass die Summe aller Vor- und Rücklaufleitungen gleich lang ist.

Reihenschaltung

Hier werden alle Kollektoren hintereinander durchströmt. Der Betrieb erfolgt nach dem Low-Flow-Prinzip mit hoher Temperaturspreizung. Bedingt durch den geringen Durchfluss erhält man auch bei geringer oder kurzzeitiger Einstrahlung warmes Wasser. Diesem Vorteil steht als Nachteil der höhere Wärmeverlust des Absorbers aufgrund der größeren Temperaturdifferenz zur Umgebung entgegen. Durch die geringe Fließgeschwindigkeit wird der höhere Druckverlust von in Reihe geschalteten Kollektoren teilweise ausgeglichen.

3.4.2.4 Speicher

Da die solare Einstrahlung starken Schwankungen unterliegt, benötigen solare Trinkwasser- und Heizungssysteme Wärmespeicher um eine kontinuierliche Versorgung mit Wärme zu gewährleisten. Dabei wird zwischen Kurzzeit- und Langzeitspeichern unterschieden.

Trinkwasserspeicher beinhalten das zu erwärmende Trinkwasser. Sie müssen deshalb „lebensmittelecht" sein und dem Leitungsdruck des Wassernetzes von bis zu 10 bar

Abb. 3.28 Vergleich
verschiedener Solarspeicher.
Pufferspeicher (*links*),
Kombispeicher (*rechts*).
(Quelle: Wagner & Co
Solartechnik)

standhalten. Sie werden als druckfeste Behälter aus emailliertem Stahlblech oder aus
korrosionsbeständigem Edelstahl ausgeführt. *Pufferspeicher* arbeiten drucklos und sind
mit dem Heizungswasser gefüllt. Speziell für die solare Heizungsunterstützung wurden
Kombispeicher (Tank-in-Tank-Systeme) entwickelt, bei denen der kleinere Trinkwasserspeicher in den größeren Pufferspeicher eingesetzt wird (siehe Abb. 3.28). *Saisonspeicher*
werden in solaren Nahwärmenetzen eingesetzt. Diese bis zu 100.000 m³ großen Speicher
werden als Betonspeicher oder Aquiferspeicher ausgeführt.

Die Größe der Solarspeicher richtet sich nach der Kollektorfläche. Für die solare
Trinkwassererwärmung werden 50 ℓ je m² Kollektorfläche empfohlen, bei solarer Heizungsunterstützung rund 70 ℓ/m².

3.4.2.5 Wärmeträgermedium

Aufgabe des Wärmeträgers ist der Transport der im Absorber in Wärme umgewandelten
Solarenergie zum Speicher oder direkt zum Verbraucher. Der Wärmeträger sollte eine hohe
Wärmekapazität und eine geringe Viskosität besitzen. Weiterhin sollte er ungiftig,
unbrennbar und möglichst wenig korrosiv sein. Wasser erfüllt alle diese Forderungen,
gefriert jedoch bei Temperaturen unter 0 °C, weshalb in Nord- und Mitteleuropa
frostsichere Solarflüssigkeiten eingesetzt werden. Diese sind in der Regel Gemische aus
Wasser, Propylenglykol und Korrosionsinhibitoren. Ihre Nachteile gegenüber Wasser sind
die geringere spezifische Wärmekapazität und die höhere Viskosität.

3.4.2.6 Wärmeübertrager

Wärmeübertrager dienen der Wärmeübertragung zwischen Solarflüssigkeit und Speicher
bzw. zwischen Speicher und Trinkwasserkreislauf. *Speicherinterne Wärmeübertrager*
werden üblicherweise als Rohrspiralen ausgeführt. Dem Vorteil des geringen Platzbedarfes
steht der Nachteil einer geringen Wärmeübertragungsfläche gegenüber. *Externe*

Wärmeübertrager werden als Plattenwärmeübertrager ausgeführt. Sie besitzen eine große Wärmeübertragungsfläche und können somit bei geringen Temperaturdifferenzen zwischen wärmeabgebendem und wärmeaufnehmendem Medium betrieben werden. Sie benötigen jedoch eine zusätzliche Pumpe zwischen Speicher und Wärmeübertrager.

3.4.2.7 Pumpen
Als Pumpen kommen meist konventionelle Heizungs-Umwälzpumpen zum Einsatz. Um hochwertige elektrische Energie einzusparen, werden sie meist regelbar ausgeführt.

3.4.3 Anlagenkonzepte

Eine Solaranlage wird aus den in Abschn. 3.4.2 vorgestellten Komponenten aufgebaut. Eine Einteilung erfolgt anhand des Wärmeträgerkreislaufes in offene oder geschlossene Systeme, bzw. in Systeme ohne Umlauf, mit Naturumlauf oder mit Zwangsumlauf.

Anlagen ohne Umlauf
Bei Anlagen ohne Umlauf wird der Solarkollektor direkt in den Trinkwarmwasser- oder Heizungskreislauf integriert. Das nach Durchströmen des Kollektors erwärmte Wasser kann als Trinkwarmwasser oder für Heizzwecke genutzt werden (Abb. 3.29 links).

Naturumlaufsysteme
Die Funktion von Naturumlaufsystemen beruht auf der Dichteabhängigkeit einer Flüssigkeit von der Temperatur. Ist der Speicher oberhalb des Kollektors angeordnet, steigt die im Kollektor erwärmte Flüssigkeit aufgrund der geringeren Dichte in den kälteren Speicher auf. Entsprechend fließt Flüssigkeit aus dem Speicher in den Kollektor zurück. Somit entsteht ein natürlicher Flüssigkeitskreislauf (Abb. 3.29 Mitte und rechts).

Dem Vorteil des einfachen Aufbaus steht die Frostempfindlichkeit als großer Nachteil entgegen. In Südeuropa werden derartige Anlagen verbreitet zur Warmwasserbereitung

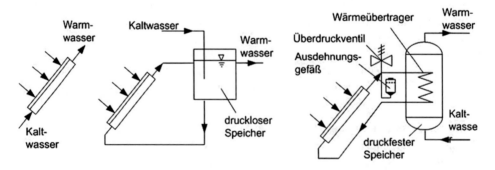

Abb. 3.29 Konzepte Solarthermischer Anlagen ohne Umlauf (*links*), mit offenem (*Mitte*) und geschlossenem Naturumlauf (*rechts*) (nach [2])

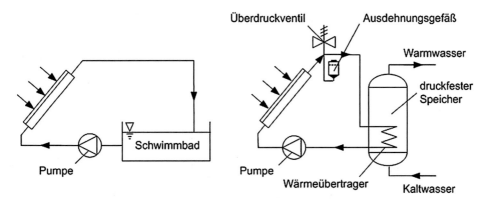

Abb. 3.30 Konzepte Solarthermischer Anlagen mit offenem (*links*) und geschlossenem Zwangs-umlauf (*rechts*) (nach [2])

eingesetzt, in Mittel- und Nordeuropa finden sie jedoch kaum Verwendung. Aus diesem Grund werden Naturumlaufsysteme im Folgenden nicht weiter betrachtet.

Offenes Zwangsumlaufsystem
Befindet sich der Kollektor oberhalb des Wärmeabnehmers, wird eine Pumpe für den Transport des Wärmeträgermediums benötigt. Eine effektive Anwendung dieser Technik ist die Beheizung von Freibädern, bei denen die Kollektoren üblicherweise auf Dächern oder auf Freiflächen oberhalb des Schwimmbeckens angeordnet sind. Hier wird kein spezielles Wärmeträgermedium benötigt, da hierzu das Schwimmbadwasser verwendet werden kann (Abb. 3.30 links).

Geschlossenes Zwangsumlaufsystem
Wird ein Ganzjahresbetrieb der solarthermischen Anlage gewünscht, wie z. B. bei der Trinkwarmwassererzeugung oder Heizungsunterstützung, muss der Kollektorkreis geschlossen sein und es muss eine frostsichere Solarflüssigkeit als Wärmeträger verwendet werden. In Mittel- und Nordeuropa werden geschlossene Zwangsumlaufsysteme zur effektiven Nutzung der Solarenergie eingesetzt. Dabei befindet sich der Kollektor üblicherweise auf dem Dach, Speicher und Heizkessel befinden sich im Keller. Um die thermische Ausdehnung des Wärmeträgers auszugleichen, werden ein Ausdehnungsgefäß und ein Überdruckventil benötigt (Abb. 3.30 rechts).

Solare Freibadbeheizung
Eine der effektivsten Anwendungen der Solarthermie ist die sommerliche Frei-badbeheizung mit offenem Zwangsdurchlauf. Da sich die Beckenwasser- und die Umge-bungstemperatur auf einem ähnlichen Niveau befinden, kann auf eine aufwändige Isolation des Solarkollektors verzichtet werden. Als Kollektor können einfache und preiswerte Absorbermatten verwendet werden. Auf einen eigenständigen Wärmespeicher kann

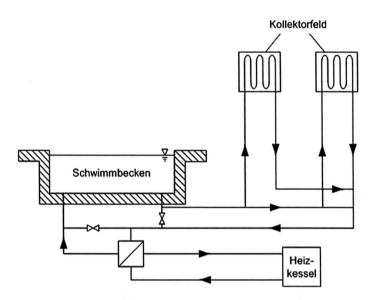

Abb. 3.31 Schema einer solaren Freibadheizung (nach [13])

verzichtet werden, da der Wasserinhalt des Schwimmbeckens als Speicher dient. Bei einem typischen Wärmebedarf von 200 kWh bis 400 kWh je m^2 Beckenoberfläche kann mit einer Absorberoberfläche von rund 50 bis 80 % der Beckenoberfläche eine effektive solare Schwimmbadheizung realisiert werden. Nächtliche Wärmeverluste lassen sich durch Abdeckfolien reduzieren (Abb. 3.31).

Trinkwassererwärmung
Nach wie vor sind Solaranlagen zur Trinkwassererwärmung die in Nord- und Mitteleuropa am weitesten verbreitete Anwendung der thermischen Nutzung der Solarenergie. Kleine Anlagen zur Trinkwassererwärmung für Ein- und Zweifamilienhäuser besitzen meist einen Druckspeicher (Abb. 3.32, links). Als Speichermedium dient das Trinkwasser. Da der Solarkollektor auf dem Dach montiert ist, Speicher und Heizkessel sich üblicherweise im Keller befinden, wird die Wärme mit der frostsicheren Solarflüssigkeit über ein Zwangs-umlaufsystem möglichst weit unten in den Warmwasserspeicher eingebracht. Steht nicht genügend Solarenergie zur Verfügung, wird über einen Heizkessel nachgeheizt. Dabei wird nur der obere Teil des Speichers beheizt. Da im Sommer Speichertemperaturen von bis zu 95 °C erreicht werden, muss jede Zapfstelle mit einem thermostatisch geregelten Mischventil versehen sein. Vorteil dieser Variante ist der einfache und kompakte Aufbau mit integrierten Wärmeübertragern.

Die in Abb. 3.32 rechts dargestellte Schaltungsvariante für kleine Solaranlagen verfügt über einen drucklosen Pufferspeicher, der in diesem Beispiel als Schichtenspeicher ausgeführt ist. Durch konstruktive Unterbindung der Zirkulationsbewegung stellt sich hier

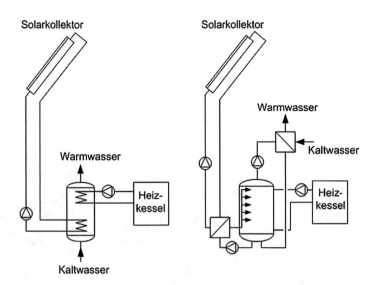

Abb. 3.32 Anlagen zur solaren Trinkwassererwärmung. *Links*: Druckspeicher mit internem Solar-Wärmeübertrager. *Rechts*: Druckloser Pufferspeicher (hier als Schichtenspeicher ausgeführt) mit externem Solar-Wärmeübertrager und externem Trinkwasser-Wärmeübertrager

eine dichteabhängige Schichtung mit von unten nach oben zunehmender Temperatur ein. Die Solarflüssigkeit gibt die Wärme über einen externen Wärmeübertrager an den Schichtladekreislauf ab. Dieser speist das Speicherwasser entsprechend seiner temperaturabhängigen Dichte nach dem Low-Flow-Prinzip in der passenden Speicherhöhe ein. Das Trinkwasser wird nur bei Bedarf ebenfalls über einen externen Wärmeübertrager auf eine Temperatur von typischerweise 40 bis 45 °C erwärmt. Der Vorteil der in-situ Trinkwassererwärmung ist die Vermeidung der Gefahr von Legionellenbildung, deren Vermehrungsrate bei langen Verweilzeiten bei Temperaturen zwischen 30 und 45 °C stark zunimmt. Da der Speicher drucklos ist und kein Trinkwasser enthält, ist er kostengünstiger als die links dargestellte Variante mit Trinkwasser-Druckspeicher. Die beiden externen Wärmetauscher werden üblicherweise als Plattenwärmeübertrager ausgeführt. Nachteil der Solaranlagen mit drucklosem Pufferspeicher und hydraulischer Entkopplung des Trinkwarmwasserkreislaufes sind die höhere Komplexität und erhöhte Kosten durch zusätzliche Wärmeübertrager, Pumpen und die Schichtladeeinheit.

Kollektorfläche und Speichergröße hängen von einer Vielzahl von Parametern wie, Ausrichtung, Neigung und Bauart der Kollektoren, Größe des Haushalts und dessen Komfortansprüche und dem gewünschten solaren Deckungsgrad ab. Typische Richtwerte für kleine Solaranlagen zur Trinkwassererwärmung sind Kollektorflächen von 4 bis 8 m^2 und Speicherinhalte von 300 bis 500 ℓ für einen Vier-Personen-Haushalt. Hiermit lassen sich solare Deckungsgrade von bis zu 70 % erzielen. Großanlagen zur solaren Trinkwas-

Abb. 3.33 Solaranlage zur
Trinkwassererwärmung und
Heizungsunterstützung

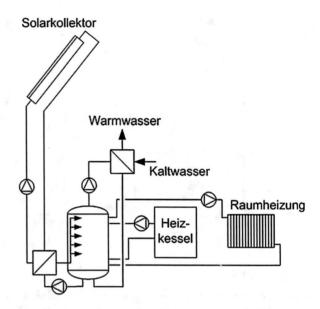

sererwärmung sind kollektorseitig ähnlich aufgebaut, es werden jedoch üblicherweise
getrennte solarseitige Pufferspeicher und Trinkwarmwasserspeicher eingesetzt.

Heizungsunterstützung

Zusätzlich zur Trinkwassererwärmung können thermische Solaranlagen bei entsprechender Auslegung auch zur Heizungsunterstützung eingesetzt werden. Aufgrund des saisonal
gegenläufigen Angebots von solarer Einstrahlung und Heizungswärmebedarf werden hier
üblicherweise geringere solare Deckungsgrade von unter 30 % erreicht. Abb. 3.33 zeigt ein
vereinfachtes Schaltbild einer Solaranlage zur Trinkwassererwärmung und Heizungsunterstützung. Diese Anlage basiert auf der in Abb. 3.32 rechts dargestellten Anlage
zur reinen Trinkwassererwärmung. Zusätzlich wird hier dem Speicher Warmwasser zur
Heizungsunterstützung entnommen.

Neben den o. g. Parametern einer solaren Trinkwarmwasseranlage hängt die Dimensi-
onierung einer Solaranlage zur Heizungsunterstützung von der Größe und dem spezifischen Energieverbrauch des Gebäudes ab. Für Niedrigenergiehäuser sind solare Deckungsgrade von 50 bis 80 % realisierbar. Null- oder Plus-Energiehäuser können prinzipiell ohne
Zusatzheizung auskommen, jedoch werden durch den hierzu nötigen Aufwand für Isolation, große Kollektorflächen und große Speicher schnell wirtschaftlich sinnvolle Grenzen
erreicht. Für ein typisches Einfamilienhaus mit 120–150 m^2 Wohnfläche sollte die Kollektorfläche 10 bis 20 m^2 betragen. Der Pufferspeicher sollte ein Volumen 700 bis 1000 ℓ
beinhalten.

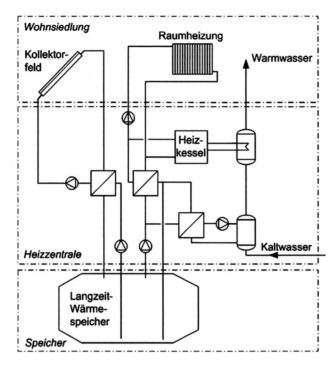

Abb. 3.34 Solarunterstützte Nahwärmesysteme für eine Wohnsiedlung

Nahwärmesysteme

Dient eine Solaranlage zur Trinkwassererwärmung und Heizungsunterstützung gleichzeitig mehreren Verbrauchern, z. B. einer ganzen Wohnsiedlung, spricht man von einem solarunterstützten Nahwärmesystem, wie es in Abb. 3.34 in einem vereinfachten Schaltbild gezeigt ist. Die Solarkollektoren speisen die Wärme mittels eines Wärmeübertragers in den Langzeit-Wärmespeicher ein. Dieser wird meist als unterirdisch angeordnete Betonkonstruktion ausgeführt. Er wird drucklos bei Temperaturen von 30 bis 95 °C betrieben und dient zur saisonalen Wärmespeicherung. Durch Verwendung wasserdampfundurchlässiger Betonmischungen kann inzwischen auf die bei den Erstprojekten verwendete metallische Auskleidung verzichtet werden. Die benötigte Wärme für Trinkwarmwasser und Heizung wird dem Langzeit-Speicher über entsprechende Wärmeübertrager entnommen. Aus Betriebserfahrungen und den Ergebnissen der Begleitforschung der Pilotanlagen zur solarunterstützten Nahwärmeversorgung lassen sich folgende Auslegungsrichtlinien ableiten:

- Mindestgröße der Wohnsiedlung: 100 Wohneinheiten à 70 m^2,
- Kollektorfläche: 1,4–2,4 m^2 Flachkollektoren je MWh jährlichem Wärmebedarf,
- Speichervolumen: 1,4–2,1 m^3 Wasser je m^2 Flachkollektoren.

Damit lässt sich ein solarer Deckungsgrad von 40 bis 50 % erreichen [14].

Sonstige Anwendungen

Neben dem Einsatz zur Freibadheizung, Trinkwassererwärmung und Heizungsunterstützung kann solar erzeugte Wärme für weitere Anwendungen eingesetzt werden, bei denen Wärme auf niedrigem und mittlerem Temperaturniveau benötigt wird.

* Bereitstellung von Prozesswärme für industrielle Anwendungen,
* solare Klimatisierung mittels Absorptionskälteanlagen oder sorptionsgestützte Klimatisierung,
* Trocknungsprozesse in der Agrarindustrie.

3.4.4   Berechnung von solarthermischen Anlagen

Aufbauend auf die vorangehenden Kapitel zu physikalischen Grundlagen, Komponenten und Anlagenkonzepten werden nachstehend Berechnungsverfahren zur Ermittlung von Leistung und Wirkungsgrad solarthermischer Anlagen vorgestellt.

3.4.4.1 Kollektorleistung und Kollektorwirkungsgrad

Die auf den Kollektor, i. A. eine beliebig orientierte Ebene, auftreffende Direkt- und Diffusstrahlung wurde in Abschn. 3.2.1 berechnet bzw. kann aus Einstrahlungsdaten wie z. B. dem Bayerischen Solaratlas [5] ermittelt werden. Für nichtkonzentrierende Kollektoren können Direkt- und Diffusstrahlung zur nutzbaren Gesamtstrahlung zusammengefasst werden.

$$\dot{E}_G = \dot{E}_{dir,gen} + \dot{E}_{diff,gen} \tag{3.38}$$

Die auf einen Kollektor der Fläche A_K eingestrahlte Energie $\dot{E}_G \cdot A_K$ trifft zunächst auf die transparente Abdeckung, wo ein Teil reflektiert wird. Auf den Absorber trifft die entsprechend dem Transmissionskoeffizienten τ durchgelassene Strahlung. Die selektive Beschichtung absorbiert den Großteil der auftreffenden Strahlung entsprechend dem Absorptionskoeffizienten für sichtbares Licht α, während der nicht absorbierte Teil der Strahlung $\dot{Q}_R$ entsprechend dem Reflexionskoeffizienten ρ reflektiert wird. Die resultierende Kollektor-Nutzleistung $\dot{Q}_{K,N}$ wird vom Wärmeträgermedium an den Speicher abgeführt. Die gegenüber der Umgebung erhöhte Temperatur des Absorbers führt zu Strahlungsverlusten $\dot{Q}_S$ (langwellige Wärmestrahlung) und Konvektionsverlusten $\dot{Q}_K$. Abb. 3.35 zeigt diesen Zusammenhang. Absorption in der transparenten Abdeckung und Mehrfachreflexion werden bei diesem Modell vernachlässigt.

Abb. 3.35 Bilanz der
Energieströme am Absorber

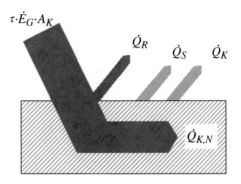

Die Energiebilanz für den Absorber liefert:

$$\tau \cdot \dot{E}_G \cdot A_K = \dot{Q}_{K,N} + \dot{Q}_R + \dot{Q}_S + \dot{Q}_K \qquad (3.39)$$

Für die vom Absorber reflektierte Strahlung gilt:

$$\dot{Q}_R = \rho \cdot \tau \cdot \dot{E}_G \cdot A_K \qquad (3.40)$$

Die Verluste durch Strahlung und Konvektion können zum Verlustwärmestrom zusammengefasst werden:

$$\dot{Q}_V = \dot{Q}_S + \dot{Q}_K \qquad (3.41)$$

Somit ergibt sich für die resultierende Kollektor-Nutzleistung:

$$\dot{Q}_{K,N} = \tau \cdot \dot{E}_G \cdot A_K - \rho \cdot \tau \cdot \dot{E}_G \cdot A_K - \dot{Q}_V = \tau \cdot \dot{E}_G \cdot A_K \cdot (1 - \rho) - \dot{Q}_V \qquad (3.42)$$

Da der Absorber ein strahlungsundurchlässiger, also opaker Körper ist, gilt

$$\alpha + \rho = 1 \qquad (3.43)$$

und es kann geschrieben werden:

$$\dot{Q}_{K,N} = \alpha \cdot \tau \cdot \dot{E}_G \cdot A_K - \dot{Q}_V \qquad (3.44)$$

Die thermischen Verluste $\dot{Q}_V$ sind umso größer, je höher die Differenz zwischen mittlerer Absorbertemperatur T_A und Umgebung T_U ist. Dieser Zusammenhang wird in DIN EN 12975-2, Thermische Solaranlagen und ihre Bauteile – Kollektoren – Teil 2:

Prüfverfahren [15] durch ein quadratisches Polynom dargestellt, als vereinfachter Ansatz kann auch ein linearer Zusammenhang angesetzt werden.

$$\dot{Q}_V = k_1 \cdot A_K \cdot (T_A - T_U) + k_2 \cdot A_K \cdot (T_A - T_U)^2 \approx k \cdot A_K \cdot (T_A - T_U) \qquad (3.45)$$

Die mittlere Absorbertemperatur T_A kann näherungsweise als arithmetischer Mittelwert zwischen Kollektoreintrittstemperatur T_{ein} und Kollektoraustrittstemperatur T_{aus} angesetzt werden:

$$T_A = \frac{1}{2} \cdot (T_{ein} + T_{aus}) \qquad (3.46)$$

Die Koeffizienten k_1 und k_2 bzw. k werden dabei messtechnisch auf einem Kollektorprüfstand ermittelt. Für die Kollektor-Nutzleistung erhält man:

$$\begin{aligned} \dot{Q}_{K,N} &= \alpha \cdot \tau \cdot \dot{E}_G \cdot A_K - k_1 \cdot A_K \cdot (T_A - T_U) - k_2 \cdot A_K \cdot (T_A - T_U)^2 \\ &\approx \alpha \cdot \tau \cdot \dot{E}_G \cdot A_K - k \cdot A_K \cdot (T_A - T_U) \end{aligned} \qquad (3.47)$$

Die Kollektor-Nutzleistung kann aus dem Massenstrom durch den Kollektor $\dot{m}$, der spezifischen Wärmekapazität des Wärmeträgermediums c_p und der Temperaturdifferenz des Wärmeträgermediums zwischen Kollektoreintritt T_{ein} und Kollektoraustritt T_{aus} ermittelt werden.

$$\dot{Q}_{K,N} = \dot{m} \cdot c_p \cdot (T_{ein} - T_{aus}) \qquad (3.48)$$

Der Wirkungsgrad des Kollektors η_K wird aus dem Verhältnis Kollektor-Nutzleistung zu nutzbarer Gesamtstrahlung ermittelt:

$$\eta_K = \frac{\dot{Q}_{K,N}}{\dot{E}_G \cdot A_K} = \alpha \cdot \tau - \frac{\dot{Q}_V}{\dot{E}_G \cdot A_K} \qquad (3.49)$$

Das Produkt aus Absorptionskoeffizienten des Absorbers α und Transmissionskoeffizienten der transparenten Abdeckung τ stellt dabei den optischen Wirkungsgrad η_0 dar, auch Konversionsfaktor genannt. Das ist der Wirkungsgrad, der sich einstellt, wenn Absorbertemperatur und Umgebungstemperatur gleich sind, also keine thermischen Verluste auftreten.

$$\eta_0 = \alpha \cdot \tau \qquad (3.50)$$

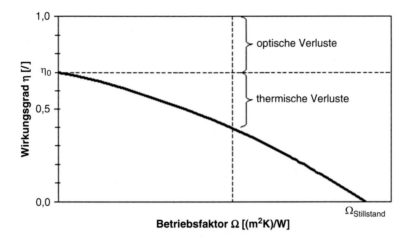

Abb. 3.36 Kennlinie eines thermischen Solarkollektors

Der zweite Term in Gl. 3.49 stellt die thermischen Verluste dar, die mit zunehmender Absorbertemperatur steigen. Dieser Zusammenhang ist in Abb. 3.36 dargestellt. Dabei wurde der Wirkungsgrad des Kollektors über dem Betriebsfaktor

$$\Omega = \frac{T_A - T_U}{\dot{E}_G} \tag{3.51}$$

dargestellt. Diese Auftragungsweise hat den Vorteil, dass bei verschiedenen Bestrahlungsstärken $\dot{E}_G$ gemessene Wirkungsgrade in ein Diagramm eingetragen werden können.

Aus Abb. 3.36 und Gl. 3.51 lässt sich die Kollektor-Stillstandstemperatur $T_{Stillstand}$ ermitteln. Dies ist die maximale Kollektortemperatur, die sich bei einer vorgegebenen Bestrahlungsstärke einstellt. Die Stillstandstemperatur bei maximaler Einstrahlung ist gleichzeitig die Auslegungstemperatur des Kollektors, für die alle Bauteile konzipiert sein müssen.

3.5 Solarthermische Kraftwerke

In solarthermischen Kraftwerken wird die Sonnenenergie über die Zwischenstufen Wärme und mechanische Energie in elektrische Energie umgewandelt. Um die für den Wärme-Kraft-Prozess benötigten hohen Temperaturen zu erreichen, wird die Solarstrahlung im Kollektorfeld konzentriert. Durch integrierte thermische Speicher oder durch Zufeuerung fossiler Brennstoffe kann ein kontinuierlicher Betrieb gewährleistet werden. Die beiden letzten Schritte erfolgen in einem Kraftwerksblock mit Dampf- oder Gasturbine und gekoppeltem Generator und erfordern daher Prozesswärme im Bereich zwischen 300 °C

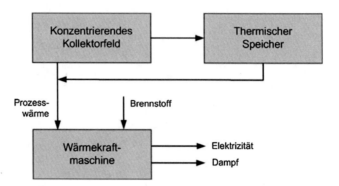

Abb. 3.37 Vereinfachtes Schema eines solarthermischen Kraftwerks

und 1000 °C. Diese hohen Temperaturen werden durch die Konzentration der Solarstrahlung im Kollektorfeld erreicht. Abb. 3.37 zeigt das Funktionsprinzip solarthermischer Kraftwerke.

Wirtschaftlich effizient können solarthermische Kraftwerke in Regionen mit hoher direkter Solarstrahlung betrieben werden, wie das z. B. im Süden Spaniens oder in weiten Teilen Afrikas der Fall ist (siehe Abb. 3.5). Durch Stromimporte können auch die dichtbesiedelten Gebiete Mitteleuropas von der solarthermischen Stromerzeugung profitieren. Im Folgenden werden die unterschiedlichen Kraftwerkstypen und deren Komponenten beschrieben. In Parabolrinnen-, Fresnel, Solarturm- und Dish-Stirling-Kraftwerken wird die direkte Solarstrahlung konzentriert, während Aufwindkraftwerke ohne Konzentration auskommen.

3.5.1 Parabolrinnen-Kraftwerke

Parabolrinnen-Kraftwerke bündeln das Sonnenlicht linienförmig. Hierfür konzentrieren einachsig der Sonne nachgeführte Kollektoren in Form von Parabolspiegeln das Sonnenlicht auf Receiver- bzw. Absorberrohre. Durch diese zirkuliert ein Wärmeträgermedium, welches durch die Strahlungseinwirkung erhitzt wird. Meist wird ein spezielles Thermoöl verwendet, aber auch Flüssigsalz und Wasser/Wasserdampf kommen zum Einsatz. Der Wasserdampf wird direkt der Turbine eines herkömmlichen Dampfkraftprozesses zugeführt. Bei Verwendung von Thermoöl oder Flüssigsalz als Wärmeträgermedium erfolgt die Verdampfung des Wassers in einem Wärmetauscher. Im an die Turbine angeflanschten Generator wird die mechanische Leistung in elektrische Energie umgewandelt. Der Wasserdampf wird nach dem Verlassen der Turbine im Kondensator verflüssigt und steht dem Arbeitskreis in Form von Wasser wieder zu Verfügung. Um Schwankungen durch Wolken oder fehlende Sonneneinstrahlung bei Nacht auszugleichen, können thermische Speicher oder fossil befeuerte Dampferzeuger in den Prozess integriert werden.

Das erste kommerziell genutzte solarthermische Kraftwerk wurde 1984 in der südkalifornischen Mojave-Wüste erstellt. Bis 1991 wurden acht weitere SEGS-Parabolrinnen-Kraftwerke (Solar Electric Generation Systems) gebaut. Die neun Anlagen verfügen über Parabolrinnen-Kollektoren mit einer Aperturfläche von insgesamt 2,3 Mio. m^2 und einer Stromerzeugungskapazität von 354 MW. Auf Grund der hohen technischen Verfügbarkeit und der Zuverlässigkeit der Komponenten kann das kalifornische Projekt als Erfolg gewertet werden. Die geplante technische Lebensdauer des Parabolrinnenfeldes von 25 Jahren konnte bereits übertroffen werden [16].

Anfang der 1990er-Jahre führten sinkende Energiepreise zu nachlassenden Bemühungen im Bereich der regenerativen Stromerzeugung. Erst durch neue politische Rahmenbedingungen und ein erneutes drastisches Ansteigen der Energiepreise wurde nach einer über 15-jährigen Pause ein neues Kraftwerk in Boulder City/Nevada gebaut. Nevada Solar One ging 2007 ans Netz und verfügt über eine elektrische Leistung von 64 MW.

Seit Mitte der 1990er-Jahre gewinnt die solarthermische Stromerzeugung auch in der EU an Bedeutung. Es werden vermehrt Forschungs- und Entwicklungsvorhaben in Spanien und Nordafrika gefördert, wodurch sich eine eigene Parabolrinnen-Technologie in Europa entwickeln konnte. Dieses Engagement zeigt sich beispielsweise in den Andasol-Kraftwerken in der Hochebene Guadix in der südspanischen Provinz Granada. Seit 2006 wurden hier die ersten kommerziell genutzten Parabolrinnen-Kraftwerke Europas gebaut. Andasol 1 und 2 sind seit Sommer 2009 am Netz, Andasol 3 folgte im Oktober 2011. Alle drei Kraftwerke weisen eine Leistung von je 50 MW auf und verfügen über thermische Flüssigsalzspeicher. Am 4. Februar 2016 wurde in Ouarzazate, Marokko, mit Noor1 das weltgrößte solarthermische Kraftwerk in Betrieb genommen. Die Kraftwerksleistung beträgt 160 MW. Der thermische Flüssigsalzspeicher hat eine Kapazität von 3 Volllaststunden [17].

Weitere Kraftwerke werden unter anderem in Marokko, Algerien, Mexiko und Ägypten errichtet [18].

Im Gegensatz zu den meisten Nutzungsarten regenerativer Energiequellen können Parabolrinnen-Kraftwerke mit Hilfe der thermischen Speicher rund um die Uhr betrieben werden. Somit stellen sie nicht nur eine effektive Nutzung regenerativer Energien dar, sondern sind auch eine Alternative zu fossil befeuerten Kraftwerken. Wie alle konzentrierenden Systeme benötigen Parabolrinnen-Kraftwerke direkte Solarstrahlung. Ihre Effizienz hängt von der Stärke der Sonneneinstrahlung ab, weshalb sie in sonnenreichen Regionen mit hohem Direktstrahlungsanteil installiert werden sollten. Stromtransport und gut ausgebaute Stromnetze werden dadurch zukünftig notwendig. Heutzutage sind Parabolrinnen-Kraftwerke im kommerziellen Einsatz konzentrierender Solarkraftwerke am besten erprobt und mit 94 % Marktanteil auch am stärksten vertreten (Stand 2010) [19].

Im Folgenden wird auf die einzelnen Komponenten eines Parabolrinnen-Kraftwerkes näher eingegangen.

3.5.1.1 Kollektor

Den prinzipiellen Aufbau eines Parabolrinnen-Kollektors zeigt Abb. 3.38. Die wesentlichen Komponenten sind der das Sonnenlicht konzentrierende Reflektor, das vom Wärmeträgermedium durchströmte Absorberrohr (Receiver) und die Nachführeinrichtung.

Reflektor

Der Reflektor hat die Form eines parabolischen Zylinders (Abb. 3.39), der die direkte Solarstrahlung auf eine gerade Linie, die Fokallinie, zentriert. Je nach Bauart wird das Sonnenlicht ca. 50 bis 90-fach konzentriert. Die LS-1 Kollektoren der ersten SEGS-

Abb. 3.38 Prinzieller Aufbau eines Parabolrinnen-Kollektors (nach [13])

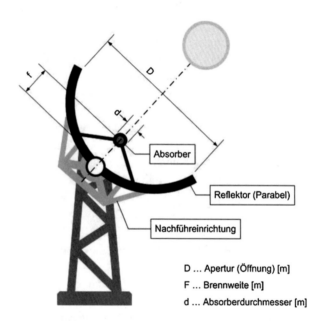

D ... Apertur (Öffnung) [m]
F ... Brennweite [m]
d ... Absorberdurchmesser [m]

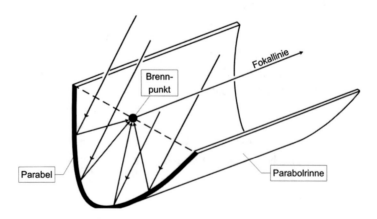

Abb. 3.39 Geometrie des parabolischen Zylinders

Generation weisen einen Konzentrationsfaktor von 61 auf, aktuelle Kollektoren wie der EuroTrough (Andasol 1–3) und der LS-3 (SEGS V–IX) besitzen einen Konzentrationsfaktor von 82. Die konzentrierte Sonnenstrahlung wird von dem in der Fokallinie positionierten Receiver absorbiert. Bei einer resultierenden Temperatur von etwa 400 °C wird die Energie vom Wärmeträgermedium aufgenommen [16].

Konzentrierende Kollektoren können nur parallel zur Symmetrieebene der Parabolrinne eintreffende Sonnenstrahlung fokussieren. Daher wird die Öffnungsfläche (Aperturfläche) des Parabolrinnen-Kollektors üblicherweise im Tagesgang einachsig von Ost nach West um die nord-süd-orientierte Spiegellängsachse der Sonne nachgeführt. Die vorhandene Direktstrahlung wird dadurch optimal ausgenutzt. Möglich ist auch eine ost-west-orientierte Spiegelachse mit Nord-Süd-Nachführung im Jahresgang. Diese ist zwar einfacher zu realisieren und führt zu einer gleichmäßigeren Leistungsverteilung der monatsmittleren Erträge im Jahresverlauf, verursacht aber gegenüber der Ost-West-Nachführung Verluste von etwa 20 % bezogen auf den jährlichen Ertrag. Von einer zweiachsigen Nachführung wird bei Parabolrinnen-Kraftwerken aus Kostengründen abgesehen. Die Parabelform des Reflektors wird meist durch vier gebogene Spiegelelemente realisiert. Die einzelnen Spiegel haben eine Größe von 2 bis 3 m^2, abhängig von der Apertur-Breite, die bei aktuellen Kollektoren bei 5 bis 6 m liegt. Abb. 3.40 zeigt eine solche Parabolrinne mit dem zugehörigen Absorber.

Bisher kommerziell erprobte Reflektoren verwenden Spiegel aus eisenarmen Dickglas. So werden Absorptionsverluste minimiert und im sauberen Zustand über 94,4 % der auftreffenden Solarstahlung reflektiert. Die Glasdicke beträgt 3 bis 6 mm. Das Glas wird thermisch gebogen und auf der Rückseite mit reflektierendem Silber und mehreren Schutzschichten überzogen. Dickglasspiegel zeichnen sich durch hohe mechanische Stabilität,

Abb. 3.40 Parabolrinne mit Absorberrohr, Plataforma Solar de Almería. (Quelle: FVEE/PSA/DLR)

z. B. gegen Verkratzen durch Sand, Korrosionsbeständigkeit der reflektierenden Schicht und Formgenauigkeit aus. Von Nachteil sind die hohen Kosten und das hohe Gewicht. Zudem sind sie während Transport und Montage anfällig für Glasbruch. Um die angestrebten hohen Temperaturen und Wirkungsgrade erzielen zu können, sind geometrische Genauigkeit und ein hohes optisches Reflexionsvermögen sehr wichtig. Eine hochpräzise Reflektorform ist von entscheidender Bedeutung. Folgende Verlustquellen reduzieren die maximal mögliche theoretische Konzentration eines Kollektors [12, 18]:

- Unvollständige Reflexion des Spiegels: Der Reflexionskoeffizient aktueller Spiegel liegt bei über 94,4 %. 5,6 % der einfallenden Strahlung stehen dem Absorber also bei sonst perfekten Bedingungen nicht zur Verfügung.
- Oberflächenfehler: Oberflächenwelligkeit und Abweichungen der optimalen geometrischen Form können dazu führen, dass ein Teil der Strahlung in einem falschen Winkel umgelenkt wird und somit den Absorber verfehlt. Die Genauigkeit liegt momentan bei über 99,9 %.
- Orientierungsfehler: Das Konzentrationsverhältnis kann durch verzögertes oder unpräzises Nachführen verringert werden. Auch hier kommt es zu einer Abweichung des Ablenkwinkels. Die Genauigkeit im Ost-West-Tagesverlauf liegt im Bereich von 10^{-1} mm.
- Verschmutzung des Parabolspiegels: Durch Schmutzpartikel wird das Licht gestreut, sodass nicht alles Licht den Absorber erreicht. Daher ist die Reinigung der Reflektoren in einem Abstand von wenigen Tagen notwendig.

Da im Solarfeld mehrere Reihen von Parabolrinnen-Kollektoren parallel zueinander aufgestellt werden, kann es bei niedrigem Sonnenstand durch große Nachführungswinkel zu Verschattungsverlusten kommen. Da mit wachsendem Reihenabstand die Pumpen- und Wärmeverluste in den Rohren zunehmen, können diese Verluste nicht vollständig vermieden werden. Lange Reihen sind sinnvoll, um Verluste am Ende der Parabolrinnen durch Schrägeinfall der Strahlung zu reduzieren. Die Anzahl der Spiegel pro Kraftwerk hängt von mehreren Faktoren ab: Wärmespeicher erfordern in der Regel ein größeres Solarfeld, durch höhere Sonneneinstrahlung oder bessere Kollektorwirkungsgrade kann es kleiner dimensioniert werden. Annähernd können für Parabolrinnen-Kraftwerke etwa 10.000 m^2 Spiegelfläche pro MW$_{el}$ angenommen werden, was für ein 100-MW-Kraftwerk eine Spiegelfläche von ca. 1 Mio. m^2 bedeutet [19].

Absorber

Der Absorber bzw. Receiver des Parabolrinnen-Kollektors ist zentral in der Fokallinie des Parabolrinnenspiegels angeordnet. Seine Aufgabe ist es, die konzentrierte Solarenergie in Wärme umzuwandeln. Er besteht aus einem ca. 4 m langen Stahlrohr, das vom Wärmeträgermedium durchströmt wird und sich in einem Hüllrohr aus Glas befindet. Der Zwischenraum zwischen Glas- und Stahlrohr ist auf ca. 10 bis 4 mbar evakuiert, um

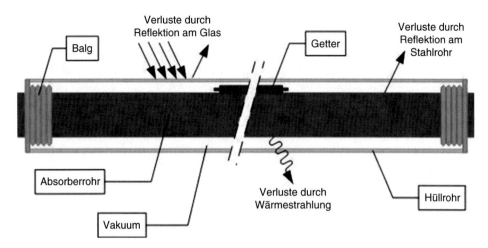

Abb. 3.41 Absorberrohr eines Parabolrinnen-Kollektors (vereinfacht nach [20])

Verluste durch Wärmeleitung oder Konvektion zu verhindern. Abb. 3.41 veranschaulicht die wesentlichen Komponenten und möglichen Verluste eines Receivers.

Um sowohl eine hohe Absorption der konzentrierten kurzwelligen Solarstrahlung als auch eine geringe Emission im Infrarot-Bereich zu gewährleisten, wird das Stahlrohr des Receivers mit einer selektiven Beschichtung versehen. So wird die einfallende Sonnenenergie optimal absorbiert und in Wärme umgewandelt, bei gleichzeitiger Minimierung der Verluste durch Wärmeabstrahlung an die Umgebung. Die Beschichtung des Absorbers ist aus drei Lagen aufgebaut. Die innere Schicht besteht aus einem Metall, das sich durch geringe Wärmeemission auszeichnet und so Wärmeverluste durch Infrarot-Strahlung reduziert. Die zweite Schicht besteht aus Cermet, einer Keramik-Metall-Mischung. Sie bewirkt eine hohe Absorption der kurzwelligen Solarstrahlung und wird wiederum aus mehreren Einzelschichten gebildet, deren metallischer Anteil von Innen nach Außen abnimmt, während der keramische Anteil nach Außen zunimmt. Die dritte Lage ist eine Anti-Reflex-Beschichtung, die die Reflexionsverluste an der Oberfläche des Rohres reduziert.

Das Hüllrohr besteht aus Borosilikatglas. Eine Anti-Reflex-Beschichtung gewährleistet eine hohe Transparenz für Solarstrahlung. Um Eintritts- und Austrittsverluste durch Reflexion zu minimieren, werden Innen- und Außenfläche des Glasrohres beschichtet. Hierdurch werden die Reflexionsverluste auf 4 % reduziert. Aktuelle Receiver, wie der von SCHOTT Solar entwickelte PTR 70, der in den Anlagen Andasol 1 bis 3 und Nevada Solar One eingesetzt wird, zeichnen sind durch eine hohe Robustheit der äußeren Anti-Reflex-Schicht gegen Abrieb aus.

Temperaturschwankungen von rund 400 K zwischen nächtlicher Abkühlung und Erwärmung am Tag bewirken eine hohe thermische Ausdehnung des Receiver-Rohres, die durch eine flexible Balgkonstruktion kompensiert wird. Um mögliche Brüche am Übergang zwischen Glasrohr und Balg zu verhindern und das Vakuum aufrecht zu erhalten, werden Hüllrohr und Balg aus Materialien mit gleichem Ausdehnungskoeffizienten gefertigt.

Wird als Wärmeträgermedium Thermoöl eingesetzt, kann sich durch Zersetzungvorgänge des Öls bei hohen Temperaturen Wasserstoff bilden, der durch das Stahlrohr in den evakuierten Bereich diffundiert. Als hervorragender Wärmeleiter würde Wasserstoff den Wirkungsgrad des Absorbers enorm verringern. Deshalb wird jedes Absorberrohr mit einem Getter zum Einfangen und Festhalten der Wasserstoffmoleküle versehen. Diese werden in den Balg integriert, um Verschattungsverluste zu vermeiden.

Aktuell eingesetzte Receiver zeigen folgende Kennzahlen auf:

- Absorptionskoeffizient des Absorberrohres: > 95 %,
- Emissionskoeffizient des Absorberrohres: < 10 %,
- Transmissionskoeffizient des Hüllrohres: > 96 %,
- Arbeitstemperatur des Receivers: 400 °C,
- Verhältnis nutzbare Länge zu Gesamtlänge: > 96 %.

Der Wirkungsgrad des anschließenden Dampfkraftprozesses wird durch die Höhe der Eintrittstemperatur beeinflusst, die ihrerseits von der maximalen Arbeitstemperatur des Wärmeträgermediums im Receiver-Kreislauf (Primärkreislauf) abhängt. Diese ist derzeit durch den Einsatz von Thermoölen im Dauerbetrieb auf unter 400 °C begrenzt. Angestrebt wird das Prinzip der Direktverdampfung, das höhere Dampftemperaturen ermöglicht. Bei derzeitigen Receivern ist eine Temperaturerhöhung jedoch mit höheren Wärmeemissionswerten verbunden. Die Entwicklung zielt auf Receiver mit verbesserter IR-Reflexion bei höheren Temperaturen ab [19–23].

Trägerkonstruktion und Nachführreinrichtung

Die dritte Hauptkomponente eines Parabolrinnen-Kollektors ist die Trägerkonstruktion, auf der Spiegel und Absorberrohre präzise montiert werden. Genauigkeit bei der Montage ist entscheidend für die Leistung des Kraftwerks. Folgende Anforderungen werden an die Trägerstruktur gestellt:

- Steifigkeit: Der Rahmen muss seine Geometrie exakt beibehalten und Belastungen durch das Kollektorgewicht, Wind und Temperaturunterschiede zwischen Umgebung und Receiver standhalten können.
- Gewicht: Ein geringes Gewicht reduziert die Kosten sowohl für Material als auch für den Transport.
- Bewegung: Für das einachsige Nachführen ist eine hohe Winkeltoleranz notwendig. Die Nachführreinrichtung muss präzise, stabil und stark genug sein, um auch unter extremen klimatischen Bedingungen arbeiten zu können.

Die heute am häufigsten verwendeten Trägerkonstruktionen sind aus Stahl, aber auch Aluminiumkonstruktionen werden eingesetzt. Aluminium zeichnet sich durch eine höhere spezifische Steifigkeit im Vergleich zu Stahl aus, ist jedoch auch mit höheren Kosten verbunden.

Eine weitere Herausforderung bei der Konstruktion des Kollektors ist die Nachführeinrichtung und deren optimale Integration. Um die Belastungen für den Motor gering zu halten und Schädigungen zu vermeiden, sollte die Drehachse möglichst nah am Schwerpunkt liegen. Die Nachführung von Parabolrinnen erfolgt meist mittels hydraulischer Hubvorrichtungen. Kleine Elektromotoren sorgen für den nötigen Öldruck. Es kann beispielsweise auf Systeme aus der Bau- oder Automatisierungsbranche zurückgegriffen werden. Im Bereich der solarthermischen Kraftwerke müssen diese jedoch eine besondere Stabilität aufweisen. Die Kollektoren sollen über Jahre hinweg in Wüstenregionen arbeiten. Besonders Sandkörner stellen eine Gefährdung der Funktionalität dar, da sie den Abrieb erhöhen [19].

3.5.1.2 Wärmeträgermedien und Anlagenkonzepte
Zweikreissystem mit Thermoöl
Kommerzielle Parabolrinnen-Kraftwerke nach dem heutigen Stand der Technik werden fast ausschließlich mit einem synthetischen Thermoöl (üblicherweise VP-1) als Wärmeträgermedium betrieben. Im solaren Primärkreislauf wird es durch das Kollektorfeld gepumpt und dabei in den Absorberrohren von ca. 290 auf 390 °C erwärmt. In einem Wärmetauscher wird die Wärmeenergie des Öls an den Wasser-Dampf-Kreislauf des Dampfkraftprozesses übertragen. Dabei wird das Wasser unter Druck verdampft und anschließend überhitzt. Beim Durchlaufen der Turbine entspannt der heiße Dampf und leistet mechanische Arbeit, die im Generator zu elektrischer Energie umgewandelt wird. Dieses Zweikreissystem ist in Abb. 3.42 dargestellt [19].

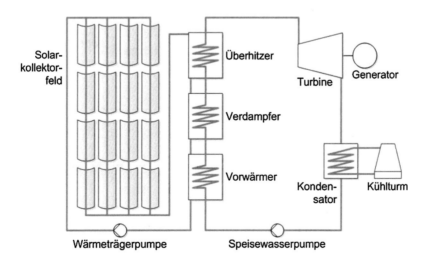

Abb. 3.42 Zweikreissystem mit Thermoöl (nach [10])

Das obere Temperaturlimit des Öls liegt bei rund 395 °C und ist begrenzt durch seine thermische Stabilität. Im Kraftwerksblock lässt sich damit ein Temperaturniveau des Frischdampfs von rund 370 °C bei einem Druck von 100 bar realisieren, was den thermischen Wirkungsgrad des Kreisprozesses auf 38 % begrenzt. Ein weiterer Nachteil des Thermoöls ist dessen Toxizität, wodurch es bei Leckagen im Solarfeld zur Kontaminierung des Bodens kommen kann [24, 25].

Durch eine höhere maximale Prozesstemperatur ließen sich der thermische Wirkungsgrad des Kreisprozesses verbessern und die Stromgestehungskosten senken. Deshalb wird intensiv nach Wärmeträgermedien gesucht, die bei höheren Temperaturen einsetzbar sind. In Forschungsprojekten wurden verschiedene Stoffe untersucht. Ionische Flüssigkeiten, Schwefel und CO_2 erwiesen sich dabei als ungeeignet. Flüssigsalz als Arbeitmedium im solaren Primärkreislauf bzw. Wasser/Wasserdampf im Zuge der Direktverdampfung stellten sich als vielversprechende Lösungsansätze heraus und finden derzeit Einsatz in Demonstrationsanlagen.

Einkreissystem mit Wasser/Wasserdampf
Bei der solaren Direktverdampfung entfällt die Trennung in solaren Primärkreislauf und den Sekundärkreislauf des thermodynamischen Kreisprozesses, die Verdampfung erfolgt direkt im Absorberrohr. Damit entfallen der Wärmeübertrager und die oben genannten Nachteile, die bei der Verwendung von Thermoöl auftreten. Bei einem Druck von bis zu 120 bar kann überhitzter Wasserdampf mit einer Temperatur von rund 500 °C direkt in den Absorberrohren erzeugt werden. Dieses Einkreissystem ist in Abb. 3.43 dargestellt.

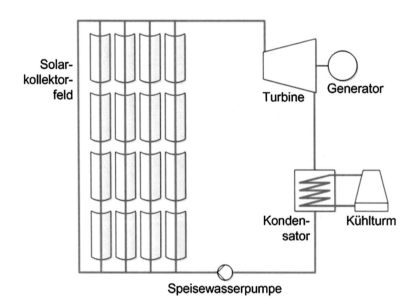

Abb. 3.43 Einkreissystem mit solarer Direktverdampfung

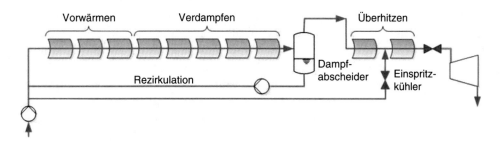

Abb. 3.44 Rezirkulationskonzept (nach [26])

Verwirklicht wurde dieses Prinzip bereits in der DISS (Direct Solar Steam) Testanlage des Deutschen Zentrums für Luft- und Raumfahrt (DLR) auf der südspanischen Plataforma Solar de Almería (PSA). Der 1998 errichtete Kollektorstrang hat eine Länge von 700 m und besteht aus 13 Einzelsträngen. In mehr als 10.000 Betriebsstunden konnte die prinzipielle Machbarkeit solarer Direktverdampfung gezeigt werden. Als geeignetste Betriebsvariante wurde das Rezirkulationskonzept (im Gegensatz zu Zwangsdurchlauf und Einspritzmodus) identifiziert. Bei der Rezirkulation wird das Wasser über den Kollektorstrang hinweg verdampft. Durch den Dampfabscheider kann der Überhitzungspunkt lokal fixiert werden. So können entlang der Absorberrohre unzulässig hohe Temperaturschwankungen infolge eines wandernden Überhitzungspunktes vermieden werden. Dieses Konzept ermöglicht eine hohe Betriebssicherheit und ein gutes Regelverhalten. Der Wassermassenstrom am Kollektoreintritt kann vorgegeben werden, wodurch eine ausreichende Kühlung des Absorberrohres zu jeder Zeit gewährleistet wird. Abb. 3.44 veranschaulicht das Rezirkulationskonzept an einem Einzelstrang.

Im März 2011 wurde im südspanischen Carboneras eine Pilotanlage des DLR und des spanischen Energieerzeugers Endesa eingeweiht. Hier wird erstmals die solare Direktverdampfung in Verbindung mit angepassten Speichern im Kraftwerksbetrieb getestet. Untersucht werden unter anderem verbesserte solare Receiver und flexible Rohrverbindungen, die das Nachführen der Parabolrinnen bei 500 °C und 120 bar ermöglichen. Gleichzeitig wird eine Kombination aus einem Beton- und einem Latentwärmespeicher aus Natriumnitrat zur Speicherung von sowohl fühlbarer als auch latenter Wärme getestet. Bewähren sich die genannten Komponenten, stellt Wasser/Wasserdampf als Wärmeträgermedium eine gute Alternative zum Thermoöl dar. Es ist temperaturstabil, preisgünstig, nicht feuergefährlich und umweltfreundlich. Verglichen mit Öl ist das Einkreissystem weniger komplex aufgebaut und dadurch das Investitionsvolumen für die gesamte Anlage deutlich geringer [25–27].

Zweikreissystem mit Flüssigsalz

Bei der Verwendung von Flüssigsalz erfolgt ähnlich wie bei Thermoöl eine Aufteilung in den solaren Primärkreis und den Sekundärkreis des thermodynamischen Kreisprozesses. In den Absorberrohren nimmt Flüssigsalz konzentrierte Solarstrahlung als Wärme auf, um diese später über Wärmetauscher an den sekundären Wasser/Wasserdampf-Kreislauf abzugeben. Das bislang übliche ‚Solar Salt' besteht aus rund 60 % Natriumnitrat ($NaNO_3$) und 40 % Kaliumnitrat (KNO_3) und ist bis etwa 550 °C temperaturstabil. Auf diese Weise lässt sich Frischdampf mit einem Temperaturniveau von ungefähr 535 °C erzeugen. Der Anlagenwirkungsgrad kann so um bis zu 6 % gegenüber der Verwendung von Thermoöl gesteigert werden.

In riesigen Tanks wird Flüssigsalz auch als thermischer Speicher eingesetzt. Ist Thermoöl das Wärmeträgermedium des Primärkreises, wie z. B. in den Andasol-Kraftwerken, muss ein Teil der im Solarfeld erzeugten Wärme mittels eines Wärmetauschers an das Flüssigsalzgemisch übertragen werden. Dazu wird das Flüssigsalz vom kalten in den heißen Tank umgepumpt. Nachts oder bei Bewölkung wird die benötigte Wärme durch Zurückpumpen wieder bereitgestellt.

Die Speicherung vereinfacht sich entscheidend, wenn Flüssigsalz als Wärmeträgermedium verwendet wird. Wärmeerzeugung und -speicherung erfolgen mit demselben Arbeitmedium. Ungenutztes heißes Flüssigsalz kann direkt in den Speicher gefüllt werden. Dadurch entfallen Wärmetauscher und Pumpe, wodurch sich die Systemkomplexität senken lässt. Die erhöhte Speichertemperatur bewirkt eine Reduktion des notwendigen Speichervolumens um rund 65 %. Zudem ist Flüssigsalz weder toxisch noch brennbar. Die geringere Komplexität der Anlage, das geringere Speichervolumen und die Umweltfreundlichkeit von Flüssigsalz lassen geringere Investitionskosten im Vergleich zur Verwendung von Thermoöl erwarten. Größter Nachteil des Flüssigsalzes ist sein hoher Schmelzpunkt von ungefähr 220 °C. Um das Einfrieren salzführender Komponenten an jedem Ort im Kollektorfeld zu verhindern, muss eine aufwendige Zusatzheizung installiert werden, was den Kostenvorteil reduziert. Abb. 3.45 stellt die Speichersysteme bei Verwendung von Thermoöl bzw. Flüssigsalz als Wärmeträgermedium gegenüber.

Derzeit wird Flüssigsalz in Demonstrationsanlagen erprobt. Im Juli 2010 ging in Sizilien ‚Archimede' mit einer Leistung von 5 MW ans Netz. Es ist das erste Kraftwerk, das mit Flüssigsalz als Träger- und Speichermedium betrieben wird. Die verwendeten Receiver stammen von der Firma Archimede Solar Energy, an der Siemens zu 45 % beteiligt ist. Sie sind speziell auf Flüssigsalz ausgelegt und zeigen bei einer Temperatur von 580 °C eine Wärmeemission von unter 12 %. In Portugal, 130 km südöstlich von Lissabon, errichten Siemens und das DLR derzeit eine Flüssigsalz-Testanlage. Hier soll über drei Jahre hinweg die Wirtschaftlichkeit und Betriebssicherheit von salzbetriebenen Parabolrinnen-Kraftwerken erprobt werden. Als Wärmeträgermedien werden sowohl das herkömmliche Solar Salt, als auch neuartige Salzgemische mit niedrigeren Schmelzpunkten getestet, um das Risiko von erstarrtem Salz innerhalb des salzführenden Systems zu reduzieren. Daneben sollen geeignete Anlagendesigns und Betriebskonzepte entwickelt werden [18, 25, 28–31].

3.5.1.3 Hybrid-Kraftwerke

Neben der Verwendung thermischer Speicher kann der kontinuierliche Betrieb solarthermischer Kraftwerke auch durch Integration in konventionelle Dampfkraftwerke gewährleistet werden. Die kombinierte Nutzung führt zu einer erheblichen Kostensenkung

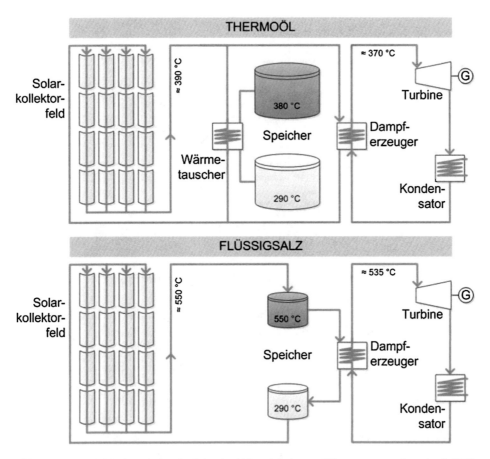

Abb. 3.45 Vergleich thermischer Speicher in Abhängigkeit vom Wärmeträgermedium (nach [28])

der solaren Stromerzeugung. Die resultierenden Hybrid-Kraftwerke nutzen je nach Verfügbarkeit Solarstrahlung und fossile bzw. nachwachsende Brennstoffe zur Wärmeerzeugung. Auf diese Weise lässt sich fehlende Solarstrahlung durch die Befeuerung des Dampferzeugers kompensieren und die Auslastung der Turbine für einen optimierten Betrieb des Kraftwerkblocks verbessern. Für den Netzbetreiber bedeutet dies eine unproblematische Integration in bestehende Netze und geringere Stromgestehungskosten. Zudem ist die Nachrüstung bestehender konventioneller Dampfkraftwerke mit Parabolrinnen-Solarfeldern möglich, was eine ökologische Aufwertung fossiler Kraftwerke erlaubt. Abb. 3.46 zeigt den prinzipiellen Aufbau eines Hybrid-Kraftwerkes mit Parabolrinnen und parallel geschalteten Dampferzeuger. In diesem Beispiel handelt es sich um ein Zweikreissystem, wie es für das Wärmeträgermedium Thermoöl typisch ist. Auf dieselbe Weise kann der fossile Dampferzeuger auch in Fresnel-Kraftwerken (siehe Abschn. 3.5.2) verwendet werden.

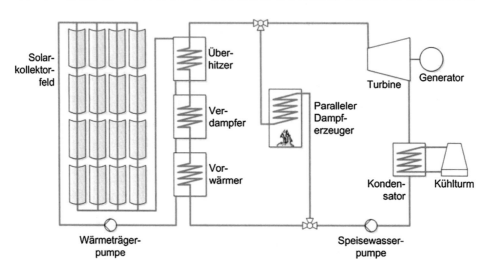

Abb. 3.46 Parabolrinnen-Kraftwerk mit parallelem Dampferzeuger (nach [10])

Die völlige Kompatibilität von Parabolrinnen-Kraftwerken mit parallelen fossilen Dampferzeugern erlaubt in Hybrid-Kraftwerken ein beliebiges Verhältnis solarer und fossiler Anteile. So nutzen beispielsweise acht der kalifornischen SEGS-Kraftwerke fossile Dampferzeuger, um Strahlungsausfälle durch Schlechtwetter überbrücken zu können. Der fossile Anteil bietet eine hohe Stabilität der Stromerzeugung auch bei Einstrahlungspausen, ist jedoch gesetzlich auf 25 % der jährlichen Stromerzeugung begrenzt.

Die so genannten ISCCS-Kraftwerke (Integrated Solar Combined Cycle System) stellen eine spezielle Form von Hybrid-Kraftwerken dar, bei denen ein solares Parabolrinnenfeld in ein herkömmliches Erdgas-GuD-Kraftwerk integriert wird. Da die Solarwärme zum Antrieb des Gasturbinenprozesses nicht ausreicht, wird der Abhitzekessel so modifiziert, dass solarthermisch erzeugter Dampf in den Dampfturbinenprozess eingekoppelt werden kann. Bei den ISCCS-Kraftwerken sollte die aus dem Solarfeld gespeiste Kapazität der Dampfturbine aus technischen Gründen auf unter 10 % begrenzt sein. Im Hinblick auf CO_2-neutrale Stromgewinnung sind diese Kraftwerke also nur in Kombination mit Biogas sinnvoll. Ein Vorteil sind aber die relativ niedrigen Stromgestehungskosten, die auch ohne Fördermittel nur geringfügig über denen konventioneller Kraftwerke liegen [32].

3.5.2 Fresnel-Kraftwerke

Wie Parabolrinnen-Kraftwerke sind Fresnel-Kraftwerke linienfokussierende Systeme. Horizontal ausgerichtete, bodennah installierte Spiegelreihen fokussieren die Solarstrahlung auf eine gemeinsame Brennlinie. Aufgrund der einfacheren Konstruktion besitzen

Fresnel-Kraftwerke ein hohes Einsparpotential gegenüber den teuren Parabolrinnen-Kraftwerken. Deshalb wird seit einigen Jahren verstärkt an der Entwicklung von linearen Fresnel-Systemen gearbeitet. Nach vielversprechenden Untersuchungen an Prototypen ging im März 2009 als erstes kommerziell genutztes Fresnel-Kraftwerk Puerto Errado 1 in Südspanien mit einer Leistung von 1,4 MW ans Netz. Fresnel-Kraftwerke mit größeren Leistungen werden projektiert bzw. befinden sich im Aufbau. Eine Analyse dieser ersten Kraftwerke wird zeigen, ob sich die Fresnel-Technologie durchsetzen kann.

3.5.2.1 Aufbau des Kollektors

Hauptbestandteile von Fresnel-Kollektoren sind das Primärspiegelfeld, der Sekundärreflektor und der Receiver. Das Primärspiegelfeld, bestehend aus mehreren einzelnen der Sonne nachgeführten Spiegelstreifen, reflektiert die Solarstrahlung auf den darüber liegenden, feststehenden Receiver. Dieser wiederum besteht aus dem Sekundärreflektor und dem Absorberrohr, in dem die Umwandlung von Solarstrahlung in Wärmeenergie erfolgt. Da der Receiver keine bewegten Teile enthält, kann er relativ problemlos als Direktverdampfer ausgeführt werden. Im Absorberrohr wird Wasser verdampft und der Dampf anschließend überhitzt. Frischdampf-Parameter von 500 °C und 100 bar können erzielt werden. Der überhitzte Dampf wird direkt der Turbine des Dampfkraftprozesses zugeführt. Nach der Kondensation wird das Wasser mit der Speisepumpe auf Verdampferdruck gebracht und wieder dem Absorber zugeleitet. Der prinzipielle Kollektoraufbau ist in Abb. 3.47 dargestellt.

Das Primärspiegelfeld besteht aus horizontal ausgerichteten Reihen parallel angeordneter, planarer Spiegel, die durch elastische Biegung leicht gekrümmt sind. Die flachen Spiegel des Primärspiegelfeldes bestehen typischerweise aus 3 mm dickem, wärmebehandeltem Glas mit geringem Eisengehalt und rückseitiger Silberbeschichtung. Dadurch sind die Glasspiegel gegen Witterungseinflüsse resistent und erreichen einen

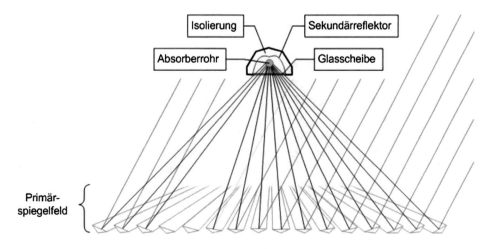

Abb. 3.47 Prinzipieller Aufbau eines Fresnel-Kollektors (nach [33])

Reflexionsgrad von über 90 %. Die Spiegel werden üblicherweise auf eine metallische Rückseitenstruktur geklebt. Diese ermöglicht eine anhaltend gekrümmte Form der Primärspiegel, überträgt das Antriebsdrehmoment der Nachführung und gewährleistet darüber hinaus Torsionssteifigkeit. Die Fertigung erfolgt vollautomatisiert und damit kostengünstig. Weiterentwicklungen zielen auf den Einsatz dünnerer Spiegel ab. Deren Verarbeitung ist zwar schwieriger und damit teurer, Dünnglasspiegel führen jedoch zu höherer Reflektivität und niedrigerem Gewicht. Durch die geringere Glasstärke kann zudem auf eine teure Wärmebehandlung verzichtet werden. Das Primärspiegelfeld ist durch seine geringere Angriffsfläche im Vergleich zu Parabolrinnen weniger anfällig gegenüber Windschäden, was eine leichtere Konstruktion und damit die Verwendung kleinerer Motoren zur Nachführung erlaubt. Außerdem besteht die Möglichkeit, die flachen Spiegel automatisch und wassersparend zu reinigen, was einen gleichbleibenden optischen Wirkungsgrad gewährleistet [33, 34].

Das Primärspiegelfeld konzentriert parallele Solarstrahlung auf den in der Brennlinie positionierten Receiver, welcher ortsfest, typischerweise in rund 8 m Höhe installiert wird. Er besteht aus dem oben angeordneten Sekundärreflektor und dem vom Wärmeträgermedium durchströmten, selektiv beschichteten Absorberrohr. Die Oberseite des Sekundärreflektors ist gegen Wärmeverluste, meist mit Glaswolle, isoliert. An der Unterseite ist der Receiver durch eine Glasscheibe vor Umwelteinflüssen wie Wind oder Staub geschützt. Der Zwischenraum ist nicht evakuiert, der Absorber wird also von Luft umströmt, siehe Abb. 3.47. Durch das fehlende Vakuum dominieren Verluste durch Konvektion. Obwohl Emission nicht die entscheidende Wärmeverlustquelle darstellt, soll dennoch eine möglichst hohe Selektivität der Absorber-Beschichtung erzielt werden. Durch die hohe Reaktivität von Sauerstoff muss die Beschichtung allerdings sehr luftstabil sein. Absorberschichten für Hochtemperaturanwendungen an Luft sind meist noch sehr kostenintensiv. Hier wird häufig ein Cermet aus Aluminiumoxid, in das Platin als IR-Spiegel eingebettet ist, verwendet. Die Forschung arbeitet daher intensiv an kostengünstigeren Alternativen.

Eine Alternative zum Einrohrreceiver mit Sekundärreflektor sind Mehrrohrreceiver, die aus mehreren nebeneinanderliegenden Rohren bestehen. Da in diesem Fall die Gesamtoberfläche des Absorbers größer ist, kann der Sekundärspiegel durch eine flügelartige Konstruktion ersetzt werden. Erste Versuchsergebnisse zeigen jedoch, dass sich mit Einrohrreceivern eine 10 % höhere Energieausbeute im Vergleich zu Mehrrohrreceivern erreichen lässt.

Neuere Entwicklungen zielen auf eine dritte Variante ab. Die prinzipielle Bauform des Einrohrreceivers bleibt mit Ausnahme der unteren Glasscheibe erhalten. Anstelle des luftumströmten Absorbers werden glasumhüllte, evakuierte Absorberrohre, wie sie in Parabolrinnen verwendet werden, eingesetzt. Durch das Vakuum werden Wärmeverluste deutlich verringert. Allerdings weisen die Rohre zwangsläufig Unterbrechungen auf, an denen die Glas-Metall-Verbindung durch einen Balg vorgenommen wird. Das erzeugt Totbereiche von bis zu ca. 4 % der Länge, was den verminderten Wärmeverlusten leicht entgegenwirkt.

Unabhängig von der gewählten Bauform werden die Receiver in einer Länge von bis zu 1 km ausgeführt und sind im Gegensatz zum Parabolrinnen-Kollektor nicht beweglich. Daher werden weder hitze- und druckresistente Gelenke noch rotierende Anschlüsse benötigt. Die thermische Längenausdehnung der Absorberrohre beträgt bei hohen Betriebstemperaturen bis zu 6 m und wird durch Ausgleichsbögen am Anfang eines Absorberstranges aufgefangen.

Der optische Wirkungsgrad von Fresnel-Kollektoren erreicht einen Wert von knapp 70 %. Er wird durch geometrische, optische und materialspezifische Verluste beeinflusst. Im Folgenden werden die wichtigsten Verslustmechanismen gemäß zusammengefasst.

Geometrisch bedingte Verlustmechanismen sind:

- Kosinusverluste: Durch das Fresnel-Prinzip erfolgt der Strahlungseinfall auf die Primärspiegel zu keinem Zeitpunkt senkrecht, weshalb es zu Kosinusverlusten kommt. Die Höhe der Verluste variiert mit Sonnenstand und Spiegelposition, bei tiefen Sonnenständen sind sie am größten.
- Verschattungsverluste: Gerade bei tieferen Sonnenständen und damit steiler aufgerichteten Primärspiegeln, kommt es zur Verschattung benachbarter Spiegel. Die Verluste können durch größere Abstände zwischen den Spiegelreihen reduziert werden. Bedingt durch die geometrische Anordnung führen auch der Receiver und dessen Aufständerung zu teilweiser mit dem Sonnenstand wandernder Verschattung des Primärspiegelfeldes.
- Verdeckungsverluste: Bei hohem Sonnenstand können gerade außenliegende Primärspiegel teilweise gegen die Rückseite des Nachbarspiegels reflektieren. Diese Verdeckungsverluste lassen sich durch die Erhöhung des Receivers und etwas weiterere Abstände zwischen den Primärspiegeln fast vollständig verhindern.
- Reihenendverluste: Wie bei Parabolrinnen, kann beim Fresnel-Kollektor durch Schrägeinfall der Sonnenstrahlung ein Teil der reflektierten Strahlung über die Receiverenden hinaus reflektiert werden. Ist der Absorber im Verhältnis zur Receiverhöhe sehr lang, können Reihenendverluste minimiert werden. Bei einer Nord-Süd-Ausrichtung des Kollektors steigen die Verluste mit der nördlichen Breite des Standorts.
- Sphärischer Astigmatismus: Da die auf einzelne Spiegel einfallende Strahlung immer von der Spiegelhauptachse abweicht, kommt es zu einer Aufweitung der Brennlinie. Dadurch trifft nur ein Teil der reflektierten Strahlung direkt auf das Absorberrohr. Ein kleinerer Teil kann durch Sekundärreflektoren nutzbar gemacht werden, die schirmartig über bzw. flügelförmig an den Absorberrohren angebracht werden. Sekundärreflektoren fangen etwaige Streustrahlung der Primärspiegel auf und lenken diese so um, dass sie ebenfalls auf das Absorberrohr zurückreflektiert wird. Der Astigmatismus beim Fresnel-Kollektor stellt einen wesentlichen Nachteil gegenüber der Parabolrinnen-Technologie dar.

Neben geometrischen Verlusten treten auch optische Fehler auf. Da die Ausrichtung der einzelnen Spiegel mit vertretbarem Aufwand betrieben werden muss, kann es zu

Abweichungen von der idealen Reflektion kommen. Gründe hierfür können Oberflächenrauhigkeiten, Ungenauigkeiten der Nachführung, Fertigungstoleranzen und Verformungen der Spiegel durch Wind oder Eigengewicht sein. Realistisch für einachsig nachgeführte Fresnel-Kollektoren erscheint eine optische Genauigkeit von deutlich unter 6 mrad. Da die Ausprägungsstärke der geometrischen Fehler mit flacheren Einstahlwinkeln zunimmt, variiert auch der optische Wirkungsgrad in Abhängigkeit von der Tageszeit.

Schließlich können am Fresnel-Kollektor noch materialspezifische Verluste auftreten, da die Reflektion der Primärspiegel und des Sekundärreflektors, die Lichtdurchlässigkeit der Abdeckscheibe und die Absorption des Absorbers nicht völlig ideal erfolgen. Primärspiegel aus eisenarmen Glas und Sekundärreflektoren erreichen heute eine Reflektivität zwischen 88 und 95 %. Für die Glasscheibe kann durch Antireflexbeschichtungen eine Transmission von 96,5 % erzielt werden. Der Absorptionsgrad des Absorbers liegt nach Stand der Technik bei rund 95,5 %.

Neben dem optischen ist auch der thermische Wirkungsgrad ein wichtiges Beurteilungskriterium konzentrierender Kollektoren. Er beschreibt den Anteil der effektiv nutzbaren thermischen Leistung an der Direktstrahlung, die auf die Aperturfläche fällt. Der thermische Wirkungsgrad berücksichtigt sowohl optische als auch thermische Verluste, hängt also von der solaren Einstrahlung und dem optischen Wirkungsgrad einerseits und der Betriebstemperatur andererseits ab. Bei höheren Temperaturen verschlechtert sich der thermische Wirkungsgrad, da die Wärmeverluste durch Strahlung und Konvektion relativ zur solaren Einstrahlung ansteigen [35, 36].

3.5.2.2 Kraftwerks-Konzepte

Bisher realisierte Fresnel-Kraftwerke arbeiten ausschließlich mit Wasser/Dampf als Wärmeträgermedium nach dem Prinzip der Direktverdampfung. Zwei unterschiedliche Konzepte werden untersucht: zum einen die Herstellung von Sattdampf mit einer Temperatur von nur 270 °C und einem Druck von 55 bar, zum anderen die Erzeugung von überhitztem Dampf bei rund 450 °C und 100 bar mit Hilfe einer Dreiteilung des Kollektors und Rezirkulation.

Das Konzept der Dreiteilung des Kollektors wurde von der Firma Solarmundo entwickelt und bereits in deren erstem Fresnel-Prototyp in Lüttich (Belgien) erprobt. Die 2001 fertiggestellte Anlage verfügte über eine Kollektorfläche von 25 m × 100 m und diente zur Untersuchung von Aspekten wie Konstruktion, Regelung und Verdampfung. Auch die 2007 auf der PSA fertiggestellte Fresdemo Testanlage arbeitet nach demselben Prinzip. Ziel dieser zweiten Testanlage war, die Funktionsfähigkeit von Fresnel-Kraftwerken während einer Dauer von rund eineinhalb Jahren im realen Betrieb zu untersuchen, um so die technische Machbarkeit der Fresnel-Technologie zu verifizieren. Beide Projekte wurden wissenschaftlich vom DLR und dem Fraunhofer Institut begleitet.

Bei beiden Prototypen ist der Kollektor entsprechend der Aggregatzustände des Wärmeträgermediums Wasser in die drei Zonen Vorwärmung, Verdampfung und Überhitzung aufgeteilt. Die einzelnen Reihen sind parallel und sequentiell miteinander verbunden und weisen eine Länge von rund 1000 m auf, um Reihenendverluste zu

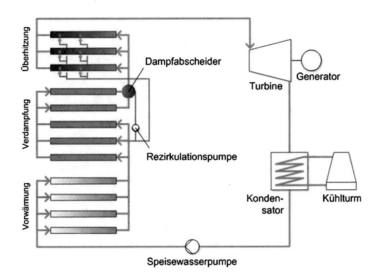

Abb. 3.48 Dreigeteiltes Fresnel-Kollektorfeld mit Direktverdampfung und Überhitzung (nach [37])

minimieren. Abb. 3.48 zeigt den prinzipiellen Aufbau eines Fresnel-Kollektorfeldes mit Direktverdampfung.

Durch die strikte Dreiteilung des Kollektors wird der Verdampfungsendpunkt fixiert um hohe Spannungen und Materialbelastungen im Absorberrohr zu umgehen. Um eine vollständige Verdampfung bereits im zweiten Abschnitt zu vermeiden, wird mehr Wasser als tatsächlich verdampft werden kann durch die Verdampferstrecke gepumpt. Mindestens 5 % des Wassermassenstroms bleiben so unverdampft und werden über eine Rezirkulationspumpe wieder dem Verdampferabschnitt zugeführt. Darüber hinaus ermöglichen Einspritzstellen die Regulierung der Dampfzustände im Überhitzungsbereich. Das Solarfeld wird mittels Festdruckfahrweise betrieben. Das bedeutet, dass unabhängig von der momentanen solaren Einstrahlung der Betriebsdruck im Kollektor durch ein Drosselventil vor der Turbine gleichmäßig hoch gehalten wird. Auf diese Weise können Dampfparameter von 450 °C bei 100 bar und damit sehr gute Wirkungsgrade des angeschlossenen Dampfprozesses erzielt werden.

Die Novatec Biosol AG verfolgt eine andere Strategie. Mit dem Solarkraftwerk Puerto Errado 1 (PE 1) nahe der südspanischen Stadt Calasparra in der Region Murcia errichtete die Firma das weltweit erste Fresnel-Kraftwerk in kommerziellem Betrieb. Es hat eine elektrische Leistung von 1,4 MW und speist den erzeugten Strom seit März 2009 in das lokale Netz ein. Erstmals in einem kommerziellen Kraftwerk kommt im PE 1 ein modulares System zum Einsatz, das eine Skalierung von einem bis zu mehreren hundert MW erlaubt. Das Primärspiegelfeld des PE 1 umfasst eine Spiegelfläche von etwa 18.000 m^2 und ist aus 36 standardisierten Nova-1 Modulen aufgebaut. Es besteht aus zwei Kollektorreihen, die jeweils eine Länge von ca. 800 m haben und im neuen Zustand einen optischen Wirkungsgrad von 67 % aufweisen. Die einachsige Nachführung erfolgt mit

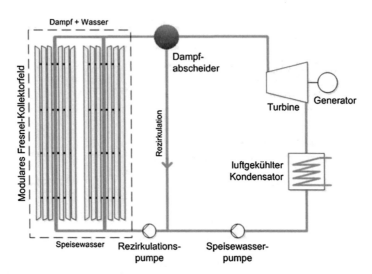

Abb. 3.49 Modulares Fresnel-Kollektorfeld mit Direktverdampfung zur Erzeugung von Sattdampf (nach [33])

zwei elektrischen Hubzylindern pro Modul à 128 Spiegel. Jeweils 16 Flachspiegelreihen konzentrieren das direkt eingestrahlte Sonnenlicht auf einen linearen Receiver, wodurch im Absorberrohr Wasser zu Sattdampf von 270 °C und 55 bar verdampft wird. Das modulare Prinzip zur Erzeugung von Sattdampf wird in Abb. 3.49 dargestellt.

Im Dampfabscheider wird der im Receiver erzeugte Nassdampf in Wasser und Sattdampf getrennt. Das Wasser gelangt zurück in den Speisewasserkreislauf, der Sattdampf wird der Dampfturbine zugeführt. Der entspannte Dampf wird im luftgekühlten Kondensator verflüssigt, mit der Speisepumpe auf Verdampferdruck verdichtet und dem Kollektorkreislauf zugeführt. Um kurze Schwankungen der Sonnenstrahlung z. B. durch vorbeiziehende Wolken ausgleichen zu können, ist im PE 1 zusätzlich ein Dampfspeicher zwischen Dampfabscheider und Turbine integriert (nicht in Abb. 3.49 dargestellt). Da der Dampf nicht überhitzt wird, kann auf die aufwendige Dreiteilung des FresnelKollektors verzichtet werden. Durch die niedrige Betriebstemperatur wird zwar der thermische Wirkungsgrad verringert, die kostengünstige Bauart ermöglicht dennoch Stromgestehungskosten, die konkurrenzfähig zu fossilen Brennstoffen sind und deutlich unter denen von Parabolrinnen-Kraftwerken liegen.

Basierend auf den Erfahrungen mit dem PE 1, startete im zweiten Quartal 2010 der Bau des Kraftwerkes Puerto Errado 2 (PE 2). Mit einer Nennleistung von 30 MW und einer Spiegelfläche von 302.000 m^2 entspricht es einer aufskalierten Version seines Vorgängers und ging im März 2012 ans Netz. Es besteht aus 28 Reihen linearer Fresnel-Kollektoren à 1000 m Länge, die in zwei identischen 15 MW Produktionsblöcken mit jeweils eigener Dampfturbine zusammenlaufen. Dieses Design ermöglicht einen sehr flexiblen Betrieb, erhöht jedoch die Komplexität, weshalb auf einen integrierten Wärmespeicher verzichtet wird. Durch die relativ niedrigen Investitionskosten und einer von Spanien garantierten Einspeisevergütung von 0,28 €/kWh (Stand 2011) wird mit einer Amortisationszeit von 17 Jahren gerechnet.

Für die modulare Fresnel-Kraftwerkstechnologie ist die Frage der Wärmespeicherung noch nicht endgültig geklärt. Dampfspeicher sind Systeme, die kurzfristige Störungen durch Wolkendurchgänge kompensieren können aber nicht zur langfristigen Speicherung geeignet sind. Hierzu müsste die Wärmeenergie auf ein Speichermedium übertragen werden, was Verluste und höhere Investitionen durch einen komplexeren Kraftwerkbau nach sich ziehen würde. Daher erscheint die Integration von Fresnel-Kraftwerken in bestehende, fossil betriebene Kraftwerke sinnvoll. Ein Beispiel hierfür stellt das 9 MW Solarfeld der Firma Novatec dar, das an das Liddell Kohle-Kraftwerk in New South Wales (Australien) angeschlossen ist und im Mai 2012 in Betrieb genommen wurde.

Um den größten Nachteil des modularen Fresnel-Konzepts der Firma Novatec, die niedrige Temperatur des Sattdampfes, zu kompensieren, sind neue Kollektorsysteme mit Vakuumabsorbern der Firma Schott mit dem Namen *SuperNOVA* in Erprobung. Mit diesen kann überhitzter Dampf mit einer Temperatur von 450 °C hergestellt werden. Die Verwendung von Vakuumabsorbern im Receiver ermöglicht die Reduktion der Wärmeverluste um bis zu 50 % und dadurch eine Wirkungsgradsteigerung des Fresnel-Kraftwerkes um etwa 20 %. Eine Testinstallation im Kraftwerk PE 1 wurde im Sommer 2011 in Betrieb genommen [21, 33, 34, 37, 38].

3.5.2.3 Unterschiede zwischen Parabolrinnen- und Fresnel-Technologie

Bei beiden Technologien handelt es sich um linienfokussierende Systeme. Dennoch weisen sie erhebliche Unterschiede auf. Fresnel-Anlagen können die Sonnenenergie weniger effektiv nutzen und erreichen daher geringere Wirkungsgrade. Sie erlauben aber durch einen einfacheren Aufbau des Kollektors geringere Investitionen und die Möglichkeit, Betriebskosten zu senken. Im Einzelnen führt dies zu folgenden konstruktiven Unterschieden:

- Fresnel-Kollektoren nutzen anstelle der aufwendig parabolisch gebogenen Spiegel (25–30 €/m^2) kostengünstige Flachglasspiegel (6–20 €/m^2), bei denen es sich um standardisierte Massenprodukte handelt.
- Windlasten sind auf Grund der geringeren Angriffsfläche kleiner. Dadurch kann die notwendige Stabilität durch eine leichtere Bauweise der Trägerkonstruktion erreicht werden, was Stahl einspart. Die Montage wird erleichtert, da auch auf Betonfundamente verzichtet werden kann. Durch die höhere Windstabilität werden außerdem optische Verluste und Glasbruch minimiert.
- Aufgrund der modularen Bauweise wird die Installation vor Ort einfacher und die Bauzeit verkürzt sich. Dadurch können die Baukosten gesenkt werden.
- Bei der Nachführung nach dem Sonnenstand wird bei Parabolrinnen immer der Receiver zusammen mit dem kompletten System bewegt. Dies erfordert flexible Anbindungen an das Rohrleitungssystem, die technisch anspruchsvoll und wartungsintensiv sind.

- Fresnel-Kollektoren ermöglichen eine effektivere Landnutzung, da die Primärspiegel sehr eng gepackt werden und daher auf kleinerem Raum Platz finden. Durch die größere Spiegelfläche in Bezug auf den Receiver kann der schlechtere optische Wirkungsgrad von Fresnel-Kollektoren ausgeglichen werden.
- Die eng aufgestellten Spiegel wirken sich nachteilig auf die Verluste durch Verschattung und Verdeckung aus. Da die Sonnenstrahlen nicht frontal auf die Primärspiegel fallen, kommt es bei der Fresnel-Technologie im Gegensatz zur Parabolrinne stärker zu Kosinus-Verlusten.
- Fresnel-Kraftwerke ermöglichen eine automatisierte Reinigungstechnologie mittels Reinigungsrobotern. Dies verringert den Reinigungsaufwand und der Wasserverbrauch kann gesenkt werden.

Es wird erwartet, dass durch die aufgeführten Kostenvorteile der schlechtere Wirkungsgrad des Fresnel-Kollektors mehr als kompensiert werden kann, was allerdings noch in kommerziellen Anlagen nachgewiesen werden muss. Bisherige Anlagen zeigen aber, dass sich Fresnel-Kraftwerke offenbar besser an örtliche Gegebenheiten anpassen lassen. Da die einzelnen Komponenten vor Ort gefertigt werden können, ist der wirtschaftliche Nutzen für den Standort größer [19, 33].

3.5.3 Solarturm-Kraftwerke

In Solarturm-Kraftwerken wird die einfallende Solarstrahlung punktförmig konzentriert, wie in Abb. 3.50 gezeigt. Dabei werden Konzentrationsfaktoren von 500 bis 1000 erzielt. Die direkte Solarstrahlung wird mit Hilfe des Heliostatenfeldes, das aus mehreren hundert

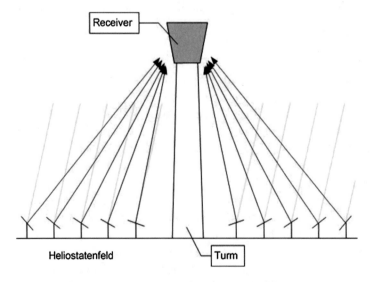

Abb. 3.50 Funktionsprinzip eines Solarturm-Kraftwerkes (nach [39])

bis zu einigen tausend einzelner Spiegel besteht, gesammelt und konzentriert. Die Heliostaten sind auf die Spitze eines Turmes ausgerichtet und werden computergesteuert zweiachsig der Sonne nachgeführt. Bei der Ausrichtung der Spiegel ist eine hohe Präzision
erforderlich, um die Solarstrahlung optimal auf den Brennpunkt zu fokussieren. Die
hochkonzentrierte Solarstrahlung wird von dem in der Turmspitze liegenden Receiver
aufgefangen und in Wärme umgewandelt. Durch die hohen Konzentrationsfaktoren werden Temperaturen von 600 bis 1000 °C erreicht. Die Wärme wird durch ein
Wärmeträgermedium (Wasserdampf, Luft oder Flüssigsalz) abtransportiert. Mittels einer
Dampf- oder Gasturbine wird die Wärme in mechanische Energie und schließlich im
Generator in elektrische Energie umgewandelt.

Die prinzipielle Umsetzbarkeit der Technologie konnte bereits in einigen Versuchsan-
lagen in Spanien, Israel und den USA gezeigt werden. Dennoch gibt es im Vergleich zu
Parabolrinnen-Kraftwerken noch relativ wenig Erfahrungen mit kommerziell betriebenen
Solarturm-Anlagen.

In 2006 ging in der Nähe von Sevilla (Spanien) mit Planta Solar 10 (PS 10) das erste
kommerzielle Solarturm-Kraftwerk mit einer Leistung von 11 MW ans Netz. 2009 folgte
die Erweiterung PS 20 mit einer Leistung von 20 MW auf demselben Gelände. Beide
Kraftwerke verwenden Sattdampfreceiver. Ebenfalls in der Nähe von Sevilla ist seit Mai
2011 Gemasolar in Betrieb. Es hat eine Leistung von 19,9 MW und ist das erste kommerziell betriebene Solarturm-Kraftwerk, das Flüssigsalz als Wärmeträger- und Speichermedium verwendet. Der Speicher ermöglicht einen Volllastbetrieb von bis zu 15 Stunden
ohne Sonneneinstrahlung und damit eine Entkopplung vom tatsächlichen Solarstrah-
lungsangebot.

Zwei weitere Receiverkonzepte, die hohe Wirkungsgrade versprechen, werden seit
2008 in Versuchsanlagen erprobt. Zum einen wird ein offener volumetrischer Luftreceiver
in einem 1,5 MW starken Solarturm-Kraftwerk in Jülich (Deutschland) getestet, mit dem
Luft auf 700 °C erhitzt und über einen Wärmetauscher Dampf erzeugt wird. Zum anderen
wird im Solar Energy Development Center (SEDC) in Rotem (Israel) die direkte Erzeugung von überhitztem Dampf (540 °C; 140 bar) erprobt. Die Anlage besitzt eine thermische
Receiverleistung von 6 MW. Da ausschließlich die Funktionalität der solaren Komponenten demonstriert werden soll, ist hier keine Dampfturbine vorgesehen.

Im Oktober 2012 wurde eine deutsch-algerische Zusammenarbeit für solarthermische
Kraftwerke beschlossen. Am nördlichen Rand der Sahara in Boughezoul, Algerien soll das
erste Solarturm-Kraftwerk Nordafrikas mit einer Leistung von bis zu sieben Megawatt
gebaut werden. Nach Sonnenuntergang kann das Kraftwerk mit Erdgas betrieben werden.
Die Kombination von Sonnenenergie und Gas soll Algerien einen kostengünstigen und
versorgungssicheren Übergang von einer fossilen zu einer solaren Stromerzeugung ebnen.
Die Technologie hierzu basiert auf dem Solarturm-Kraftwerk in Jülich.

Für das Jahr 2017 war in der israelischen Negev-Wüste die Inbetriebnahme der Ashalim
Power Station geplant. Auf einer Grundfläche von 3,15 km^2 konzentrieren 55.000 Heliostaten die Solarstrahlung auf den 240 m hohen Solarturm. Auf dessen Spitze befindet sich
der Receiver, in dem überhitzter Dampf erzeugt wird. Die Maximalleistung beträgt

121 MW, die durchschnittliche Leistung 110 MW. Ein 24-Stunden-Betrieb wird durch eine Gas-Zusatzheizung gewährleistet [40].

Ein wesentlicher Vorteil der Solarturm-Technologie im Vergleich zu linienfokussierenden Systemen ist die höhere Prozesstemperatur aufgrund des höheren Konzentrationsfaktors. Dadurch verbessert sich der thermische Wirkungsgrad und die erforderliche Salzmenge zur Wärmespeicherung kann signifikant reduziert werden. Des Weiteren führt die zweiachsige Nachführung der Heliostaten zu einem besseren Solarfeldwirkungsgrad und einer gleichmäßigeren Aufnahme der Solarstrahlung im Jahresverlauf, wodurch sich die Lebensdauer kritischer Komponenten verlängert. Außerdem benötigen Turmkraftwerke keine ebenen Baugründe. Der Technologie erschließen sich somit wesentlich mehr Standorte, die Erdarbeiten sind kostengünstiger und das Erosionsrisiko sinkt. Kostensenkungspotentiale ergeben sich auch aus den einfach ausgeführten Heliostaten, die eine automatisierte Massenfertigung möglich machen. Den Vorteilen steht eine wesentlich höhere Komplexität von Solarturm-Kraftwerken gegenüber: Eine große Anzahl von Heliostaten muss optimal positioniert und hochgenau gesteuert werden. Ferner sind Solarturm-Kraftwerke weniger leicht skalierbar als Parabolrinnen-Kraftwerke [38, 41, 42].

3.5.3.1 Heliostaten

Wie bei Parabolrinnen- und Fresnel-Kraftwerken ist auch bei Solarturm-Kraftwerken ein Großteil der Investitionen auf die Spiegel zurückzuführen, etwa 30 % der Gesamtkosten bzw. 60 % der Investitionskosten für solare Komponenten. Heliostatenfelder haben daher großen Einfluss auf die Stromgestehungskosten und damit die Rentabilität von Solarturm-Kraftwerken.

Zentrale Komponenten von Heliostaten sind der Konzentrator zur Reflexion und Konzentration des Sonnenlichts, die motorbetriebene Nachführeinheit, Fundament und Steuerelektronik. Die zweiachsige Nachführung der Heliostaten ist steuerungstechnisch aufwendig. Um eine zuverlässige Fokussierung der Sonnenstrahlung auf den Receiver sicherstellen zu können, ist ständige Kontrolle und Anpassung der Heliostatenausrichtung notwendig. Vom Zentralrechner werden Sollwinkel berechnet, die sowohl auf dem aktuellen Sonnenstand als auch den Positionen der Heliostaten und des Receivers basieren und im Abstand von wenigen Sekunden an die einzelnen Heliostaten übermittelt werden. Wichtige Anforderungen um Energieverluste durch Strahlabweichung minimieren zu können sind ein geringes Verdrehspiel und möglichst hohe Getriebesteifigkeit der Antriebe. Aufgaben der Nachführeinrichtung sind neben dem Nachfahren der Sonnenbahn (Solar Tracking) das Herausdrehen einzelner Spiegel zur Wartung, das Herunterklappen aller Spiegel bei Unwetter bzw. nachts und das Wegdrehen der Spiegel bei einem Störfall.

Bei den Konzentratorflächen werden verschiedene Konzepte verfolgt. Einige Hersteller setzen auf große Heliostaten mit Aperturflächen von 62 bis 120 m^2. Durch größere Heliostaten kann die Gesamtzahl der Nachführeinheiten verringert werden, wodurch die Kosten für das Tracking-System pro Quadratmeter sinken. Andere Hersteller verwenden kleine Heliostaten mit Öffnungsflächen von 1 bis 7 m^2. Kostenvorteile werden hier durch

Massenfertigung und hohe Stückzahlen erreicht. Außerdem ermöglichen kleine Heliostaten Einsparungen bei Fundamenten und Installation und vereinfachen die Nachführung, da geringere Windlasten auftreten. Das optische Verhalten ist besser, da geringere Verluste durch Astigmatismus (Aufweitung des Brennpunktes durch von der Spiegelhauptachse abweichende Solarstrahlung) auftreten. Nachteilig ist allerdings die deutlich höhere Komplexität der Anlage.

Bei der Bauform von Heliostaten können 2 Haupttypen unterschieden werden: Facettierte Glas-Metallheliostaten und Membranheliostaten. Üblicherweise bestehen facettierte Heliostaten aus einer Vielzahl reflektierender, rechteckiger oder runder Spiegelelemente. Diese werden auf einer Tragstruktur montiert, die ihrerseits aus einem Torsionsrohr mit Auslegern besteht. Die Einzelfacetten sind 2 bis 4 m^2 groß und entsprechend der Brennweite gekrümmt. Die ideale Facettenbrennweite entspricht dem Abstand des Heliostaten vom Receiver und ist daher für jeden Heliostaten unterschiedlich. Da eine individuell gewählte Krümmung der Facetten einen unverhältnismäßig hohen Fertigungsaufwand bedeuten würde, unterteilt man das Heliostatenfeld in mehrere Bereiche und fertigt für jeden Teilbereich Facetten mit jeweils identischer Krümmung, angepasst an den mittleren Heliostatenabstand. Die Einzelfacetten des Konzentrators müssen bei der Montage so auf den Receiver ausgerichtet werden, dass sich die Einzelbilder auf einem gemeinsamen Brennpunkt überlagern. Der Ausrichtungsvorgang und die Festlegung der Brennweite wird auch ‚Canting' genannt. Die Ausrichtung ist ein kostenintensiver Arbeitsschritt, da sie für alle Facetten des Heliostatenfeldes durchgeführt werden muss.

Mit Heliostaten aus vorgespannten Membranen (‚stretched membrane') wird versucht bei hoher optischer Qualität den Aufwand für Fertigung und Montage zu reduzieren, indem man auf Einzelfacetten verzichtet. Die reflektierende Oberfläche ähnelt einer Trommel, der wiederum aus einem vorder- und rückseitig membranbespannten, metallischen Druckring besteht. Als Membranwerkstoff werden Folien aus Kunststoff oder Metall verwendet. Metallmembranen sind deutlich haltbarer, müssen aber vorderseitig mit Dünnglasspiegeln beklebt werden, um die gewünschte Reflektivität zu erreichen. Im Inneren des Konzentrators wird ein leichter Unterdruck von wenigen Millibar mit Hilfe eines Gebläses oder einer Vakuumpumpe erzeugt. Durch diese Maßnahme erhält der ursprünglich flache Spiegel eine annähernd sphärische Form. Es besteht auch die Möglichkeit die Membran durch zentral angebrachte mechanische oder hydraulische Stempel zu verformen. In beiden Fällen können die Brennweiten der Membranheliostaten leicht variiert und auch noch während des Betriebs verändert werden. Im Vergleich zu üblichen Glas-Metallheliostaten ist die optische Güte von großen Metallmembranheliostaten höher. Nachteilig zu werten sind die Auswirkungen des Windes auf die optische Qualität der Heliostaten und bei Verwendung eines Vakuumgebläses der Eigenenergieverbrauch des Gebläses. Da Membranheliostaten nicht facettiert sind, entfällt auch das Canting [30, 38, 39].

3.5.3.2 Heliostatenfeld

Das Heliostatenfeld besteht aus mehreren hundert bis zu einigen tausend einzelnen Heliostaten. Zwei Grundtypen werden unterschieden: Das Rundumfeld, in dem die Heliostaten

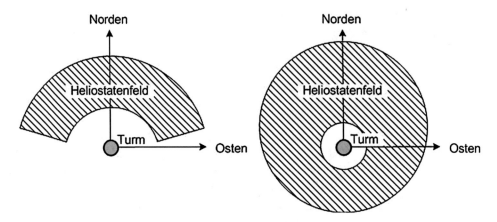

Abb. 3.51 Heliostatenfelder: Nordfeld (*links*) und Rundumfeld (*rechts*) (nach [39])

umlaufend um den Turm liegen und einseitige Felder, in denen alle Heliostaten nördlich des Turmes angeordnet sind (dies gilt für Solarturm-Kraftwerke in der nördlichen Hemisphäre, auf der Südhalbkugel werden die Heliostaten in Südfeldern angelegt). Abb. 3.51 zeigt den prinzipiellen Aufbau beider Feldtypen.

Die Wahl des Feldes hängt von verschiedenen Faktoren ab. Rundumfelder werden bei Kraftwerken mit größeren thermischen Leistungen bevorzugt, da sie einen geringeren Abstand der äußersten Heliostatenreihe zum Receiver und damit geringere Verluste durch atmosphärische Abschwächung der reflektierten Strahlung ermöglichen. Grundvoraussetzung für die Anwendung sind offene Receiver. Rundumfelder werden idealerweise bei Standorten mit geringer geographischer Breite eingesetzt, da mit größeren Breitengraden die Kosinus-Verluste im südlichen Bereich des Feldes steigen. Daher wird auch der Turm exzentrisch nach Süden versetzt. So können die höheren Kosinus-Verluste des südlichen Bereichs ausgeglichen werden. Nordfelder mit bestimmtem Öffnungswinkel werden bei kleineren thermischen Leistungen bis zu etwa 10 MW und bei Standorten größerer geografischer Breite verwendet, da auf diese Weise Kosinus-Verluste minimiert werden können. Sie werden in Kombination mit geschlossenen bzw. Hohlraumreceivern eingesetzt.

Der Feldwirkungsgrad von Solarturm-Kraftwerken wird im Wesentlichen durch folgende Faktoren beeinflusst:

- Spiegelreflektivität: Die auf die Heliostaten treffende Strahlung wird nicht vollständig reflektiert, typische Werte liegen bei 0,88 bis 0,94 und hängen vom Spiegeltyp, Umwelteinwirkungen wie Regen, Tau, Staub und von dem gewählten Spiegelreinigungsverfahren ab.
- Atmosphärische Abschwächung: Ein Teil der reflektierten Solarstrahlung wird auf dem Weg zum Receiver gestreut oder absorbiert. Die atmosphärische Abschwächung hängt

von der Trübung der Atmosphäre (z. B. durch Partikel) und der Länge des optischen Pfades ab.

- Kosinus-Verluste: Da im Betrieb die Heliostaten auf den Receiver ausgerichtet sind, weicht die auf die Spiegel einfallende Solarstrahlung von der Hauptachse der Spiegel ab, wodurch sich der effektiv reflektierte Anteil der Strahlung vermindert.
- Blocken und Verschatten: Das Blocken, also das Reflektieren von Solarstrahlung gegen benachbarte Spiegel, kann durch große Abstände zwischen den Heliostaten vermieden werden. Allerdings nimmt der erforderliche Abstand der Heliostaten untereinander mit deren Entfernung vom Turm zu, was präzisere Nachführungen und höheren Landbedarf bedingt. Gerade bei tiefen Sonnenständen, kommt es zur Verschattung benachbarter Heliostaten. Am wenigsten davon betroffen sind die am nächsten zum Turm liegenden Spiegel. Außerdem wird ein Teil des Feldes vom Turm verschattet.
- Spillage. Unter Spillage versteht man Verluste aufgrund von optischen Spiegel- und Nachführfehlern. Wie bereits erwähnt (siehe Abschn. 3.5.1.1 und 3.5.2.1), führen Abweichungen von der ebenen Spiegelform durch Streuung der Solarstrahlung zu Wärmeverlusten am Receiver. Auch eine unpräzise Nachführung führt zu Verlusten. Zum einen wird die Menge der am Receiver eintreffenden Strahlung gemindert, zum anderen kann auf den Turm fallende Strahlung das Absorbergehäuse aufheizen. Zulässige Abweichungen des reflektierten Strahls liegen im Bereich von 1,75 bis maximal 4 mrad, was einen hohen technischen Aufwand verlangt. Die einzelnen Heliostaten werden auf mehrere Zielpunkte entlang der Receiveroberfläche ausgerichtet. Dadurch entsteht eine gleichmäßige Intensitätsverteilung, wodurch die Belastung des Receivers und die Verluste durch thermische Strahlung reduziert werden. Allerdings steigen damit auch zwangsläufig die Verluste durch Spillage. Eine sorgfältige Abwägung ist daher notwendig.
- Windbelastung und Turmbewegung: Starke Windkräfte können zur Verformung von Heliostaten und des Turms führen. Turmbewegungen resultieren aber auch aus einseitiger Erwärmung. Beides führt zu Verlusten, da die Solarstrahlung nicht mehr vollständig auf den Absorber treffen kann.

Da nicht alle Verluste umgangen werden können, resultiert die Gestaltung des Heliostatenfeldes immer aus einer technisch-wirtschaftlichen Optimierung. Die Heliostaten, die am nächsten zum Turm positioniert sind, weisen die niedrigsten Verschattungsverluste auf, während die am nördlichsten platzierten Heliostaten die niedrigsten Kosinus-Verluste zeigen. Allerdings erfordern weit vom Turm entfernte Heliostaten eine hochpräzise Nachführung und müssen in größerer Distanz zu ihren Nachbarn aufgestellt werden. Die Kosten für Land, Nachführung und präzise Orientierung bestimmen daher die wirtschaftliche Größe des Feldes [2, 13, 39].

3.5.3.3 Turm
In Solarturm-Kraftwerken werden Türme aus Stahlbeton oder in Stahlgitterbauweise verwendet. Beide Bauformen haben sich im Hochbau bewährt. Die Höhe des Turms wird

mittels technisch-wirtschaftlicher Optimierung bestimmt. Höhere Türme sind in der Regel günstiger, da größere und dichtere Heliostatenfelder angewendet werden können und Abschattungsverluste minimiert werden. Allerdings wirken diesem Vorteil hohe Anforderungen in Bezug auf die Nachführgenauigkeit, höhere Kosten für Turm und Rohrleitungen sowie größere Druck- und Wärmeverluste entgegen. Typische Werte liegen zwischen 60 m bei Testanlagen (SEDC und Jülich) und 100 m (PS 10) bis 160 m (PS 20) im kommerziellen Bereich.

Die hohen Kosten für die Verrohrung innerhalb des Turms und die technische Herausforderung der Montage der Wärmekraftmaschine oben im Turm können durch einen Sekundärreflektor auf der Turmspitze vermieden werden, der die einfallende Strahlung zu einem Receiver am Boden weiterleitet („beam-down-Prinzip'). Da der Sekundärreflektor allerdings zusätzliche optische Verluste verursacht, wirkt sich das beam-down-Prinzip negativ auf den Feldwirkungsgrad aus [2, 43].

3.5.3.4 Receiver

Der Receiver absorbiert die vom Heliostatenfeld umgelenkte und konzentrierte Solarstrahlung, wandelt sie in Wärmeenergie um und führt diese schließlich dem Wärmeträgermedium zu. Da die Strahlung im Solarturm-Kraftwerk etwa 600- bis 1000-fach konzentriert wird, werden Strahlungsflussdichten auf der Receiveroberfläche von bis zu 1000 kW/m^2 und Temperaturen von bis zu 1000 °C erreicht. Diese hohen Betriebstemperaturen erfordern extrem temperaturbeständige Materialien und stellen hohe Anforderungen an die Auslegung des Receivers dar. Wärmeträgermedien wie Luft, Flüssigsalz, Wasser/Dampf, Flüssigmetall und Partikel befinden sich bereits im kommerziellen Einsatz oder werden gegenwärtig getestet. Mögliche Receivergeometrien sind die ebene Bauform, Hohlraumreceiver und zylindrische bzw. kegelförmige Rundumreceiver.

Abhängig davon, ob eine Dampf- oder Gasturbine als Wärmekraftmaschine an das solare System angeschlossen ist, werden unterschiedliche Receivertypen verwendet. Für Systeme mit Dampfkreislauf sind sowohl offene volumetrische Luftreceiver als auch Systeme mit Flüssigsalz möglich. In offenen volumetrischen Receivern wird Umgebungsluft auf bis zu 850 °C erwärmt. Die erhitzte Luft wird zur Wasserverdampfung genutzt und abgekühlt wieder dem Receiver zugeführt. Bei Solarturm-Systemen mit Flüssigsalzkreislauf wird das Salz sowohl als Wärmeträger- als auch als Speichermedium genutzt. Begrenzt durch die chemische Stabilität der Salzmischung können Salztemperaturen bis ca. 565 °C erreicht werden, oberhalb dieser Temperatur tritt Zersetzung auf. Das erwärmte Salz wird wie in Parabolrinnen-Kraftwerken vom Kalt-Tank in den Receiver gepumpt, nimmt dort Wärmeenergie auf, wird dann im Heiß-Tank gespeichert und bei Bedarf zur Dampferzeugung mittels Wärmetauschern genutzt.

Solare Gasturbinen-Systeme ermöglichen Wirkungsgrade bis zu 50 %, erfordern allerdings höhere Prozesstemperaturen. Eine Möglichkeit Temperaturen bis 1000 °C zu realisieren sind unter Druck betriebene Luftreceiver (geschlossene volumetrische Receiver bzw. Rohrreceiver). Eine weitere Möglichkeit, die aktuell verfolgt wird, sind direkt-absorbierende Receiver mit keramischen Partikeln als Wärmeträger- und Speichermedium.

Die Partikel fallen direkt durch die konzentrierte Solarstrahlung und werden dabei bis 1000 °C erhitzt. Gelingt es offene Fragen bezüglich Abriebfestigkeit und Partikeltransport zu klären, könnten Partikelsysteme sowohl für Dampf- als auch für Gasturbinen-Prozesse zum Einsatz kommen.

Derzeit favorisierte und in Anlagen bereits erprobte Wärmeträgermedien sind Luft, Wasser/Dampf und Flüssigsalz. Die grundsätzlichen Eigenschaften dieser Receiver werden im Folgenden dargestellt [39, 43].

Offener volumetrischer Receiver
Offene volumetrische Receiver arbeiten bei Umgebungsdruck und verwenden Luft als Wärmeträgermedium. Eine poröse Struktur absorbiert die konzentrierte Solarstrahlung und wandelt sie in Wärme um. Von einem Gebläse wird Umgebungsluft durch die Absorberstruktur gesaugt und dabei auf etwa 650 bis 850 °C erhitzt. Als Receivermaterialien kommen Drahtgeflechte oder -filze, keramische Schäume und metallische oder keramische Wabenstrukturen zum Einsatz.

Die Wärmeübertragungsfläche innerhalb der Struktur ist daher wesentlich größer als die dem Heliostatenfeld zugewandte Oberfläche. Die Vorderseite des Absorbers wird durch die einströmende Luft gekühlt, wodurch hohe Temperaturen erst in den innenliegenden Bereichen entstehen. Da die Absorberoberfläche somit kälter bleibt als die Luft, die die poröse Struktur wieder verlässt, weisen volumetrische Receiver geringe thermische Rückstrahlverluste auf. Die erwärmte Luft strömt weiter zum Abhitzekessel, wo sie die Wärme an das Arbeitsmedium Wasser abgibt. Es entsteht überhitzter Dampf, der über eine Turbine entspannt wird und damit einen Generator antreibt. Die Luft verlässt den Abhitzekessel mit einer Temperatur von etwa 80 bis 150 °C. Über Luftkanäle wird die Abluft gleichmäßig auf der Vorderseite des Receivers verteilt, wodurch der Gesamtwirkungsgrad der Anlage gesteigert werden kann. Durch einen mit herkömmlichen Brennstoffen befeuerten Kanalbrenner können Schwankungen der solaren Strahlung ausgeglichen werden. Die prinzipielle Funktionsweise eines Solarturm-Kraftwerks mit offenem volumetrischen Receiver ist in Abb. 3.52 dargestellt.

Die Verwendung von Luft als Wärmeträgermedium bietet einige Vorteile. Luft ist unbegrenzt und kostenlos verfügbar, umweltfreundlich, leicht zu handhaben und unbrennbar. Da der Receiver bei Atmosphärendruck betrieben wird, sind die sicherheitstechnischen Anforderungen im Bereich des Luftkreislaufs gering. Die im Vergleich zur erwärmten Luft relativ kühle Absorberoberfläche ermöglicht geringe thermische Verluste. Darüber hinaus zeigen Luftreceiver ein günstiges Anfahrverhalten durch die geringen thermischen Massen und der Luftmassenstrom kann mit Hilfe eines Gebläses einfach geregelt werden. Nachteilig ist die relativ niedrige Wärmekapazität von Luft, was große Wärmeübertragerflächen und große Volumenströme erfordert. Zudem ist eine Wärmespeicherung mit Luft nicht oder nur mit großen Verlusten realisierbar.

Um Probleme aufgrund der Wärmedehnung des heißen Absorbers zu reduzieren, wird der Absorber in kleinere Module aufgeteilt, die auf einer ausreichend gekühlten Stahlstruktur montiert werden. Die Halterungen sind so konzipiert, dass die Module bei

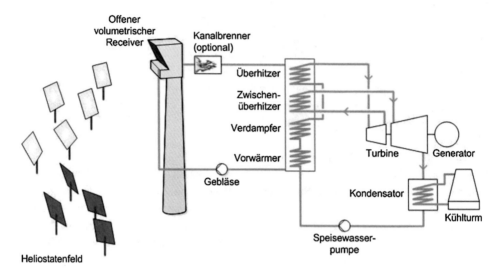

Abb. 3.52 Solarturm-Kraftwerk mit offenem volumetrischen Receiver (nach [10])

Defekten einfach ausgetauscht und damit Wartungskosten und Stillstandszeiten reduziert werden können.

Ein Beispiel eines offenen volumetrischen Receivers ist der HiTRec-II (**Hi**gh **T**emperature **Rec**eiver), der bis 2001 auf der PSA getestet wurde. Aufbau und Funktionsweise sind in Abb. 3.53 dargestellt. Der Receiver besteht aus keramischen Absorbermodulen, einer Tragstruktur aus einer Edelstahl-Doppelmembran und einem Luftrückführungssystem. Die einzelnen Module sind mit ihren Enden in Rohrstücken gelagert, die sowohl axiale als auch radiale Wärmeausdehnung ermöglichen. Auch im heißen Zustand verbleiben Spalte zwischen den Modulen, durch die die rückgeführte Abluft aus dem Abhitzekessel auf die Receiveroberfläche geblasen wird. Die Luftrückführung dient außerdem zur Kühlung der tragenden Stahlkonstruktion. Tests ergaben Strahlungsflussdichten auf der Receiveroberfläche von bis zu 900 kW/m^2 und durchschnittliche Luftaustrittstemperaturen von bis zu 840 °C [39, 44, 45].

Flüssigsalz-Receiver

Die Funktionsweise von Solarturm-Kraftwerken mit Flüssigsalz-Receiver wird in Abb. 3.54 schematisch dargestellt. Im Wesentlichen entspricht sie dem in Abschn. 3.5.1.2 beschriebenen Prinzip für Parabolrinnen-Kraftwerke mit dem Wärmeträgermedium Flüssigsalz. Beim Solarturm-Kraftwerk wird das Flüssigsalz aus dem Kalt-Tank auf den Turm in den Receiver gepumpt, wo es durch die solare Direkteinstrahlung von 285 °C auf 565 °C aufgeheizt wird. Nach dem Verlassen des Receivers wird das erwärmte Salz im Heiß-Tank gesammelt. Unabhängig von der aktuellen Sonneneinstrahlung kann heißes Salz zur Dampferzeugung entnommen und über einen Wärmetauscher geleitet werden. Das abgekühlte Salz wird in den Kalt-Tank geleitet und steht dem Kreislauf wieder zur Verfügung.

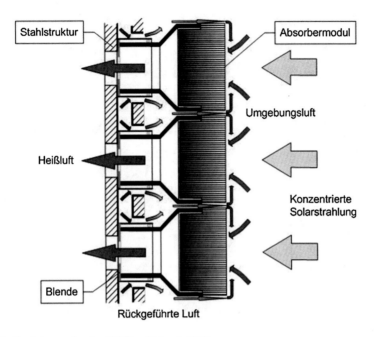

Abb. 3.53 Funktionsweise des HiTRec-II (nach [44])

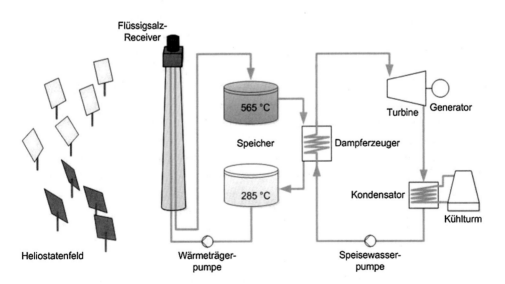

Abb. 3.54 Solarturm-Kraftwerk mit Flüssigsalzreceiver und thermischem Speicher (nach [10])

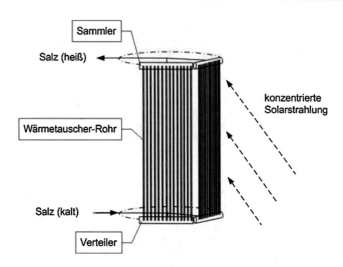

Abb. 3.55 Schematische Darstellung eines Salzrohrreceivers (nach [39])

Bei der Bauform des Salzrohrreceivers wird das flüssige Salz durch die bestrahlten und zur Verbesserung der Absorption schwarz gefärbten Wärmetauscherrohre gepumpt. Abb. 3.55 zeigt schematisch einen solchen Rohrreceiver, wie er beispielsweise für das Gemasolar Kraftwerk gebaut wurde.

Im Flüssigsalz-Kreislauf kann die Salzschmelze dank ihrer hohen Wärmekapazität sowohl als Wärmeträger als auch als Speichermedium genutzt werden. Durch den thermischen Speicher kann die Anlage bis zu 15 Stunden ohne Sonneneinstrahlung auf Volllast betrieben werden. Ein weiterer Vorteil an Salzturm-Kraftwerken ist, dass das Wärmeträgermedium während des gesamten Prozesses in einer Phase vorliegt, was die Problematik unterschiedlicher Wärmedehnungen im Rohrreceiver mindert. Ein Nachteil ist der hohe Schmelzpunkt des verwendeten Salzgemisches, der bei etwa 240 °C liegt. Um das Salz kontinuierlich flüssig zu halten, müssen Heizelemente im gesamten salzführenden System integriert werden, die ihrerseits den Gesamtwirkungsgrad durch Eigenenergiebedarf senken. Die im Receiver erreichten Salztemperaturen sind auf ca. 565 °C begrenzt, da oberhalb dieser Temperatur die Zersetzung der verwendeten eutektischen Salzschmelze aus Natrium- und Kaliumnitrat ($NaNO_3$, KNO_3) auftritt. Da superkritische Dampfprozesse mit einer Dampftemperatur bis ca. 620 °C den Kraftwerkswirkungsgrad deutlich verbessern, wird aktuell an Salzmischungen gearbeitet, die auch bei höheren Temperaturen chemisch stabil bleiben.

Die Solarturm-Technologie mit Flüssigsalz-Receivern hat gerade Marktreife erreicht. Als erstes kommerziell betriebenes Turmkraftwerk ging das spanische Gemasolar mit 19,9 MW Leistung im Mai 2011 ans Netz. Es ist die Umsetzung des Solar Tres Projektes und basiert auf Erkenntnissen, die zwischen 1996 und 1999 im Vorgängerprojekt Solar Two in der Mojave Wüste, Kalifornien (USA) gewonnen wurden. Im 10 MW Maßstab

wurden hier die technische Machbarkeit von Solarturm-Kraftwerken mit Flüssigsalz-
Receivern demonstriert und Schwächen identifiziert. Im Kraftwerk Gemasolar wird nun
ein zylindrischer Receiver mit sehr hohem thermischen Wirkungsgrad und geringen
Wärmeverlusten eingesetzt. Der Receiver wurde so entwickelt, dass thermische Belastungen reduziert und interkristalline Spannungsrisskorrosion durch Legierungen mit hohem
Nickelgehalt vermieden werden. Ein neuartiges Verteilungs- und Düsensystem ermöglicht
einen hohen thermischen Wirkungsgrad, gute Zuverlässigkeit und geringere Kosten. Außerdem ist für den Salzkreislauf ein selbst entleerendes System vorgesehen um Schäden
durch erstarrendes Salz zu verhindern [39, 43–46].

Wasser/Dampf-Receiver

Anlagen mit dem Wärmeträgermedium Wasser/Dampf können im Einkreissystem betrieben werden, da der durch konzentrierte Solarstrahlung im Receiver erzeugte Dampf
(Sattdampf bzw. überhitzter Dampf) ohne weitere Wärmetauscher dem Dampftur-
binensystem zugeführt wird. Dadurch weisen diese Kraftwerke geringere Komplexität
auf und Verluste an Wärmetauschern können vermieden werden. Die Funktionsweise
eines Solarturm-Kraftwerks mit Sattdampf-Receiver und Sattdampf-Speicher ist in
Abb. 3.56 vereinfacht dargestellt.

   In den 1980er-Jahren wurden Solarturm-Kraftwerke, die überhitzten Dampf produzierten, getestet (Solar One, Eurelios und CESA-1). Im Betrieb ergaben sich Schwierigkeiten
durch die unterschiedlichen Wärmeübergangskoeffizienten zwischen Verdampfer und
Überhitzer. Bessere Ergebnisse in Bezug auf die Lebensdauer des Absorbers und Re-
gelbarkeit des Prozesses wurden mit Sattdampfreceivern erzielt. Trotz der niedrigeren

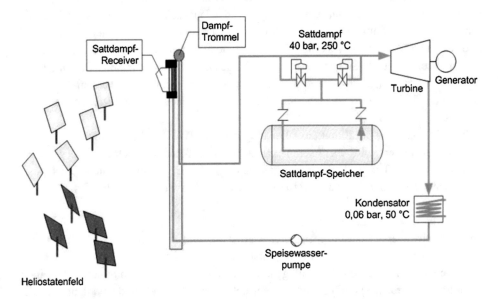

Abb. 3.56 Solarturm-Kraftwerk mit Sattdampfreceiver und thermischem Speicher (nach [24])

Austrittstemperatur und dem resultierenden niedrigeren Wirkungsgrad setzte sich dieses Konzept durch.

Fast 20 Jahre nach der Erprobung der ersten Prototypen wurde das PS 10 als erstes kommerziell betriebenes Solarturm-Kraftwerk in Betrieb genommen. Es befindet sich in Sanlúcar la Mayor, etwa 25 km westlich von Sevilla (Spanien) und ist Teil der Plataforma Solar de Sanlúcar la Mayor (PSSM). Das PS 10 verfügt über einen zentralen Dampfreceiver und liefert eine nominale Bruttoleistung von 11,5 MW. Bei der Konzeptionierung des Kraftwerkes stand die Zuverlässigkeit der einzelnen Komponenten im Vordergrund. Es wurde ein thermischer Speicher zur Überbrückung vorüberziehender Wolken integriert, um so die Turbine und die damit verbundenen Systeme von Schäden durch Leistungsausfälle zu schützen.

Der Sattdampfreceiver besteht aus 4 vertikalen Modulen, die jeweils 4,40 m breit und 12 m hoch sind. Die einzelnen Rohrwände sind halbkreisförmig mit einem Radius von 7 m angeordnet. Durch den entstehenden Hohlraum werden Verluste durch Strahlung und Konvektion deutlich reduziert. Der Receiver entspricht im Grunde einem Zwangsumlauf-Strahlungskessel mit Nassdampf am Austritt um feuchte Innenwände in den Rohren zu gewährleisten. Spezielle Stahllegierungen ermöglichen den Betrieb bei hohen Wärmeflüssen. Bei Volllastbetrieb können so durch konzentrierte Solarstrahlung pro Stunde über 100.000 kg Sattdampf von 40 bar und 250 °C erzeugt werden. Dabei absorbiert der Receiver etwa 55 MW konzentrierte Solarstrahlung bei Spitzenwerten von 650 kW/m^2.

Der im Receiver erzeugte Sattdampf speist eine Dampftrommel, die die Wärmeträgheit des Systems erhöht. Der Dampf wird über eine Turbine geleitet, wo er expandiert und mechanische Arbeit verrichtet. Im Generator wird anschließend die mechanische Arbeit in elektrische Energie umgewandelt. Nach der Kondensation bei 0,06 bar wird das Speisewasser in mehreren Stufen mit Anzapfdampf aus der Turbine und Wasser aus der Dampftrommel regenerativ auf 247 °C vorgewärmt. Zur Überbrückung geminderter Einstrahlung durch vorübergehende Bewölkung dient ein Sattdampfspeicher mit einer thermischen Kapazität von 20 MWh. So kann das Kraftwerk auch ohne einfallende Solarstrahlung über einen Zeitraum von 50 min bei einer Teillast von 50 % betrieben werden. Während Volllastbetrieb wird der thermische Speicher durch einen Teil des produzierten Dampfes geladen.

In 2009 folgte das PS 20 mit einer Leistung von 20 MW. Das derzeit weltweit stärkste Solarturm-Kraftwerk wird ebenfalls mit einem Sattdampf-Receiver betrieben. Gegenüber dem älteren PS 10 besitzt es einen effizienteren Receiver, optimierte Steuerungs- und Überwachungssysteme und einen verbesserten thermischen Energiespeicher [24, 47].

Druckaufgeladener Luft-Receiver
Üblicherweise werden Gasturbinen durch verdichtete und mit einem Brennstoff erhitzte Luft betrieben, die über eine Turbine entspannt wird. Anstelle des Brennstoffs kann Solarenergie zum Erhitzen der Luft genutzt werden. Besonders kombinierte Gas- und Dampfturbinenkraftwerke (GuD) zeigen sehr hohe Wirkungsgrade und sind daher für die Einkopplung von Solarwärme besonders attraktiv. Bei diesem Kraftwerkskonzept wird im

Verdichter der Gasturbine Luft komprimiert und dann durch absorbierte Solarstrahlung auf hohe Temperatur erhitzt. Die Entspannung der heißen Luft erfolgt in der Turbine. Die Restwärme dient zum Antrieb eines Dampfprozesses. Hocheffiziente Gasturbinensysteme dieser Bauart erreichen Wirkungsgrade von bis zu 50 %. Übliche solarthermische Kraftwerke nutzen die Sonnenwärme ausschließlich in Dampfprozessen mit deutlich geringeren Wirkungsgraden. Da die Umwandlung solarer in elektrische Energie in GuD-Kraftwerken wesentlich effizienter erfolgt, kann das Spiegelfeld verkleinert werden, was die Gesamtkosten der Anlage und damit die Stromgestehungskosten reduziert.

Ein entscheidender Vorteil der Nutzung von Solarturm-Kraftwerken zur Erwärmung von Luft für Gasturbinen ist deren gute Integrierbarkeit in Hybrid-Kraftwerke. Bei zu geringer Solarstrahlung durch Bewölkung oder Dunkelheit gleicht die Zufuhr von Brennstoff fehlende solare Leistung aus. Die volle Kraftwerkskapazität kann somit unabhängig von der aktuellen Solarstrahlung ohne teure Speicher genutzt oder sogar gesteigert werden. Die Funktionsweise eines Solarturm-Kraftwerks mit geschlossenem volumetrischen Receiver gekoppelt an einen GuD-Prozess ist in Abb. 3.57 dargestellt.

Mit druckaufgeladenen Luftreceivern können die für Gasturbinen erforderlichen Eintrittstemperaturen von bis zu 1000 °C erzeugt werden. Dabei sind sowohl Rohrreceiver als auch geschlossene volumetrische Receiver in unterschiedlichen Modulvarianten möglich. Die Module sind jeweils aus einem Sekundärkonzentrator und einer dahinterliegenden Receivereinheit zusammengesetzt. Der Sekundärkonzentrator besteht aus mehreren eindimensional gekrümmten Spiegelsegmenten mit integrierten Kühlkanälen. Für Temperaturen bis etwa 600 °C können kostengünstige Rohrreceiver verwendet werden.

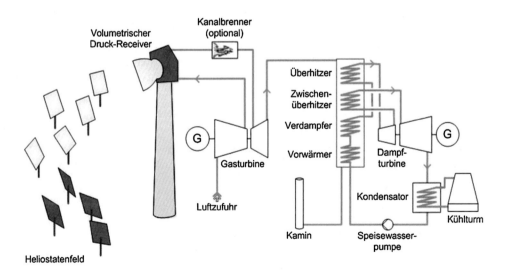

Abb. 3.57 Solarturm-Kraftwerk mit volumetrischem Druck-Receiver und nachgeschaltetem GuD-Prozess (nach [10])

Beim Solgate-Rohrreceiver werden metallische, spiralförmig gebogene Rohre in hohlraumförmiger Anordnung parallel geschaltet. Durch diese Bauweise werden die mechanischen Belastungen durch Wärmedehnung reduziert. Solare Bestrahlung erhitzt die Luft in den Rohren durch konvektive Wärmeübertragung. Rohrreceiver ermöglichen unter Nennbedingungen einen Temperaturanstieg von etwa 200 °C bei einem Druckverlust von nur ca. 100 mbar. Gleichmäßig verteilte Massenströme in allen verbundenen Rohren bei geringem Druckabfall werden durch ringförmige Sammelrohreinheiten ermöglicht.

Höhere Temperaturen werden durch geschlossene volumetrische Receiver erreicht. Hinter der Austrittsöffnung des Sekundärkonzentrators befindet sich bei dieser Receiverform ein gewölbtes Quarzglasfenster, das die Strahlung weitgehend verlustfrei zum dahinter angeordneten Absorber durchlässt. Das Fenster ist in einen Druckkessel eingesetzt und ermöglicht es, den Receiver bei Drücken bis zu 15 bar zu betreiben. Wie beim offenen volumetrischen Receiver besteht der Absorber aus mehreren Lagen eines porösen Materials, das die Strahlung in der Tiefe absorbiert und die entstehende Wärme durch erzwungene Konvektion an die durchströmende Luft abgibt. Für Temperaturen bis 800 °C werden Drahtgeflechte oder Wabenstrukturen aus hochtemperaturbeständigen Metallen eingesetzt. Bei höheren Temperaturen werden Absorber aus hochporösen, keramischen Schäumen verwendet. Die Steigerung der Receivertemperatur auf bis zu 1000 °C macht eine externe Fensterkühlung notwendig, die die Spitzentemperatur des Quarzfensters unter 800 °C hält. Dazu wird das Fenster periodisch mit mehreren Luftstrahlen angeblasen. Im Absorber selbst treten aufgrund inhomogener Solarstrahlung Temperaturspitzen von bis zu 1200 °C auf. Daher wird die Halterung aus einem Keramikblech (oxidkeramischer Faserverbundwerkstoff) in Rippenbauweise hergestellt. Diese kann in die metallische Tragstruktur, welche niedrigere Temperaturen aufweist, geklemmt werden.

Aufgrund der sechseckigen Eintrittsöffnung ermöglichen die vorgeschalteten Sekundärkonzentratoren eine lückenlose Anordnung vieler Module im Brennfleck eines Solarturm-Kraftwerkes. Die für solare Gasturbinensysteme geforderten hohen Leistungen sind erst durch diese wabenförmige Anordnung mit Verschaltung in serieller und paralleler Weise möglich.

Ein vollständiges Receiversystem besteht typischer Weise aus drei Temperaturbereichen (niedrig, mittel, hoch). Im Niedertemperaturbereich werden kostengünstigere Rohrreceiver, in den Bereichen höherer Temperatur geschlossene volumetrische Receiver eingesetzt. In jedem Modul liegt der Temperaturanstieg bei etwa 200 °C, die Module sind seriell miteinander verbunden. Ein beispielhaftes Schaltbild eines unterteilten Receiversystems, das in einen solaren Gasturbinenprozess integriert ist, zeigt Abb. 3.58. Entsprechend der gewünschten Leistung können mehrere dieser Receiversysteme im Brennfleck angeordnet und parallel miteinander verschaltet werden.

Die Technologie geschlossener volumetrischer Receiver wurde bereits in mehreren Versuchsanlagen erprobt. Zu Beginn des Jahrtausends zeigten Refos und Solgate die generelle Machbarkeit der oben erwähnten Teilbereiche. Solhyco, das bis 2010 lief, ist das erste CO_2-neutrale, solar-hybride Gasturbinenkraftwerk, das auf Biokraftstoff basiert. Derzeit fehlen allerdings noch Erfahrungen aus dem Langzeitbetrieb. Diese sind notwendig

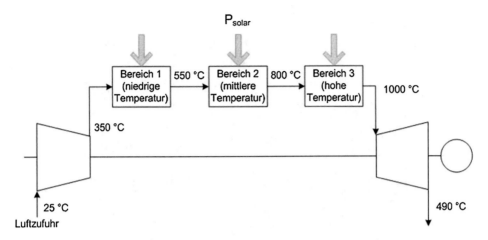

Abb. 3.58 Schaltbild eines unterteilten Receivers in einem Gasturbinenprozess (nach [48])

um den Betriebs- und Wartungsaufwand ermitteln und das technologische Risiko ein-
schätzen zu können. Großanlagen können zwar das technische Potenzial voll ausnützen,
ein Markteinstieg über diesen Bereich ist aber aufgrund der fehlenden Erfahrungen kurz-
fristig nicht realisierbar. Denkbar ist aber die Markteinführung über kleine solar-hybride
Gasturbinensysteme [48–50].

3.5.4   Paraboloid-Kraftwerke (Dish-Stirling-Kraftwerke)

Während Solarturm-, Parabolrinnen- und Fresnel-Kraftwerke nur im Leistungbereich von
einigen Megawatt wirtschaftlich arbeiten, eignen sich Paraboloid- bzw. Dish-Stirling-
Systeme zur dezentralen solaren Stromerzeugung im Bereich von 1 bis 50 kW. Sie können
in *Farmen* zusammengeschaltet werden, so dass Leistungsbereiche von 5 kW bis 100 MW
abgedeckt werden können. In Regionen mit hoher solarer Direkteinstrahlung stellen Dish-
Stirling-Kraftwerke eine gute Alternative zu den weit verbreiteten Diesel-Aggregaten
sowie zu PV-Anlagen dar.

Direktes Sonnenlicht wird mit Hilfe eines rotationssymmetrischen, parabolisch gekrümmten Hohlspiegels in Form einer großen Schüssel (Dish) mit kurzer Brennweite im
Brennpunkt konzentriert. Dabei wird der Spiegel kontinuierlich zweiachsig dem Sonnenstand nachgeführt. Im Brennpunkt befindet sich der Receiver mit einer Stirling-Einheit. Der
Receiver absorbiert die konzentrierte Solarstrahlung und führt die entstehende Wärmeenergie dem Stirlingmotor zu, der diese in mechanische Energie umwandelt. Mittels
eines angekoppelten Generators wird aus der mechanischen Energie Strom erzeugt. Da
Receiver, Stirlingmotor und Generator eine Einheit bilden, muss stets das Gesamtsystem
der Sonne nachgeführt werden.

Abb. 3.59 Dish-Stirling-System EuroDish. (Quelle: FVEE/PSA/DLR)

Der Stirlingmotor ist ein in sich abgeschlossenes System. Das Arbeitsmedium, meist Wasserstoff oder Helium, verlässt den Motor nicht. Im Gegensatz zu Verbrennungsmotoren finden keine Verbrennungsprozesse im Motorinnenraum statt. Da die Wärme dem Motor von außen zugeführt wird, ist dieser sehr leise und wartungsarm. Eine solar-hybride Betriebsweise, bei der die Wärme sowohl solar als auch durch Verbrennung fossiler oder nachwachsender Brennstoffe bereitgestellt werden kann, ist möglich.

Die Technologie wird bereits seit Mitte der 1980er-Jahre erprobt und gilt als technisch ausgereift. In den USA, Saudi-Arabien und in Europa wurden einige Prototypen errichtet. Dish-Stirling-Kraftwerke weisen wegen des hohen Konzentrationsfaktors, geringer Verluste und dem sehr effektiven Motor hohe Wirkungsgrade auf. Anlagen der neuesten Generation wie z. B. der SunCatcher der Firma Stirling Energy Systems (SES) wandeln 31 % der einfallenden Sonnenenergie in Strom um. Dennoch gelang es bisher nicht, Dish-Stirling-Kraftwerke am Markt zu etablieren. Hauptgrund dafür sind die noch sehr hohen Kosten im Vergleich zu anderen solarthermischen Kraftwerkstypen oder zu photovoltaischen Kraftwerken. Durch Serienproduktion erhofft man sich allerdings eine deutliche Kostenreduktion. Abb. 3.59 zeigt zwei EuroDish-Stirling-Anlagen auf der Plataforma Solar de Almería (PSA) in Spanien.

Die zentralen Komponenten einer Dish-Stirling-Anlage – Konzentrator, Nachführung, Receiver und Stirlingmotor – werden im Folgenden näher erläutert.

Konzentrator

Bei der Konstruktionsweise von Konzentratoren setzte man zunächst auf die Metallmembran-Technik. Dünne Edelstahlbleche mit einer Stärke von 0,2 bis 0,5 mm werden hierbei durch Tiefziehen in die gewünschte Form gebracht, die während des

Betriebs durch geringen Unterdruck im Konzentratorgehäuse gestärkt wird. Den steifen und präzisen Konzentratoren steht jedoch ein hoher Montageaufwand vor Ort mit beträchtlichen Kosten gegenüber. Erst eine größere Anzahl von Systemen an einem Aufstellort kann die Kosten verringern.

Beispiele für die Metallmembran-Technologie sind die Projekte TDSA in der Nähe von Riad (Saudi-Arabien) und DISTAL II auf dem Testzentrum PSA. Im Projekt TDSA wurden 1986 zwei Dish-Stirling-Anlagen mit einem Durchmesser von je 17 m und einer reflektierenden Fläche von 227 m^2 fertiggestellt und bis Mitte der 1990er-Jahre kontinuierlich betrieben. Bei beiden Anlagen handelt sich um die ersten großen Konzentratoren in Metallmembran-Bauweise. Sie weisen eine Leistung von je 50 kW und einen mittleren Konzentrationsfaktor von 600 auf. Sie stellen bis heute die weltgrößten Dish-Stirling-Systeme dar. Für das Projekt DISTAL II wurden 1997 drei Anlagen mit neuartiger Laserschweißtechnik auf der PSA errichtet. Mit einem Durchmesser von 8,5 m und einer Fläche von 57 m^2 sind sie deutlich kleiner als ihre Vorgänger. Die Anlagen mit einer Leistung von je 10 kW und einem mittleren Konzentrationsfaktor von 2400 dienten zu Demonstrations- und Testzwecken und wurden zusammen mit dem DLR bis 2003 über 10.000 Stunden betrieben.

Neuere Entwicklungen konzentrieren sich eher auf kleine, kostengünstige Anlagen, die die Markteinführung erleichtern sollen. EuroDish (siehe Abb. 3.59) weist wie DISTAL II einen Konzentrator mit 8,5 m Durchmesser und einer reflektierenden Fläche von 57 m^2 auf, ist aber als dünnwandige Sandwichschale aus faserverstärktem Epoxidharz ausgeführt. Die Konzentratorschale besteht aus zwölf gleichen Segmenten. Die einzelnen Segmente werden auf einem sehr präzisen Formwerkzeug laminiert, wärmebehandelt und durch rückseitig angebrachte Rippen versteift. Die Vorderseite wird mit 0,9 mm dicken Dünnglasspiegeln beklebt, die so erreichte Reflektivität liegt bei rund 94 %. Für den Aufbau der Anlage werden die Schalensegmente angeliefert und vor Ort in einer Drei-Punkt-Lagerung auf einen Fachwerk-Ringträger montiert. Die Justierung erfordert lediglich ein optisches Nivellierinstrument. Anschließend werden die radialen Kanten verklebt, was zu einem sehr steifen und leichten Bauteil führt.

Die ersten beiden EuroDish-Anlagen werden seit 2000 auf der PSA betrieben. Sie dienen in erster Linie der Erprobung neuer Komponenten. Weitere Einzelanlagen wurden 2002 auf dem Firmengelände der CESI in Mailand (Italien) und 2004 in der Nähe von Würzburg, auf einem Forschungsgelände in Berglage in Odeillo (Frankreich) und auf dem ehemaligen EXPO-Gelände in Sevilla (Spanien) errichtet und dauerhaft betrieben. Diese Referenzanlagen liefern Langzeiterfahrungen an Standorten mit unterschiedlichen Randbedingungen: starke direkte Solarstrahlung in Sevilla im Gegensatz zu einem moderaten Klima in Würzburg und harten Betriebsbedingungen in 1800 m Höhe in Odeillo mit einer sehr hohen Sonneneinstrahlung und starkem Frost bzw. Schneefall im Winter.

Andere Wege beim Bau der Konzentratoren werden in den USA eingeschlagen. Die Firmen SES und Infinia setzen auf Kostenreduktion durch Komponenten, die aus der

Automobil-Zuliefererbranche bezogen werden. So lässt Infinia die Schüssel des PowerDish von der Firma Cosma, einer Tochter der Magna-Gruppe, fertigen. Die Streben und Spiegelwannen des SunCatchers von SES stammen von der Firma Tower Automotive. Auch die Konstruktionsweise der amerikanischen Schüsseln unterscheidet sich von der des EuroDish. Der SunCatcher der Firma SES besteht aus einer parabolischen Anordnung von 40 Einzelspiegeln mit einem Gesamtdurchmesser von 10,6 m und einer reflektierenden Oberfläche von 89 m^2. Die parabolisch geformten Spiegel werden aus Blech gestanzt. Kostensenkungen werden durch Massenproduktion und eine einfache Wartung erzielt. Das SunCatcher-System hat eine Leistung von 25 kW pro Einheit bei einem Wirkungsgrad von 31 %. Erprobt wird es derzeit in einer kleineren Anlage in Arizona. Das Maricopa Solar Projekt besteht aus 60 Schüsseln mit einer Gesamtleistung von 1,5 MW. Es befindet sich in der Nähe von Phoenix und ist seit Januar 2010 in Betrieb. Das Dish-Stirling-System von Infinia ist erheblich kleiner als das von SunCatcher: Die Schüssel hat einen Durchmesser von nur 4,7 m. Die 6 einzelnen Spiegelsegmente bestehen aus faserverstärktem Kunststoff und Glas. Bei einer Leistung von 3,2 kW und einem Wirkungsgrad von 24 % wiegt das gesamte System weniger als eine Tonne [51, 52].

Nachführung

Um bestmögliche Effizienz des Systems zu erreichen, muss der Konzentrator während des Betriebs exakt auf die Sonne ausgerichtet sein, was eine zweiachsige Nachführung erforderlich macht. Diese Bewegung kann, wie beim EuroDish angewandt, durch eine azimutale Montierung erfolgen. Hierbei verlaufen die Azimutachse orthogonal und die Elevationsachse parallel zur Erdoberfläche. Die azimutale Bewegung erfolgt durch den Drehstand, der als Rohrkonstruktion ausgeführt ist und auf sechs Rädern mit dem zentralen Azimutlager auf einem ringförmigen Fundament abrollt. Der Konzentrator ist in Elevationslagern eingehängt, welche sich in 5,7 m Höhe auf dem Drehstand befinden. Da die hohen Drehmomente, die unter Windlast auftreten können, über Rollenketten und Antriebsbögen mit einem Durchmesser von 9,3 m in die Antriebe eingeleitet werden, können kleine und preisgünstige Getriebe und Motoren verwendet werden. Die exakte Nachführung nach dem Sonnenlauf erfolgt computergesteuert. Bedienung und Diagnose können von einem beliebigen Ort ausgeführt werden, da die Anlage über das Internet fernüberwacht werden kann [51, 52].

Receiver

Der Receiver absorbiert die vom Parabolspiegel reflektierte und konzentrierte Solarstrahlung und überträgt die Wärmeenergie auf das Arbeitsgas im Motor. Dabei soll zum einen ein möglichst hoher Anteil der Solarstrahlung absorbiert und gleichzeitig die Infrarotstrahlung so gering wie möglich gehalten werden, andererseits sind für den Stirling-Kreisprozess hohe Temperaturen, hohe Drücke des Arbeitsgases und ein kompakter Wärmeaustauscher erforderlich.

Der im EuroDish eingesetzte Receiver ist aus 78 Einzelrohren aufgebaut, die aus einer hochtemperatur- und korrosionsbeständigen Nickelbasislegierung bestehen. Die Rohre haben einen Außendurchmesser von 3 mm bei einer Wandstärke von 0,6 mm. Über einen Sammler sind sie an den Arbeitsraum des Motors angeschlossen. Die Temperatur-überwachung erfolgt durch rückseitig an den Rohren angebrachte Thermoelemente. Auf den dem Reflektor zugewandten Rohrvorderseiten des Receivers werden maximale Temperaturen von etwa 900 °C erreicht. Der mittlere Druck des Arbeitsgases steigt bis zu 150 bar. Zur Verringerung von Verlusten durch Konvektion und infraroter Abstrahlung wird vor dem Receiver mit Hilfe eines wassergekühlten Aluminiumzylinders ein Hohlraum mit Öffnung in der Brennebene gebildet. Die Rückseite des Receivers wird durch eine keramische und vollständig in Edelstahlblech gekapselte Isolierung abgeschirmt.

Um den Stirlingmotor auch bei geringer und mittlerer Einstrahlung mit hohem Wirkungsgrad betreiben zu können, empfiehlt es sich, die Fläche des Konzentrators um 25 % gegenüber der bei Nennleistung benötigten Fläche zu vergrößern. Bei Einstrahlungen über ca. 850 W/m^2 muss dann zwar eine Leistungsabregelung durch ein kleines auf die Receiverrohre gerichtetes Gebläse erfolgen, wodurch bei hoher Einstrahlung Energie verschenkt wird. Über das Jahr gesehen führt dies aber gerade bei Standorten mit relativ wenigen Stunden mit maximaler Einstrahlung zu einem Gewinn von fast 30 % [51].

Stirlingmotor

Derzeit sind folgende Stirlingmotoren für den Einsatz in Dish-Stirling-Systemen besonders relevant: der kinematische Stirlingmotor Stirling 161 der Solo Kleinmotoren GmbH mit 11 kW und dem Arbeitsgas Helium (z. B. im EuroDish, SBP), der kinematische Stirlingmotor Stirling 4–95 von Kockums (ehemals United Stirling) mit 25 kW und dem Arbeitsgas Wasserstoff (z. B. im SunCatcher, SES) und der Infinia Freikolben-Stirlingmotor mit 3,2 kW und dem Arbeitsgas Helium, der ohne Kurbelwelle arbeitet. Allen gemein ist, dass sie ursprünglich für andere Zwecke entwickelt und dann erst an die solare Wärmequelle angepasst wurden.

Der beim EuroDish eingesetzte Stirling 161 basiert auf dem ursprünglich von United Stirling AB entwickelten V 160. Seit 2002 stellt die Solo Kleinmotoren GmbH den Stirling 161 nach einer etwa zehnjährigen Entwicklungsphase in Kleinserienfertigung her. Der Motor wird mit Helium als Arbeitsgas betrieben. Bei einem mittleren Druck von 150 bar, einer Gastemperatur von 650 °C und einer Drehzahl von 1500 min^{-1} erreicht der Motor eine elektrische Leistung von 9 bis 10 kW. Die Zylinder werden mit Wasser gekühlt, welches im geschlossenen Kreislauf mit Hilfe einer Umwälzpumpe durch einen Wasser/Luftkühler rückgekühlt wird. Die Kurbelwelle ist mit einem Asynchrongenerator verbunden, der den produzierten Strom direkt ins Netz einspeist. Der Arbeitsgasdruck im Motor wird durch die Mikroprozessor-Motorregelung mittels Ventilen, einem Kompressor und einem Hochdruck-Vorratsbehälter entsprechend des solaren Leistungsangebots gesteuert [51, 53].

3.5.5   Aufwind-Kraftwerke

Unter den solarthermischen Kraftwerken nimmt das Aufwind-Kraftwerk eine Sonderrolle ein. Da keine Konzentration des Sonnenlichts erfolgt, kann sowohl die direkte als auch die indirekte Solarstrahlung genutzt werden. Es ist somit auch für Gegenden mit einem höheren Diffusanteil der Solarstrahlung geeignet. Obwohl die Idee bereits über 100 Jahre alt ist, wurde das Aufwindkraftwerk erst durch Entwicklungen des Ingenieurbüros Schlaich Bergermann und Partner (SBP) zu Beginn der 1980 Jahre entscheidend vorangetrieben. Dabei ist der Aufbau äußerst einfach, es besteht aus den drei Hauptkomponenten Kollektorfeld, Turbine und Kaminröhre. Genutzt werden zwei Phänomene: der Treibhauseffekt und der Kamineffekt.

In einem Warmluftkollektor, welcher aus einem transparenten, kreisförmigen Dach sowie dem darunter liegenden natürlichen Boden besteht, wird durch Sonnenstrahlung Luft erwärmt. In der Mitte des Kollektors befindet sich ein großer Kamin mit Zuluftöffnungen. Da warme Luft eine geringere Dichte hat als kalte, strömt die erwärmte Luft zur Mitte des Feldes und steigt mit großer Geschwindigkeit durch die Kaminröhre nach oben. Es entsteht ein Sog, wodurch weitere Luft aus dem Kollektor angesaugt wird. Da der Kollektor am Umfang offen ist, kann der unter dem Dach entstehende Unterdruck durch über die äußeren Ränder des Kollektors ungehindert nachströmende Luft ausgeglichen werden. Im Kamin entsteht so ein kontinuierlicher Aufwind. Am unteren Ende der Kaminröhre sind druckgestufte Windturbinen angebracht, die die Strömungsenergie des Aufwindes zunächst in mechanische und über Generatoren in elektrische Energie umwandeln. Die Funktionsweise von Aufwindkraftwerken wird schematisch in Abb. 3.60 dargestellt. Für Aufwind-Kraftwerke werden eine hohe Lebensdauer, niedrige Betriebskosten und daraus resultierend geringe Stromgestehungskosten prognostiziert.

Ein wichtiges Kriterium für die Kapazität eines Aufwindkraftwerks ist dessen Größe. Da der Turmwirkungsgrad linear mit der Höhe des Turms ansteigt, erscheint es

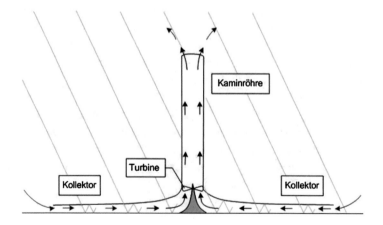

Abb. 3.60 Funktionsprinzip eines Aufwind-Kraftwerkes (nach [54])

Tab. 3.4 Abmaße für Aufwindkraftwerke bei unterschiedlichen Nennleistungen [54, 55]

Nennleistung	[MW]	5	30	100	200
Turmhöhe	[m]	550	750	1000	1000
Turmdurchmesser	[m]	45	70	110	120
Kollektordurchmesser	[m]	1250	2950	4300	7000
Strombereitstellung, Standort A	[GWh/a]	14	99	320	680
Strombereitstellung, Standort B	[GWh/a]	11	68	250	532
Baukosten, gesamt	[Mio. €]	45	163	414	695
Stromgestehungskosten, Standort A	[€/kWh]	0,16	0,12	0,09	0,07
Stromgestehungskosten, Standort B	[€/kWh]	0,30	0,17	0,12	0,09

wirtschaftlich sinnvoll, Aufwindkraftwerke möglichst groß auszulegen. Angedacht sind daher Kollektordächer mit Durchmessern von mehreren Kilometern und Kamine mit Höhen von 1000 bis 1500 m. Ein so dimensioniertes Aufwindkraftwerk kann eine Leistung von 100 bis 200 MW erzeugen. Tab. 3.4 zeigt den Zusammenhang zwischen Anlagengröße, Investitionskosten und Stromgestehungskosten. Dabei entspricht Standort A einer Sonneneinstrahlung von 2300 kWh/(m^{2}a), was für die sonnenreichsten Regionen der Welt zutrifft, und Standort B einer Sonneneinstrahlung von 1800 kWh/(m^{2}a), ein typischer Wert für die sonnenreichen Regionen im Süden Spaniens.

Die vier wesentlichen Komponenten eines Aufwindkraftwerks – Kollektor, Speicher, Kamin und Turbine – werden im Folgenden näher beschrieben [54, 55].

Kollektor

Der Kollektor besteht aus transparenten Glas- oder Plastikscheiben bzw. Plastikfolien, die einige Meter über dem Boden horizontal aufgespannt werden. Plastikfolie verursacht die geringsten Investitionskosten, Glas ist jedoch beständiger und wartungsärmer. Eine Kombination aus beiden Werkstoffen kann aus Kostengründen sinnvoll sein. Die Höhe des Dachs nimmt zum Turm hin zu, um so die Luft mit minimalen Reibungsverlusten in die vertikale Bewegung umzulenken. Wie in einem Treibhaus tritt die kurzwellige Sonnenstrahlung durch das Kollektordach ein, wird vom Boden absorbiert und als langwellige Wärmestrahlung wieder abgestrahlt. Die Luft im Kollektor erwärmt sich, da die Wärmestrahlung das Kollektordach nicht mehr passieren kann, siehe Abb. 3.61 [54, 55].

Speicher

Um das Aufwindkraftwerk kontinuierlich betreiben zu können, wird ein thermischer Speicher benötigt. Dazu werden im Kollektor schwarze, wassergefüllte Rohre oder Schläuche nebeneinander auf dem Boden ausgelegt. Bei Sonnenschein absorbieren sie Wärme, die nachts bei abfallender Temperatur langsam wieder abgegeben wird und so eine Unterbrechung der Luftströmung verhindert. Wassergefüllte Speicherelemente sind aufgrund der höheren Wärmekapazität und Wärmeleitfähigkeit des Wassers und der größeren Wärmeübertragungsfläche deutlich effizienter als die Wärmespeicherung im Erdboden.

Abb. 3.61 Prinzip des
Treibhauseffektes

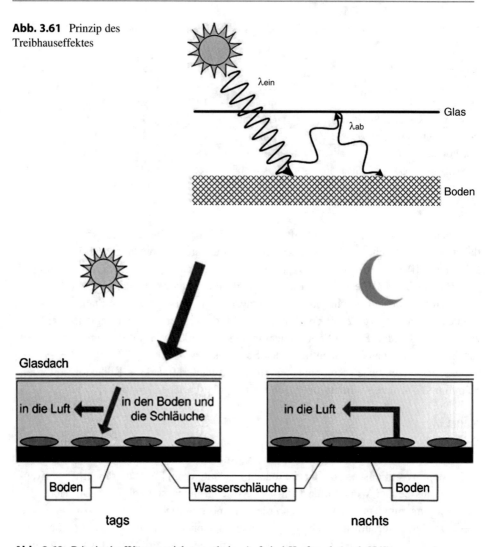

Abb. 3.62 Prinzip der Wärmespeicherung beim Aufwind-Kraftwerk (nach [54])

In sonnenreichen Regionen wird so ein 24-stündiger Betrieb der Anlage möglich. Die
Funktionsweise der Wärmespeicherung mit Hilfe von Wasserschläuchen ist in Abb. 3.62
dargestellt [54, 55].

Kamin
Der freistehende Kamin kann aus unterschiedlichen Materialien gebaut werden. Am besten
eignet sich Stahlbeton. Weitere Möglichkeiten sind abgespannte Stahlblechröhren sowie
blech- oder membranverkleidete Kabelnetzbauweisen. Um kleinere Wandstärken zu ermöglichen, ist eine Aussteifung des Turms durch mehrere im Querschnitt gespannte

Speichenräder sinnvoll. Aufgrund der geringeren Dichte der warmen Luftsäule im Kamin gegenüber der Außenluft ergibt sich eine Druckdifferenz, durch die die Luft beschleunigt wird. Es entsteht ein Aufwind. Durch mehrere vertikal im unteren Teil des Kamins angeordnete Turbinen oder durch horizontale Turbinen, die sich am Übergang vom Kollektor zum Kamin befinden, wird diese Energie genutzt und über Generatoren in elektrische Energie umgewandelt. Um die Reibungsverluste gering zu halten, besitzt der Kamin einen relativ großen Durchmesser. Die Aufwindgeschwindigkeit der Luft ist etwa proportional zum Anstieg der Lufttemperatur im Kollektor und der Turmhöhe. In großen Anlagen führt eine Temperaturdifferenz von etwa 30 bis 35 K zu einer Aufwindgeschwindigkeit im Turm von rund 15 m/s [54, 55].

Turbine

Die vierte Kernkomponente von Aufwindkraftwerken ist die Turbine. Möglich sind Turbinen sowohl mit vertikaler als auch horizontaler Achse. Bei Vertikalachsenturbinen werden einzelne, große Turbinen im Inneren der Turmröhre installiert. Als Horizontalachsenturbinen werden kleinere, wesentlich billigere Turbinen gewählt. Diese werden in größerer Anzahl ringförmig am Fuß des Turms, also am Übergang von Kollektor zum Turm, angebracht. Nach neueren Kostenabschätzungen ist diese Variante günstiger. Außerdem kann durch die Aufteilung in mehrere Einzelturbinen eine hohe Verfügbarkeit erzielt werden, da das Abschalten einzelner Turbinen zu keinem Totalausfall führt. Die Anlage kann durch das Ab- und Zuschalten von Einzelturbinen gesteuert werden, wodurch sich ebenfalls das Teillastverhalten verbessert.

Aufwindkraftwerke weisen sehr geringe Wirkungsgrade auf. Selbst bei hohen Türmen wird nur etwa 1 % der Sonnenenergie in elektrische Energie umgewandelt, was an den geringen Temperatur- bzw. Druckgradienten liegt. Andererseits sprechen für die Technologie auch entscheidende Vorteile, die hier zusammengefasst werden:

- Für Aufwindkraftwerke ist kein Kühlwasser erforderlich. Gerade in sonnenreichen, regenarmen Regionen ist dies ein entscheidender Vorteil.
- Sowohl direkte als auch diffuse Strahlung wird genutzt, wodurch auch bei Bewölkung Energie produziert werden kann.
- Sowohl der Boden als auch wassergefüllte Rohre unter dem Kollektor sind preiswerte und einfache Wärmespeicher. Auch in Abwesenheit der Sonne kann dadurch eine konstante Menge an Energie produziert werden.
- Turbine und Generator sind die einzigen beweglichen Teile. Diese sind einer nahezu gleichbleibenden Belastung durch stationäre Luftströmung ausgesetzt. Daher sind Aufwindkraftwerke sehr zuverlässig bei geringem Wartungsaufwand.
- Zum Bau sind nur einfache Materialien wie Beton, Glas und Stahl notwendig, welche in ausreichenden Mengen vorhanden sind. Diese können lokal bezogen werden, wodurch die Wirtschaft vor Ort unterstützt wird und Arbeitsplätze geschaffen werden können.

Bei Aufwind-Kraftwerken ist der Energieertrag proportional zu Globalstrahlung, Turmhöhe und Kollektorfläche. Je nach Standort können hierzu unterschiedliche Abmessungen der Komponenten wirtschaftlich sinnvoll sein. In einem Land mit hohen Kosten für Stahlbeton macht es Sinn, den Turm niedriger, dafür die Kollektorfläche größer zu dimensionieren. Umgekehrt kann auch ein höherer Turm gebaut werden, wenn Kollektorflächen verhältnismäßig teuer sind. Die Technologie von Aufwind-Kraftwerken ist zwar prinzipiell ausgereift, wurde aber bisher im kommerziellen Maßstab noch nicht realisiert. Da im Gegensatz zu konzentrierenden solarthermischen Kraftwerken nur große Anlagen wirtschaftlich sinnvoll sind, ist das finanzielle Risiko für potentielle Investoren dementsprechend hoch.

Im Jahr 1981/82 baute BSP mit Mitteln des deutschen Bundesministeriums für Forschung und Technologie (BMFT) in Manzanares, etwa 150 km südlich von Madrid (Spanien), ein kleines Aufwindkraftwerk mit einer Nennleistung von 50 kW. Der Kollektor hatte einen Durchmesser von 240 m bei 1,85 m mittlerer Höhe, der Kamin war 195 m hoch und hatte einen Durchmesser von 10 m. Die Anlage wurde 1982 für eine geplante Laufzeit von 3 Jahren in Betrieb genommen. Während dieser Zeit wurde eine Vielzahl von Experimenten und Optimierungen durchgeführt. Von Mitte 1986 bis Anfang 1989 lief die Anlage weitere 32 Monate mit einer Verfügbarkeit von über 95 % fast störungsfrei im Dauerbetrieb. Da für das Projekt begrenzte Fördergelder zur Verfügung standen, wurde eine günstige Bauweise auf Kosten der Lebensdauer gewählt. Der Kollektor bestand aus Plastikfolie, die mit der Zeit versprödete und zu Rissbildung neigte. Der Kamin wurde aus 1,25 mm starkem Stahlblech gebaut und alle 4 m durch außenliegende Fachwerkträger unterstützt. Bei den Abspannstangen wurde auf Korrosionsschutz verzichtet. In Folge führte die einfache Bauweise dazu, dass der Turm einem Orkan im Frühjahr 1989 nicht standhalten konnte und einstürzte. Insgesamt wurde die geplante Lebensdauer aber weit überschritten. Zugleich konnte die technische Realisierbarkeit einer solchen Anlage nachgewiesen und die theoretischen Berechnungen, die dem Projekt zu Grunde lagen, voll bestätigt werden.

Eine weitere Testanlage mit einer Leistung von 200 kW wurde in Jinshawan, in den Wüsten der Inneren Mongolei (China) errichtet und im Dezember 2010 in Betrieb genommen. Die Wärmespeicherung erfolgt hier durch den unter dem Glasdach befindlichen Wüstensand. Durch eine ‚Lufttüre' soll im Winter Windenergie nutzbar gemacht werden, so dass eine ununterbrochene Stromproduktion möglich wird. Bis 2013 soll eine Leistung von 27,5 MW auf einer Fläche von 2,77 km^2 erzielt werden. Zukünftig sind Folgeprojekte in der chinesischen Wüste geplant [54–56].

Literatur

1. VDI Richtlinie, VDI 3789, Blatt 3: Umweltmeteorologie, Wechselwirkungen zwischen Atmosphäre und Oberflächen, Berechnung der spektralen Bestrahlungsstärken im solaren Wellenlängenbereich. Beuth-Verlag, Düsseldorf (2001)

2. Kaltschmidt, M., Streicher, W., Wiese, A. (Hrsg.): Erneuerbare Energien, 4. Aufl. Springer, Berlin (2006)
3. DIN 4710:2003-01: Statistiken meteorologischer Daten zur Berechnung des Energiebedarfs von heiz- und raumlufttechnischen Anlagen in Deutschland. Beuth-Verlag, Berlin (2003)
4. Scharmer, K., Greif, J.: The European Solar Radiation Atlas. École des Mines, Paris (2000)
5. Bayerischer Solaratlas. Bayerisches Staatsministerium für Wirtschaft, Infrastruktur, Verkehr und Technologie. München (2010)
6. DIN 5034:1985-2: Tageslicht in Innenräumen; Grundlagen. Beuth Verlag, Berlin (1985)
7. Hauser, G.: Energieeffizientes Bauen – Umsetzungsstrategien und Perspektiven, FVEE Themen 2008: Energieeffizientes und solares Bauen, S. 7–19. FVEE Forschungsverbund Erneuerbare Energien, Berlin (2008)
8. Kaltschmitt, M., Streicher, W.: Regenerative Energien in Österreich, 1. Aufl. Vieweg + Teubner, Wiesbaden (2009)
9. Bundesverband Solarwirtschaft. http://www.solarwirtschaft.de. (2012) Zugegriffen am 20.08.2012
10. Quaschning, V.: Regenerative Energiesysteme. Technologie – Berechnung – Simulation, 7. Aufl. Carl Hanser, München (2011)
11. Wesselak, V.; Schabbach, T.: Regenerative Energietechnik, 1. Aufl. Springer, Heidelberg (2009)
12. Flabeg GmbH. http://www.flabeg.com/index.php?id=103. (2012) Zugegriffen am 17.02.2012
13. Kleemann, M., Meliß, M.: Regenerative Energiequellen, 2. Aufl. Springer, Berlin (1993)
14. Heidemann, W., Dötsch, C., Müller-Steinhagen, H.: Solare Nahwärme und saisonale Speicherung, FVS Themen 2005: Wärme und Kälte, Energie aus Sonne und Erde, S. 30–37. Forschungsverbund Sonnenenergie, Berlin (2005)
15. DIN EN 12975-2: Thermische Solaranlagen und ihre Bauteile – Kollektoren – Teil 2: Prüfverfahren. Beuth-Verlag, Berlin (2006)
16. Geyer, M., Lerchenmüller, H., Wittwer, V.: Parabolrinnensysteme, FVS Themen 2002: Solare Kraftwerke, S. 14–22. FVS Forschungsverbund Sonnenenergie, Berlin (2002)
17. CNN News: World's largest concentrated solar plant switches on in the Sahara. http://edition.cnn.com/2016/02/08/africa/ouarzazate-morocco-solar-plant/. (2016) Zugegriffen am 07.12.2016
18. Solar Millennium, A.G.: Die Parabolrinnen-Kraftwerke Andasol 1 bis 3. Die größten Solarkraftwerke der Welt; Premiere der Technologie in Europa. Solar Millenium AG, Erlangen (2008)
19. Gazzo, A., Kost, C., Ragwitz, M., et al.: Middle East and North Africa Region Assessment of the Local Manufacturing Potential for Concentrated Solar Power (CSP) Projects. The World Bank. Bericht der Weltbank, Washington, D.C. (2011)
20. Siemens AG, Energy Sector: Siemens UVAC 2010. http://www.energy.siemens.com/fi/pool/hq/power-generation/renewables/solar-power-solutions/concentrated-solar-power/downloads/E50001-W320-A104-V2-4A00_DA_UVACreceiver_US_ohne%20Israel.pdf. Zugegriffen am 11.02.2012
21. Schott AG. http://www.schott.com. (2012) Zugegriffen am 17.02.2012
22. Frey, M.: Kraftwerk mit neuen Dimensionen, SCHOTT solutions 2/2008, S. 16–17
23. Hildebrandt, C.: Hochtemperaturstabile Absorberschichten für linear konzentrierende solarthermische Kraftwerke. Dissertation, Stuttgart (2009)
24. Pitz-Paal, R., Dersch, J., Milow, B.: European Concentrated Solar Thermal Road Mapping, ECOSTAR, SES6-CT-2003-502578, European Commission, 6th Framework Programme. DLR, Köln (2005)
25. Eck, M., Hennecke, K.: Die solare Direktverdampfung – Vergleich mit anderen technologischen Optionen. 10. Kölner Sonnenkolloquium (2007)
26. Eickhoff, M., Zarza, E.: Solare Direktverdampfung in der Praxis. 10. Kölner Sonnenkolloquium (2007)

27. Schaub, A.: DLR Presse Portal. Mehr Leistung und Flexibilität für solarthermische Kraftwerke durch Direktverdampfung und Speicherung. http://www.dlr.de/dlr/presse/desktopdefault.aspx/tabid-10309/472_read-746/year-2011/. (2012) Zugegriffen am 12.02.2012

28. Archimede Solar Energy: Concentrating Solar Power. The new frontier of molten salts. http://www.archimedesolarenergy.it/brochure.pdf. (2012) Zugegriffen am 12.02.2012

29. Coastal Chemical Co., L.L.C.: Hitec Solar Salt. http://www.coastalchem.com/PDFs/HITECSALT/Hitec%20Solar%20Salt.pdf. (2012) Zugegriffen am 12.02.2012

30. Kearney, A.T.: Solar Thermal Electricity 2025. Clean electricity on demand: attractive STE cost stabilize energy production. http://www.atkearney.de/content/veroeffentli-chungen/whitepaper_detail.php/id/51077/practice/telekomm. (2012) Zugegriffen am 12.02.2012.

31. Schaub, A.: DLR Presse Portal. Solarkraftwerke: Flüssiges Salz wird als Wär-meträgermedium getestet. http://www.dlr.de/dlr/presse/desktopdefault.aspx/tabid-10309/472_read-742/year-2011/. (2012) Zugegriffen am 12.02.2012

32. Schott AG: Memorandum zur solarthermischen Kraftwerkstechnologie. http://www.schott.com/solar/german/download/memorandum_de.pdf. (2012) Zugegriffen am 12.02.2012

33. Novatec Solar GmbH. http://www.novatecsolar.com/. (2012) Zugegriffen am 12.02.2012

34. Küsgen, F., Küser, D.: Fresnel-Kollektoren an der Schwelle zur Marktreife. Demo-Projekt erfolgreich – semi-kommerzielle Anlage in der Planung. Energy 2.0, S. 54–56, Mai (2009)

35. Mertins, M.: Technische und wirtschaftliche Analyse von horizontalen Fresnel-Kollektoren. Dissertation, Karlsruhe (2009)

36. Novatec Solar GmbH: Fresnel Kollektor von Novatec Solar erzeugt überhitzten Dampf über 500 °C. http://www.novatecsolar.com/files/110928_supernova_deutsch_1.pdf. (2012) Zugegriffen am 12.02.2012

37. Lerchenmüller, H., Mertins, M., Morin, G.: BMU-Fresnel – Technische und wirt-schaftliche Machbarkeits-Studie zu horizontalen Fresnel-Kollektoren. Ab-schlussbericht. http://publica.fraunhofer.de/documents/N-68511.html. (2012) Zugegriffen am 14.11.2011

38. Buck, R.: Solare Turmtechnologie – Stand und Potenzial. 11. Kölner Sonnen-kolloquium 2008. http://www.dlr.de/sf/Portaldata/73/Resources/dokumente/Soko/Soko2008/Vortraege/1_Solare_Turmtechnologie_Stand_und_Potenzial.pdf. (2012) Zugegriffen am 12.02.2012

39. Weinrebe, G.: Technische, ökologische und ökonomische Analyse von solar-thermischen Turmkraftwerken. Dissertation, Stuttgart (2000)

40. GE Renewable Energy: Ashalim Power Station, Israel. https://www.gerenewableenergy.com/content/dam/gepower-renewables/global/en_US/documents/csp-solar/GEA32278_Ashalim_Case_Study_VDEF.pdf. (2016) Zugegriffen am 08.12.2016

41. BINE Informationsdienst. http://www.bine.info/themen/energieerzeugung/news/erstes-turmkraft werk-in-nordafrika/. Zugegriffen am 21.12.2012

42. Wieghardt, K.: Salzturm: Der machbare Weg zur signifikanten Kostenreduktion. 14. Kölner Sonnenkolloquium. Forschung und Entwicklung für solarthermische Kraftwerke (2011)

43. Buck, R.: Carnotisierung von CSP: Punktfokussierende Systeme. 14. Kölner Sonnenkolloquium. Forschung und Entwicklung für solarthermische Kraftwerke (2011)

44. Pitz-Paal, R., Buck, R., Hoffschmidt, B.: Solarturmkraftwerkssysteme. FVS Themen 2002: Solare Kraftwerke, S. 23–29. ForschungsVerbund Sonnenenergie, Berlin (2002)

45. Hoffschmidt, B., Téllez, F.M., Valverde, A.: Performance evaluation of the 200-kWth HiTRec-II open volumetric air receiver. J. Sol. Energy Eng. **125**, 87–94 (2003)

46. Ortega, J.I., Burgaleta, J.I., Téllez, F.M.: Central receiver system solar power plant using molten salt as heat transfer fluid. J. Sol. Energy Eng. **130**, 024501-1–024501-6 (2008)

47. Solucar: 10 MW Solar Thermal Power Plant for Southern Spain. Final Technical Progress Report. http://ec.europa.eu/energy/res/sectors/doc/csp/ps10_final_report.pdf. (2012) Zugegriffen am 12.02.2012

48. Ring, A.: SOLGATE. Solar hybrid gas turbine electric power system, Final Pub-lishable Report. http://ec.europa.eu/research/energy/pdf/solgate_en.pdf. (2012) Zugegriffen am 14.02.2012
49. Buck, R.: Sonnenstrom aus Gasturbinen. DLR Nachrichten 109 – Sonderheft Solarforschung. Deutsches Zentrum für Luft- und Raumfahrt, Köln (2005)
50. Pitz-Paal, R.: Solarthermische Kraftwerke – endlich wird gebaut. 70. Physikertagung in München. Klimaschutz und Energieversorgung. Bad Honnef 2006. http://www.Renewables.com/Startseite/Roadmap.pdf. (2012) Zugegriffen am 11.02.2012
51. Laing, D., Schiel, W., Heller, P.: Dish-Stirling-Systeme. Eine Technologie zur dezentralen solaren Stromerzeugung. FVS Themen 2002: Solare Kraftwerke, S. 30–34. ForschungsVerbund Sonnenenergie, Berlin (2002)
52. Schlaich Bergermann und Partner: Sonne – Dish Stirling. Technologie und Projekte. http://www.sbp.de/de#sun/category/100-Dish_Stirling?text_only=true. (2012) Zugegriffen am 16.02.2012
53. Kongtragool, B., Wongwises, S.: A review of solar-powered Stirling engines and low temperature differential Stirling engines. Renew. Sustain. Energy Rev. **7**, 131–154 (2002)
54. Schlaich, J., Weinrebe, G.: Strom aus heißer Luft. Das Aufwindkraftwerk. Phys. Unserer Zeit. **36**, 212–218 (2005)
55. Weinrebe, G., Bergermann, R., Schlaich, J.: Commercial aspects of solar up-draft towers. http://www.scribd.com/doc/47966989/SolarUpdraftTowerCommercialAspects. (2012) Zugegriffen am 16.02.2012
56. Shasha, D.: China's first solar chimney plant starts operating in desert. http://www.gov.cn/english/2010-12/28/content_1773883.htm. (2012) Zugegriffen am 16.02.2012

Nutzung der Windenergie

4

4.1 Entstehung der Luftströmung

Die ungleichmäßige Sonneneinstrahlung auf die Erdoberfläche verursacht eine unterschiedliche Erwärmung des Festlandes und der Ozeane sowie der darüber befindlichen Luftmassen. Die resultierenden Dichteunterschiede bewirken eine aufsteigende oder abfallende Luftströmung, die sich in Luftdruckunterschieden äußert. In der Folge entwickeln sich Hoch- und Tiefdruckgebiete. Die ausgleichende Luftströmung, der Wind, die mit einem Stoff- und Energietransport verbunden ist, erfolgt in Bodennähe stets in Richtung des Druckgefälles von Gebieten höheren Luftdrucks zu Gebieten niedrigeren Luftdrucks.

Im Bereich beider Pole geschieht die Sonneneinstrahlung aufgrund des flacheren Einfallswinkels und des längeren Weges, den die Strahlung durch die Atmosphäre zurücklegt, wesentlich geringer als am Äquator. Um den Äquator entsteht wegen der beständigen Aufwärtsströmung warmer Luft ein Band niedrigen Luftdrucks. Zum Austausch polarer und äquatorialer Luftmassen bilden sich globale Windsysteme aus, die durch die ablenkende Kraft der Erdrotation, der Coriolis-Kraft, von West nach Ost von ihrer idealen Strömungsrichtung vom Äquator zu den Polen bzw. umgekehrt abgelenkt werden. Auf der Nordhalbkugel wird ein Nordwind allmählich zu einem Nordostwind, während ein Südwind zu einem Südwestwind abgelenkt wird. Auf der Südhalbkugel werden die Winde dagegen nach links abgelenkt.

Neben diesen globalen Strömungssystemen verursacht die Verteilung von Land- und Wassermassen, die unterschiedliche Wärmekapazitäten aufweisen, die Ausbildung von Windgürteln nach Abb. 4.1. Lokale Hoch- und Tiefdruckgebiete wirken sich ebenfalls auf das Luftzirkulationssystem aus. Alle Winde sind Bestandteile eines geschlossenen Strömungskreislaufs. Um jedes Tiefdruckgebiet bildet sich eine Spirale, in der die Luftmassen in Bodennähe dem Kern zustreben, dort zum Aufsteigen gezwungen werden und in einer Höhe von 7,5 bis 18 km seitlich abströmen. In einem Hochdruckgebiet sinken diese Luftmassen schließlich spiralförmig mit entgegen gesetzter Drehrichtung zu Boden. Es

© Springer Fachmedien Wiesbaden GmbH 2018
G. Reich, M. Reppich, *Regenerative Energietechnik*,
https://doi.org/10.1007/978-3-658-20608-6_4

Abb. 4.1 Luftzirkulation-
system der Erde [1]

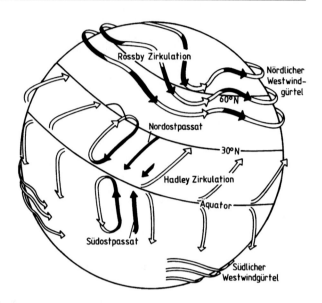

bildet sich ein Wirbel, in dem die Luftmassen in Bodennähe nach außen strömen. Das Luftzirkulationssystem der Erde ist in Bereichen der Westwindgürtel, in denen sich auch Deutschland befindet, durch höhere bodennahe Strömungsgeschwindigkeiten als in Äquatornähe gekennzeichnet. Demzufolge ist das Windenergiepotenzial in Zonen mit gemäßigtem Klima, die von den Polarkreisen bis zum 40. nördlichen bzw. südlichen Breitengrad reichen, größer als in sonnenreichen Regionen. Aus Abb. 4.2 sind geeignete und ungeeignete Regionen zur Nutzung der Windenergie ersichtlich.

Neben den genannten großräumigen Effekten wird die Luftströmung in Bodennähe bis zu einer Höhe von etwa 2000 m über dem Erdboden unter anderem von der Topografie, der Beschaffenheit der Erdoberfläche und der Wetterlage bestimmt. Diese bodennahe Luft-strömung ist für die technische Nutzung von Bedeutung.

4.2   Charakteristik der Windströmung

Die Windströmung lässt sich durch Windgeschwindigkeit und Windrichtung charakteri-sieren. Bei der Messung der Windgeschwindigkeit werden Momentan- und Mittelwerte unterschieden; beide Werte werden mithilfe von Anemometern gemessen. Die Messung der momentanen Windgeschwindigkeit erfolgt mittels Druckplatten-Anemometern, deren Funktionsweise auf der Auslenkung einer senkrecht zur Windrichtung pendelnd gelagerten Platte beruht, oder mittels Staudruckmessern wie das Pitot-Rohr oder das Prandtlsches Staurohr. Als Mittelwertmesser dienen Schalenkreuz-Anemometer und Flügelrad-Anemo-meter. Die Messung der Windgeschwindigkeit erfolgt vereinbarungsgemäß in einer Höhe von 10 m über Grund. Die Windgeschwindigkeit wird in Windstärken nach der Beaufort-Skala eingeteilt, Tab. 4.1.

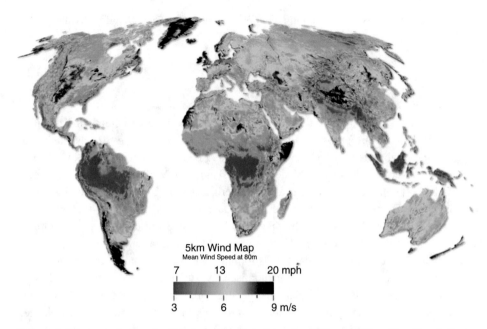

Abb. 4.2 Jahresmittelwerte der Windgeschwindigkeit in einer Höhe von 80 m über Grund, Raster 5 km × 5 km (© 2015 Vaisala Inc.)

Tab. 4.1 Windstärken nach der Beaufort-Skala

Bft	Bezeichnung	Mittlere Windgeschwindigkeit (10-Minuten-Mittelwerte)		Winddruck
		[m/s]	[km/h]	[kg/m^2]
0	Windstille	0–0,2	0–1	0
1	Leiser Zug	0,3–1,5	1–5	0–0,1
2	Leichter Wind	1,6–3,3	6–11	0,2–0,6
3	Schwacher Wind	3,4–5,4	12–19	0,7–1,8
4	Mäßiger Wind	5,5–7,9	20–28	1,9–3,9
5	Frischer Wind	8,0–10,7	29–38	4,0–7,2
6	Starker Wind	10,8–13,8	39–49	7,3–11,9
7	Steifer Wind	13,9–17,1	50–61	12,0–18,3
8	Stürmischer Wind	17,2–20,7	62–74	18,4–26,8
9	Sturm	20,8–24,4	75–88	26,9–37,3
10	Schwerer Sturm	24,5–28,4	89–102	37,4–50,5
11	Orkanartiger Sturm	28,5–32,6	103–117	50,6–66,5
12	Orkan	> 32,6	> 117	> 66,5

Eine näherungsweise Umrechnung der Windstärke nach der Beaufort-Skala in die Windgeschwindigkeit in m/s kann mittels

$$w = 2 \cdot Bft - 1 \tag{4.1}$$

vorgenommen werden.

Aus Einzelmessungen werden Jahresmittelwerte der Windgeschwindigkeit bestimmt, die in Windkarten kartografisch aufbereitet werden. Für eine erste Abschätzung der Eignung eines Standortes zur Nutzung der Windenergie können sogenannte Windatlanten herangezogen werden, die für verschiedene Bundesländer zur Verfügung stehen. Beispielsweise liefert [2] einen Überblick über die Windverhältnisse in Bayern auf Grundlage von Messungen des Deutschen Wetterdienstes in den Jahren von 1971 bis 2000 und von 2005 bis 2009. Die mittlere Windgeschwindigkeit wird in 10 m, 80 m und 140 m über Grund kartografisch mit einer horizontalen Auflösung von 200 m dargestellt.

Innerhalb Deutschlands weist die Windströmung eine ausgeprägte räumliche und zeitliche Angebotscharakteristik auf. Die geografische Verteilung der Windgeschwindigkeit zeigt Abb. 4.3. Erkennbar ist ein Geschwindigkeitsgefälle von Nordwesten nach Südosten. Die höchsten Windgeschwindigkeiten treten auf den Inseln, an der Nord- und Ostseeküste, in den norddeutschen Bundesländern sowie in den Mittelgebirgen und in den Alpen auf.

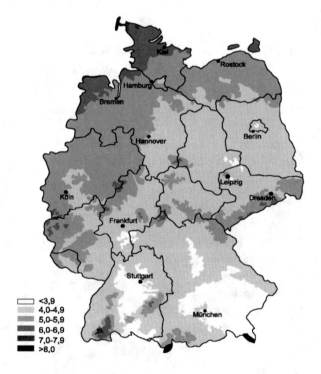

Abb. 4.3 Mittlere Windgeschwindigkeiten in 50 m über Grund in m/s [3]

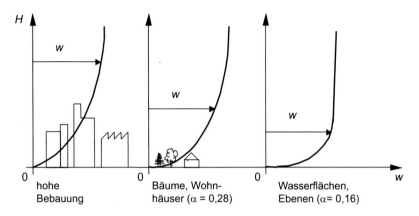

Abb. 4.4 Windgeschwindigkeitsprofile für verschiedene Erdoberflächen

Je nach Standort bestehen ausgeprägte tages- und jahreszeitliche Schwankungen der Windgeschwindigkeit. Die maximale Windgeschwindigkeit tritt in Deutschland überwiegend im Monat November auf, während die minimale Windgeschwindigkeit in den Monaten August und September beobachtet wird.

Die Messung der Windrichtung wird mithilfe von Windfahnen durchgeführt, die sich unter dem Winddruck ausrichten. Die grafische Darstellung erfolgt in Polardiagrammen als sogenannte Windrose. In Deutschland herrschen aufgrund der Lage innerhalb des nördlichen Westwindgürtels westliche bis südwestliche Winde als häufigste Windrichtungen vor.

Bei der Standortwahl von Windkraftanlagen geben die oben genannten Informationsquellen lediglich einen ersten Überblick. Sie ersetzen keinesfalls eine umfassende Standortanalyse durch detaillierte Messungen der Windgeschwindigkeit am vorgesehenen Standort. Die genaue Windmessung ist über einen lückenlosen Mindestzeitraum von zwölf Monaten mithilfe von zwei oder drei kalibrierten Schalenkreuz-Anemometern durchzuführen, die an einem geeignet hohen Messmast montiert sind und einen Mindestabstand von 15 bis 20 m besitzen. Zur Erfassung der Windrichtung werden potenziometrische oder optoelektronische Windfahnen verwendet. Die abschließende Erstellung eines Windgutachtens geschieht unter Berücksichtigung von meteorologischen Langzeitdaten.

Infolge der reibungsbehafteten Windströmung findet eine Abbremsung der Luftmassen an der Erdoberfläche statt. Es bildet sich ein vertikales Geschwindigkeitsprofil gemäß Abb. 4.4 aus. Innerhalb einer Grenzschicht, die eine Höhe von 300 bis 2000 m über Grund erreicht, nimmt die Windgeschwindigkeit bis zu einer ungestörten Windgeschwindigkeit des geostrophischen Windes zu.

Durch Hindernisse auf der Erdoberfläche kann es zu einem Versatz der in Abb. 4.4 dargestellten Grenzschicht vom Boden kommen. Zur ingenieurtechnischen Ermittlung der Windgeschwindigkeit in einer beliebigen Höhe $w = w(H)$ verwendet man die Hell-

Tab. 4.2 Rauigkeitslänge verschiedener Geländetypen zur Verwendung in Gl. 4.3

Geländetyp	Rauigkeitslänge z_0 [mm]
Meer (völlig ruhige, glatte See)	0,2
Meer (bewegte See)	0,5
Rasenflächen	8,0
Weideflächen	10,0
Ackerland	30,0
Felder	50,0
Heideland mit vereinzelten Bäumen	100,0
Wälder	500,0
Vororte	1500,0
Stadtzentren	3000,0

mannsche Höhenformel. Dieser vereinfachte Potenzansatz ist jedoch nur gültig, wenn der Versatz der Grenzschicht vom Boden gleich null ist:

$$w = w_{ref} \left(\frac{H}{H_{ref}} \right)^{\alpha}. \tag{4.2}$$

Eine allgemeinere Beschreibung des vertikalen Windgeschwindigkeitsprofils ermöglicht Gl. 4.3, die jedoch die Kenntnis der für einen Standort geltenden Rauigkeitslänge z_0 voraussetzt.

$$w = w_{ref} \cdot \frac{\ln\left(\frac{H}{z_0}\right)}{\ln\left(\frac{H_{ref}}{z_0}\right)}. \tag{4.3}$$

Beispielhafte Angaben zur Rauigkeitslänge verschiedener Geländetypen enthält Tab. 4.2.

Energie und Leistung der Windströmung lassen sich aus der differentiellen Betrachtung eines Luftmassenelementes dm gemäß Abb. 4.5 ermitteln, das sich während der Zeit dt mit der mittleren Strömungsgeschwindigkeit w gleichförmig in Richtung x durch eine Fläche A bewegt.

Das betrachtete Luftmassenelement dm besitzt die kinetische Energie

$$dE = \frac{1}{2} \cdot dm \cdot w^2. \tag{4.4}$$

Nach Abb. 4.5 lässt sich das Massenelement dm mithilfe des Volumenelementes dV, dieses wiederum mittels durchströmter Fläche A und zurückgelegtem Weg dx ausdrücken

$$dm = \rho_L \cdot dV = \rho_L \cdot A \cdot dx. \tag{4.5}$$

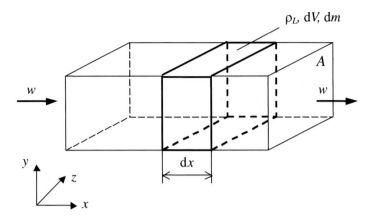

Abb. 4.5 Schematische Darstellung der Strömung eines Luftmassenelementes in x-Richtung

Unter Annahme einer gleichförmigen Luftbewegung mit konstanter Geschwindigkeit w gilt für das zurückgelegte Wegelement dx

$$dx = w \cdot dt.$$

Dieses Wegelement dx wird anschließend in Gl. 4.5 eingesetzt, aus der somit folgt

$$dm = \rho_L \cdot A \cdot w \cdot dt. \tag{4.6}$$

Aus Gl. 4.4 folgt dann mit Gl. 4.6 die Beschreibung der kinetischen Energie des Luftmassenelementes durch

$$dE = \frac{\rho_L}{2} \cdot A \cdot w^3 \cdot dt. \tag{4.7}$$

Für die Windleistung gilt:

$$P = \frac{dE}{dt} = \frac{\rho_L}{2} \cdot A \cdot w^3. \tag{4.8}$$

Die Leistungsdichte ist definiert als Verhältnis der Windleistung nach Gl. 4.8 zur durchströmten Fläche:

$$p = \frac{P}{A} = \frac{\rho_L}{2} \cdot w^3. \tag{4.9}$$

Aus Gl. 4.8 geht hervor, dass geringfügige Variationen der Windgeschwindigkeit enorme Änderungen der Windleistung bewirken. Diese Tatsache ist bei der festigkeitstechnischen Auslegung von Windkraftanlagen bei dynamischer Belastung zu berücksichtigen. Weiterhin wird die Windleistung von der Luftdichte, demzufolge von Luftdruck und Lufttemperatur, sowie von der durchströmten Fläche beeinflusst. Die durchströmte Fläche wird bei Windkraftanlagen üblicherweise durch eine Kreisfläche gebildet, deren Größe vom Quadrat des Radius abhängt.

Bei der Bestimmung der Windenergie in einem bestimmten Zeitraum ist die zeitliche Änderung der Windgeschwindigkeit im betrachteten Zeitintervall (t_0, t) zu berücksichtigen.

$$\dot{E} = \int_{t_0}^{t} p \cdot dt. \tag{4.10}$$

Mit Gl. 4.9 folgt aus Gl. 4.10 unter Annahme eines konstanten Luftdrucks und einer konstanten Lufttemperatur

$$\dot{E} = \frac{\rho_L}{2} \int_{t_0}^{t} w^3 \cdot dt. \tag{4.11}$$

Zur Ermittlung der Windenergie an einem Standort innerhalb eines Betrachtungszeitraums nach Gl. 4.11 reicht die Angabe der durchschnittlichen Windgeschwindigkeit nicht aus. Die alleinige Verwendung der durchschnittlichen Windgeschwindigkeit führt zu geringeren Werten der Windleistung nach Gl. 4.8 und der Windenergie nach Gl. 4.10, was an folgender Betrachtung beispielhaft demonstriert wird:

Aufgabe 4.1

Am Standort 1 herrsche über den gesamten Betrachtungszeitraum $t_1 = t$ eine Windgeschwindigkeit $w_1 = w$. Am Standort 2 herrsche dagegen die doppelte Windgeschwindigkeit $w_2 = 2w$, allerdings nur während eines halb so langen Zeitraums $t_2 = t/2$, die restliche Dauer besteht Windstille. Für beide Standorte ist eine Abschätzung der nutzbaren Windenergie vorzunehmen.

Die durchschnittliche Windgeschwindigkeit innerhalb des Betrachtungszeitraums t beträgt an beiden Standorten w. Für den Standort 1 ergibt sich

$$\bar{w}_1 = \frac{w \cdot t}{t} = w$$

für den Standort 2

$$\bar{w}_2 = \frac{2w \cdot t/2 + 0 \cdot t/2}{t} = w.$$

Für die Windenergie erhält man aus Gl. 4.10 am Standort 1

$$\dot{E}_1 \sim w^3 \cdot t$$

und am Standort 2

$$\dot{E}_2 \sim (2w)^3 \cdot \frac{t}{2} = 4w^3 \cdot t = 4 \cdot \dot{E}_1$$

Diskussion: Aus der obigen Betrachtung folgt, dass am Standort 2 die nutzbare Windenergie viermal größer ist als am Standort 1. Ursache hierfür ist, dass die Windgeschwindigkeit w gemäß Gl. 4.9 mit der dritten Potenz in die Berechnung der Windenergie nach Gl. 4.10 einfließt, während der Betrachtungszeitraum t nur einen linearen Einfluss hat.

Zur Bestimmung des zeitlichen Angebotes der Windenergie sowie zur Abschätzung des Energieertrages einer Windkraftanlage ist es erforderlich, die relative Häufigkeit der am Installationsort auftretenden Windgeschwindigkeiten zu kennen. Die relative Häufigkeitsverteilung der Windgeschwindigkeit kann mittels diskreter Werte h(w) entweder in Form von Tabellen (siehe Tab. 4.3) oder in Form von Säulendiagrammen (siehe Abb. 4.6) angegeben werden. Im Falle der Angabe mittels diskreter Werte werden Windgeschwindigkeitsklassen definiert, für die relative Häufigkeiten mitgeteilt werden.

Tab. 4.3 Gemessene relative Häufigkeitsverteilung der Windgeschwindigkeit an verschiedenen Standorten, Zahlenangaben nach [4]

Station	Relative Häufigkeit für Windgeschwindigkeit [m/s]				Jahresmittel [m/s]	Messhöhe [m]
	0...5	5...10	10...15	15...20		
List/Sylt	0,27	0,53	0,17	0,02	7,13	12
Westernmarkelsdorf	0,37	0,47	0,14	0,02	6,41	17
Büsum	0,34	0,47	0,17	0,03	6,87	11
Cuxhaven	0,46	0,49	0,05	0,00	5,46	26
Norderney	0,25	0,55	0,17	0,03	7,36	28
Hannover	0,69	0,30	0,02	0,00	4,09	10
Kahler Asten	0,44	0,52	0,05	0,00	5,53	26
Gießen	0,94	0,07	0,00	0,00	2,33	21
Wasserkuppe	0,50	0,42	0,07	0,01	5,49	16
Karlsruhe	0,89	0,11	0,00	0,00	2,51	17
Stötten	0,65	0,32	0,04	0,00	4,53	10
Passau	0,96	0,04	0,00	0,00	1,86	8

Abb. 4.6 Häufigkeitsverteilung von Windgeschwindigkeitsklassen

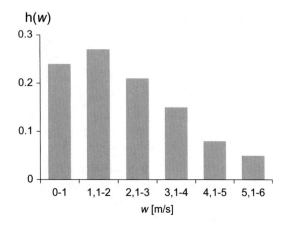

Abb. 4.7 Beispielhafte Angabe der Windgeschwindigkeitsverteilung mithilfe einer stetigen mathematischen Funktion

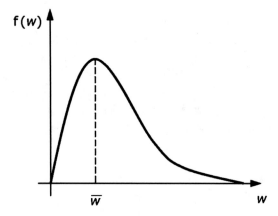

Die Windgeschwindigkeitsverteilung kann auch durch stetige mathematische Verteilungsfunktionen f(w) approximiert werden, Abb. 4.7. Als statistische Funktionen werden die Weibull-Verteilung und die Rayleigh-Verteilung verwendet. Die Weibull-Verteilung der Windgeschwindigkeit berechnet sich nach

$$f_W(w) = \frac{k}{a} \cdot \left(\frac{w}{a}\right)^{k-1} \cdot \exp\left(-\left(\frac{w}{a}\right)^k\right). \tag{4.12}$$

In Gl. 4.12 kennzeichnet w die zum Betrachtungszeitraum gehörige mittlere Windgeschwindigkeit. Der dimensionslose Formparameter k nimmt Werte von 1 bis 3 an. Hierbei

Tab. 4.4 Parameter k und a der Weibull-Verteilung für ausgewählte Regionen in Deutschland, gültig für eine Höhe von 40 m über Grund [2]

Region	Formparameter k	Skalierungsparameter a [m/s]
Küste	2,17	7,02
Norddeutsche Tiefebene	1,97	5,52
Mittelgebirge	1,91	5,55

beschreiben größere Zahlenwerte Windklimate mit geringeren zeitlichen Schwankungen um den Mittelwert, kleinere Zahlenwerte dagegen Windklimate mit größeren Schwankungen um den Mittelwert. In Mitteleuropa gilt $k \approx 2$. Der Skalierungsparameter a stellt ein Maß für die Gleichverteilung von Häufigkeiten dar. Große Zahlenwerte bedeuten ein häufiges Auftreten hoher Windgeschwindigkeiten. Die Ermittlung der Parameter k und a erfolgt auf Grundlage der Messungen von zeitlichen Durchschnittswerten der Windgeschwindigkeit, z. B. als Zehn-Minuten- oder Stundenmittelwerte am betrachteten Standort. Für den Standort Helgoland gilt beispielsweise in 10 m Höhe über Grund $k = 2,13$; $a = 8,0$ m/s; $\bar{w} = 7,1$ m/s, für München gilt $k = 1,32$; $a = 3,2$ m/s; $\bar{w} = 2,9$ m/s. Tab. 4.4 enthält für weitere ausgewählte Regionen Deutschlands die Parameter der Weibull-Verteilung. Die mittlere Windgeschwindigkeit $\bar{w}$ lässt sich mithilfe der Parameter der Weibull-Verteilung aus

$$\bar{w} = a \cdot \left(0{,}568 + \frac{0{,}434}{k}\right)^{1/k} \tag{4.13}$$

abschätzen. Ist die mittlere Windgeschwindigkeit $\bar{w}$ bekannt, kann mit $k = 2$ aus Gl. 4.13 der gegebenenfalls unbekannte Skalierungsparameter ermittelt werden:

$$a_{k=2} = \frac{\bar{w}}{0{,}886} = \frac{2}{\sqrt{\pi}} \cdot \bar{w}. \tag{4.14}$$

Die Rayleigh-Verteilung der Windgeschwindigkeit ist definiert durch

$$f_R(w) = \frac{\pi}{2} \cdot \frac{w}{\bar{w}^2} \cdot \exp\left(-\frac{\pi}{4} \cdot \frac{w^2}{\bar{w}^2}\right). \tag{4.15}$$

Der Vorteil der im Allgemeinen hinreichend genauen Rayleigh-Verteilung besteht darin, dass lediglich die mittlere Windgeschwindigkeit bekannt sein muss. Für $k = 2$ und $a_{k=2}$ nach Gl. 4.14 ergibt sich aus der Weibull-Verteilung gemäß Gl. 4.12 die Rayleigh-Verteilung.

Aufgabe 4.2

Es ist die relative Häufigkeit der Windgeschwindigkeit von 5 m/s auf Helgoland in einer Höhe von 10 m über Grund sowohl nach der Weibull-Verteilung als auch nach der Rayleigh-Verteilung abzuschätzen. Beide Ergebnisse sind miteinander zu vergleichen. Aus Gl. 4.12 folgt mit den oben genannten Parametern $k = 2,13$ und $a = 8,0$ m/s

$$f_W\,(5\text{ m/s}) = \frac{k}{a} \cdot \left(\frac{w}{a}\right)^{k-1} \cdot \exp\left(-\left(\frac{w}{a}\right)^k\right) = \frac{2,13}{8} \cdot \left(\frac{5}{8}\right)^{2,13-1} \cdot \exp\left(-\left(\frac{5}{8}\right)^{2,13}\right) = \underline{\underline{0,108}}$$

und aus Gl. 4.15 mit der bekannten mittleren Windgeschwindigkeit $\bar{w} = 7,1$ m/s

$$f_R\,(5\text{ m/s}) = \frac{\pi}{2} \cdot \frac{w}{\bar{w}^2} \cdot \exp\left(-\frac{\pi}{4} \cdot \frac{w^2}{\bar{w}^2}\right) = \frac{\pi}{2} \cdot \frac{5}{7,1^2} \cdot \exp\left(-\frac{\pi}{4} \cdot \frac{5^2}{7,1^2}\right) = \underline{\underline{0,105}}$$

Diskussion: Beide Ergebnisse stimmen in guter Näherung überein. Die betrachtete Windgeschwindigkeit von 5 m/s weist am untersuchten Standort nach der Weibull-Verteilung eine relative Häufigkeit von 10,8 % auf, sie herrscht demnach etwa 946 h/a. Nach der Rayleigh-Verteilung beträgt die relative Häufigkeit 10,5 %, die Windgeschwindigkeit von 5 m/s herrscht etwa 920 h/a.

4.3   Leistungsbeiwert

Das Prinzip der Windenergienutzung besteht in der gezielten Entnahme von kinetischer Energie, die in bewegten Luftmassen enthalten ist, und deren Umwandlung in andere Energieformen wie mechanische oder elektrische Energie mittels frei durchströmter Windkraftanlagen. Bei diesem Vorgang werden die strömenden Luftmassen von der vor der Windkraftanlage herrschenden Strömungsgeschwindigkeit w_1 auf die Strömungsgeschwindigkeit hinter der Windkraftanlage w_2 abgebremst. Hierbei sind zwei theoretische Grenzfälle denkbar: Im ersten Falle werden die Luftmassen durch die Windkraftanlage vollständig abgebremst, d. h. es gilt $w_2 = 0$. Dieser Grenzfall ist aus Kontinuitätsgründen nicht möglich, da hinter der Windkraftanlage kein kontinuierlicher Abtransport der Luft stattfinden würde. Folge wäre eine „Verstopfung" der durchströmten Querschnittsfläche. Im zweiten Falle findet keinerlei Abbremsen der Luftmassen durch die Windkraftanlage statt, sodass gilt $w_2 = w_1$. Dieser Grenzfall ist unerwünscht, da dem Luftstrom hierbei keine kinetische Energie entzogen werden würde.

Die dem Wind tatsächlich entnommene Leistung wird mithilfe des Leistungsbeiwertes ausgedrückt. Dieser kann als idealer aerodynamischer Wirkungsgrad aufgefasst werden. Er beschreibt die physikalisch größtmögliche Energieentnahme durch eine Windkraftanlage. Seine Herleitung erfolgt unabhängig von der Bauart einer Windkraftanlage. Bei der

Abb. 4.8 Idealisierter Verlauf der Luftströmung durch eine frei durchströmte Windkraftanlage (*oben*) und Verlauf der Windrichtung in Strömungsrichtung (*unten*)

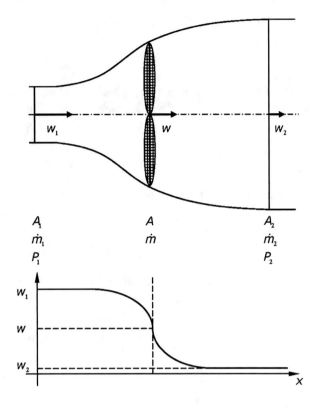

Nutzung der Windkraft durch eine frei durchströmte Windkraftanlage ändert sich die Windgeschwindigkeit gemäß Abb. 4.8, während der Luftmassenstrom vor und hinter der Windkraftanlage infolge der Gültigkeit des Massenerhaltungssatzes konstant bleibt.

Zur Herleitung des Leistungsbeiwertes geht man nach Abb. 4.8 von einer Luftströmung durch eine idealisierte Stromröhre aus, die massenundurchlässig ist. Ein Massentransport findet gemäß Abb. 4.5 ausschließlich in Strömungsrichtung *x* statt. Ferner sei die Strömung stationär, reibungs- und drallfrei, inkompressibel sowie frei von weiteren äußeren Einflüssen. Unter diesen Voraussetzungen kann die Leistungsbilanz des Windes in großer Entfernung vor der Windkraftanlage (Bezeichnung der zugehörigen physikalischen Größen mit dem Index 1), in der Ebene der Windkraftanlage (Bezeichnung ohne Index) und in großer Entfernung hinter der Windkraftanlage (Bezeichnung mit dem Index 2) unter Berücksichtigung des Massenerhaltungssatzes sowie der Kontinuitätsgleichung aufgestellt werden. Zunächst gilt der Massenerhaltungssatz in der Form:

$$\dot{m}_1 = \dot{m} = \dot{m}_2. \tag{4.16}$$

Für den Massenstrom gilt allgemein:

$$\dot{m} = \rho_L \cdot \dot{V} = \rho_L \cdot w \cdot A. \tag{4.17}$$

Aus Gl. 4.16 folgt mit Gl. 4.17

$$\rho_{L1} \cdot \dot{V}_1 = \rho_L \cdot \dot{V} = \rho_{L2} \cdot \dot{V}_2. \tag{4.18}$$

Die Gültigkeit der Kontinuitätsgleichung (4.19) bedingt eine Zunahme der durchströmten Fläche ($A_2 > A_1$) bzw. Aufweitung der Strömungsröhre mit abnehmender Strömungsgeschwindigkeit ($w_2 < w_1$) in Strömungsrichtung x.

$$w_1 \cdot A_1 = w \cdot A = w_2 \cdot A_2. \tag{4.19}$$

Für die dem Wind durch eine Windkraftanlage entnommene Leistung P_N gilt zunächst allgemein:

$$P_N = P_1 - P_2. \tag{4.20}$$

Aus Gl. 4.8 folgt anschließend unter Annahme einer konstanten Dichte der strömenden Luft $\rho_{L1} = \rho_{L2} = \rho_L =$ konst.

$$P_N = \frac{\rho_L}{2} \cdot A_1 \cdot w_1^3 - \frac{\rho_L}{2} \cdot A_2 \cdot w_2^3. \tag{4.21}$$

bzw.

$$P_N = \frac{1}{2} \cdot \rho_L \cdot A_1 \cdot w_1 \cdot w_1^2 - \frac{1}{2} \cdot \rho_L \cdot A_2 \cdot w_2 \cdot w_2^2. \tag{4.22}$$

Unter Berücksichtigung der Gl. 4.17 und 4.19 erhält man für die entnommene Leistung:

$$P_N = \frac{\dot{m}}{2} \cdot \left(w_1^2 - w_2^2\right). \tag{4.23}$$

Nach dem Theorem von *Froude-Rankine* kann die Strömungsgeschwindigkeit in der Ebene der Windkraftanlage als arithmetischer Mittelwert der Strömungsgeschwindigkeiten vor und hinter der Windkraftanlage berechnet werden:

$$w = \frac{w_1 + w_2}{2}, \tag{4.24}$$

sodass man nach Einsetzen für w gemäß Gl. 4.24 in Gl. 4.17 erhält:

$$\dot{m} = \frac{1}{2} \cdot (w_1 + w_2) \cdot \rho_L \cdot A. \tag{4.25}$$

Die entnommene Leistung lässt sich dann aus Gl. 4.23 beschreiben durch

$$P_N = \frac{1}{4} \cdot \rho_L \cdot A \cdot (w_1 + w_2) \cdot \left(w_1^2 - w_2^2 \right). \tag{4.26}$$

Die maximale Windleistung P_0 in der Querschnittsfläche der Windkraftanlage A tritt bei $w = w_1$ auf, d. h. sofern keine Abbremsung der Windgeschwindigkeit stattfindet. Für diesen Fall folgt aus Gl. 4.8:

$$P_0 = \frac{\rho_L}{2} \cdot A \cdot w_1^3. \tag{4.27}$$

Der Leistungsbeiwert c_P stellt eine Anlagenkenngröße dar. Er ist definiert durch

$$c_P = \frac{P_N}{P_0}. \tag{4.28}$$

Der Leistungsbeiwert kennzeichnet das Verhältnis zwischen der dem Wind entnommenen Leistung P_N nach Gl. 4.26 und der im Wind enthaltenen Leistung P_0 nach Gl. 4.27:

$$c_P = \frac{\frac{1}{4} \cdot \rho_L \cdot A \cdot (w_1 + w_2) \cdot \left(w_1^2 - w_2^2 \right)}{\frac{1}{2} \cdot \rho_L \cdot A \cdot w_1^3} = \frac{(w_1 + w_2) \cdot \left(w_1^2 - w_2^2 \right)}{2 \cdot w_1^3}.$$

Nach mathematischem Umformen erhält man eine Funktion $c_P = \mathrm{f}\,(w_2/w_1)$ in der Form

$$c_P = \frac{w_1 \cdot \left(1 + \frac{w_2}{w_1} \right) \cdot w_1^2 \cdot \left(1 - \frac{w_2^2}{w_1^2} \right)}{2 \cdot w_1^3} = \frac{1}{2} \cdot \left(1 + \frac{w_2}{w_1} \right) \cdot \left(1 - \frac{w_2^2}{w_1^2} \right). \tag{4.29}$$

Die Abhängigkeit des Leistungsbeiwertes c_P vom Geschwindigkeitsverhältnis w_2/w_1 zeigt Abb. 4.9. Das Maximum des Leistungsbeiwertes wird als idealer Leistungsbeiwert nach *Betz* $c_{P\mathrm{max}}$ bezeichnet. Man findet das Maximum $c_{P\mathrm{max}}$, indem man Gl. 4.29 nach dem Quotienten w_2/w_1 ableitet und die erste Ableitung gleich null setzt:

$$\frac{\mathrm{d}c_P}{\mathrm{d}\left(\frac{w_2}{w_1} \right)} = 0. \tag{4.30}$$

Das Resultat lautet

$$\frac{w_2}{w_1} = \frac{1}{3}. \tag{4.31}$$

Abb. 4.9 Darstellung des Leistungsbeiwertes c_P in Abhängigkeit des Verhältnisses der Windgeschwindigkeit hinter und vor der Windkraftanlage w_2/w_1

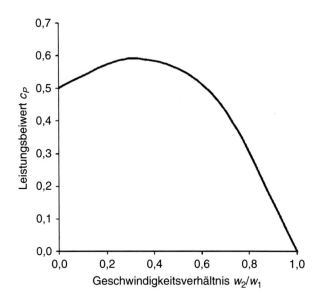

Mit diesem Ergebnis $w_2/w_1 = 1/3$ erhält man aus Gl. 4.29 den Betzschen Leistungsbeiwert $c_{P\mathrm{max}}$

$$c_{P\mathrm{max}} = \frac{1}{2} \cdot \left(1 + \frac{1}{3}\right) \cdot \left(1 - \frac{1}{3^2}\right) \approx 0{,}592. \tag{4.32}$$

Dieses Ergebnis besagt, dass sich bei einer Abbremsung der vor der Windkraftanlage herrschenden Windgeschwindigkeit auf 1/3 ihres Wertes die theoretisch maximale Leistung von etwa 59 % der im Wind enthaltenen kinetischen Energie entnehmen lässt. Für reale Windkraftanlagen ist der erzielbare Leistungsbeiwert wegen Drallverlusten und Reibungsvorgängen am Rotorblatt stets kleiner als der Betzsche Leistungsbeiwert. Der Leistungsbeiwert liegt bei ausgeführten Windkraftanlagen üblicherweise im Bereich $0{,}4 \leq c_P \leq 0{,}5$.

4.4 Widerstands- und Auftriebsprinzip

Die Entnahme von Windenergie erfolgt mittels Windkraftanlagen, die nach dem Widerstandsprinzip (sogenannte Widerstandsläufer) oder dem Auftriebsprinzip (Auftriebsläufer) arbeiten. Beide Funktionsprinzipien können auch kombiniert werden.

4.4.1 Widerstandsprinzip

Die Luftströmung übt auf eine senkrecht zur Windrichtung aufgestellte Fläche eine Widerstandskraft aus. Es werden zwei Fälle betrachtet: Im ersten Fall wird die Fläche nach Abb. 4.10 durch Aufbringen einer entgegengesetzt zur Windrichtung wirkenden Kraft an einer Bewegung gehindert. Im zweiten Fall, Abb. 4.11, bewegt sich die angeströmte Fläche mit einer Relativgeschwindigkeit in Windrichtung.

Für eine ruhende Fläche gilt $u = 0$ und $F_B = 0$. Die Luftwiderstandskraft F_W erhält man aus:

$$F_W = c_W \cdot \frac{\rho_L}{2} \cdot A \cdot w^2. \tag{4.33}$$

Die Leistung P_W, die zum Widerstehen dieser Kraft aufzubringen ist, berechnet sich aus:

$$P_W = F_W \cdot w = c_W \cdot \frac{\rho_L}{2} \cdot A \cdot w^3. \tag{4.34}$$

Abb. 4.10 Erläuterung des Widerstandsprinzips – Kraftwirkung auf eine ruhende Fläche

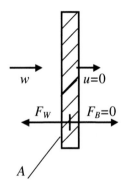

Abb. 4.11 Erläuterung des Widerstandsprinzips – Rotationsbewegung einer angeströmten Fläche [1]

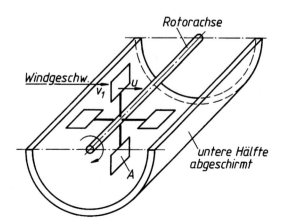

Diese Leistung verhält sich direkt proportional dem Widerstandsbeiwert c_W, der für eine ebene Platte Werte zwischen 1,1 und 1,3, für einen Zylinder Werte zwischen 0,6 und 1,0 und für eine Kugel Werte zwischen 0,3 und 0,4 annimmt.

Demgegenüber gilt für eine bewegte Fläche $u > 0$ und $F_B \neq 0$. Abb. 4.11 zeigt eine mögliche technische Ausführung, wie sie zur bereits besprochenen Messung der Windgeschwindigkeit mittels Anemometern in abgewandelter Form genutzt wird. Bei der Berechnung der Luftwiderstandskraft F_W ist jetzt die effektive Anströmgeschwindigkeit der Fläche $(w-u)$ zu berücksichtigen:

$$F_W = F_B = c_W \cdot \frac{\rho_L}{2} \cdot A \cdot (w - u)^2. \tag{4.35}$$

Für die verrichtete Leistung P_W gilt in diesem Falle:

$$P_W = F_W \cdot u = c_W \cdot \frac{\rho_L}{2} \cdot A \cdot (w - u)^2 \cdot u. \tag{4.36}$$

Aus Gl. 4.28 geht der Leistungsbeiwert für eine bewegte Fläche hervor:

$$c_P = \frac{P_W}{P_0} = c_W \cdot \frac{\frac{\rho_L}{2} \cdot A \cdot (w - u)^2 \cdot u}{\frac{\rho_L}{2} \cdot A \cdot w^3}. \tag{4.37}$$

Den maximalen Leistungsbeiwert ermittelt man wiederum durch Nullsetzen der ersten Ableitung der Gl. 4.37 nach dem Verhältnis u/w. Man erhält als Ergebnis

$$\frac{u}{w} = \frac{1}{3}$$

sowie nach dessen Einsetzen in Gl. 4.37 für den idealen Leistungsbeiwert

$$c_{P\,max} = 0,148 \cdot c_W.$$

Ausgeführte Widerstandsläufer besitzen Widerstandbeiwerte $c_W \leq 1,3$. Hieraus ergibt sich ein idealer Leistungsbeiwert von $c_{P\,max} = 0,193$. Durch das Widerstandsprinzip werden demnach höchstens 19,3 % der maximal entnehmbaren Windleistung genutzt. Dieser Wert entspricht einem Drittel des Betzschen Leistungsbeiwertes von 59,2 %. Aus diesem Grund arbeiten moderne Windkraftanlagen überwiegend nach dem im Folgenden näher beschriebenen Auftriebsprinzip.

4.4.2 Auftriebsprinzip

Unter dem Auftriebsprinzip versteht man eine durch Windströmung hervorgerufene Kraftwirkung auf einen Körper, der unsymmetrisch angeströmt wird.

Zunächst wird die Umströmung von Profilen betrachtet. Diese richtet sich nach der
Tragflügeltheorie. Bei der Umströmung von unsymmetrischen, aerodynamisch günstig
geformten Profilen besitzen die Stromlinien oberhalb und unterhalb des Profils unterschiedliche Längen, Abb. 4.12. Unter Annahme einer laminaren und verlustfreien
Strömung vereinen sich die Luftpartikel hinter dem umströmten Profil wieder. Deshalb
müssen sich die Luftteilchen, die den längeren Strömungsweg auf der Profiloberseite
zurücklegen, schneller bewegen als die Luftteilchen auf der Profilunterseite. Nach der
Energiebilanz herrscht somit auf der Profiloberseite ein Unterdruck, während auf der
Unterseite ein Überdruck entsteht.

Die an einem umströmten Profil entstehenden Kräfte verdeutlicht Abb. 4.13. Die
Druckverteilung am Profil hat eine Kraftwirkung senkrecht zur Anströmrichtung, die
Auftriebskraft F_A, zur Folge:

$$F_A = c_A \cdot \frac{\rho_L}{2} \cdot A_P \cdot w^2. \tag{4.38}$$

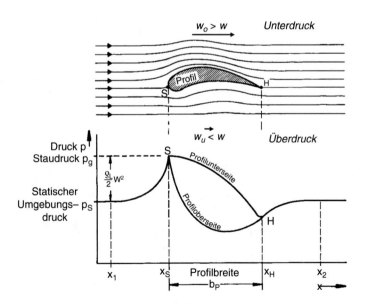

Abb. 4.12 Geschwindigkeits- und Druckverteilung an einem aerodynamisch günstig geformten
Profil [1]

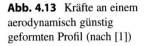

Abb. 4.13 Kräfte an einem aerodynamisch günstig geformten Profil (nach [1])

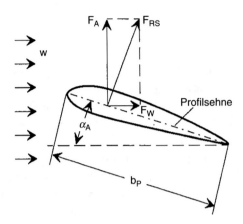

In Gl. 4.38 berechnet sich die Profilfläche A_P aus der Profilbreite und der Profillänge

$$A_P = b_P \cdot L. \tag{4.39}$$

Neben der Auftriebskraft tritt aufgrund des Form- und Reibungswiderstandes des Profils eine Widerstandskraft F_W auf, die parallel zur Strömungsrichtung wirkt, Abb. 4.13:

$$F_W = c_W \cdot \frac{\rho_L}{2} \cdot A_P \cdot w^2. \tag{4.40}$$

Diese Widerstandskraft wird gering sein, wenn das Profil strömungsgünstig gestaltet ist. Die aerodynamische Güte eines Profils beschreibt die Gleitzahl ε. Diese ergibt sich aus dem Verhältnis aus Auftriebskraft und Widerstandskraft. Mit den Gl. 4.38 und 4.40 erhält man:

$$\varepsilon = \frac{F_A}{F_W} = \frac{c_A}{c_W}. \tag{4.41}$$

Bei aerodynamisch günstig gestalteten Tragflächenprofilen ist der Auftriebsbeiwert wesentlich größer als der Widerstandsbeiwert. Die Gleitzahl erreicht Werte zwischen 50 und 170.

Bei der Umströmung moderner Windkraftanlagen mit Rotoren ist zusätzlich die Rotationsbewegung zu berücksichtigen. Die Rotorblätter bewegen sich mit der Umfangsgeschwindigkeit

$$u = 2 \cdot \pi \cdot r \cdot n. \tag{4.42}$$

Da sich die Umfangsgeschwindigkeit proportional zum Radius des Rotors verhält, nimmt sie zu den Blattspitzen hin zu. Zur Gewährleistung optimaler Anströmverhältnisse

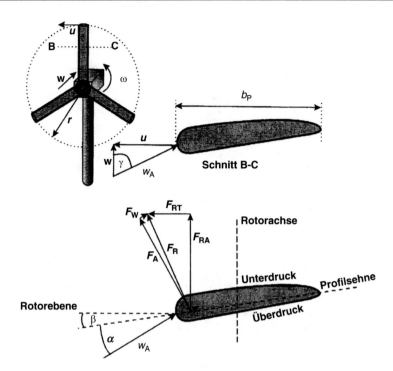

Abb. 4.14 Geschwindigkeiten und Kräfte an einem umströmten Rotorblatt (nach [5])

über die gesamte Rotorblattlänge sollte der Anstellwinkel α an jeder Stelle des Rotorblattes etwa gleich groß sein. Deshalb ist wegen der zur Blattnabe hin geringer werdenden Umfangsgeschwindigkeit u eine Verwindung des Rotorblattes erforderlich, wodurch sich der Blatteinstellwinkel β zur Blattnabe hin stetig vergrößert (Abb. 4.14).

Die Winkelgeschwindigkeit ω der Rotationsbewegung kann man mithilfe der Rotordrehzahl n bestimmen:

$$\omega = \frac{u}{r} = 2 \cdot \pi \cdot n. \tag{4.43}$$

Die Schnelllaufzahl λ stellt eine charakteristische Kennzahl für die Bauart eines Windrades dar. Sie ist durch das Verhältnis der Umfangsgeschwindigkeit an den Rotorblattspitzen zur Windgeschwindigkeit in der Rotorebene definiert:

$$\lambda = \frac{u}{w}. \tag{4.44}$$

Anhand der Schnelllaufzahl unterscheidet man Schnell- und Langsamläufer. Für Langsamläufer – diese sind überwiegend Widerstandsläufer – gilt λ < 3, für Schnellläufer gilt demgegenüber λ > 3. Abb. 4.15 stellt die Schnelllaufzahl als Funktion des Leistungs-

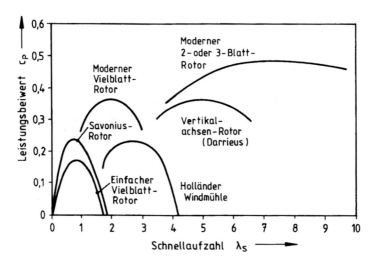

Abb. 4.15 Leistungsbeiwert und Schnelllaufzahl für verschiedene Rotorbauarten [1]

beiwertes für verschiedene Rotorbauarten dar. Es ist zu erkennen, dass moderne Zwei- bzw. Dreiblattrotoren mit Schnellaufzahlen zwischen 6 und 9 den höchsten Leistungsbeiwert aufweisen.

Zwischen den Vektoren der Windgeschwindigkeit *w* und der effektiven Anströmgeschwindigkeit des Rotorblattes w_A wird gemäß Abb. 4.14 der Winkel γ gebildet. Dieser Winkel ist zur Ermittlung der Kräfte am Rotorblatt erforderlich; man erhält ihn aus dem im Abb. 4.14 dargestellten Geschwindigkeitsdreieck:

$$\cos \gamma = \frac{w}{w_A} = \frac{1}{\sqrt{1 + \frac{u^2}{w^2}}} = \frac{1}{\sqrt{1 + \lambda^2}}. \tag{4.45}$$

Für die Auftriebs- und die Widerstandskraft an einem Rotorblatt nach Abb. 4.14 gelten:

$$F_A = c_A \cdot \frac{\rho_L}{2} \cdot A_R \cdot w_A^2 \tag{4.46}$$

$$F_W = c_W \cdot \frac{\rho_L}{2} \cdot A_R \cdot w_A^2. \tag{4.47}$$

In die Gl. 4.46 und 4.47 ist die projizierte Profilfläche A_R wie folgt einzusetzen:

$$A_R = b_P \cdot r \cdot n_F \tag{4.48}$$

Für aerodynamisch günstig gestaltete Profile gilt $c_W \ll c_A$ sowie in der Folge $F_W \ll F_A$. Deshalb entspricht die resultierende Kraft F_R näherungsweise der Auftriebskraft F_A, siehe

Abb. 4.14. Die resultierende Kraft F_R wird in eine Tangentialkomponente in Umfangsrichtung F_{RT} und eine Axialkomponente F_{RA} zerlegt. Die Tangentialkraft

$$F_{RT} = F_A \cdot \cos\gamma \tag{4.49}$$

bewirkt die Rotationsbewegung des Rotors und erzeugt ein Drehmoment. Die Axialkraft F_{RA} wirkt als Schubkraft in Achsrichtung und führt zu einer Lagerbelastung, die bei der Lagerdimensionierung zu beachten ist.

Für die Rotorleistung P_N gilt unter Berücksichtigung der Gl. 4.49 und 4.45 allgemein:

$$P_N = u \cdot F_{RT} = u \cdot F_A \cdot \cos\gamma = \frac{u}{\sqrt{1+\lambda^2}} \cdot F_A. \tag{4.50}$$

Bei der praktischen Berechnung der Rotorleistung von Auftriebsläufern geht man stattdessen von Gl. 4.28 aus:

$$P_N = c_P \cdot P_0 = c_P \cdot \frac{\rho_L}{2} \cdot A \cdot w^3 = c_P \cdot \frac{\rho_L}{2} \cdot \pi \cdot r^2 \cdot w^3 = c_P \cdot \frac{\rho_L}{2} \cdot \frac{\pi}{4} \cdot D^2 \cdot w^3 \tag{4.51}$$

Der in Gl. 4.51 erforderliche Leistungsbeiwert c_P basiert auf aerodynamischen Vermessungen des Rotorblattprofils sowie dessen strömungstechnischen Berechnungen. Häufig kann er Herstellerangaben entnommen werden.

Das Drehmoment M an der Rotorwelle eines Rotors mit der Querschnittsfläche A erhält man aus:

$$M = \frac{P_N}{\omega} = \frac{P_N}{2 \cdot \pi \cdot n} = \frac{P_N}{u} \cdot r$$
$$M = c_P \cdot \frac{\rho_L}{2} \cdot A \cdot \frac{w}{u} \cdot w^2 \cdot r \tag{4.52}$$
$$M = \frac{c_P}{\lambda} \cdot \frac{\rho_L}{2} \cdot A \cdot w^2 \cdot r = c_M \cdot \frac{\rho_L}{2} \cdot \pi \cdot r^3 \cdot w^2.$$

In Gl. 4.52 kennzeichnet c_M den Momentenbeiwert

$$c_M = c_P \cdot \frac{u}{w} = \frac{c_P}{\lambda}. \tag{4.53}$$

Der Gesamtwirkungsgrad η einer Windkraftanlage zur Stromerzeugung beschreibt die Umwandlung von kinetischer in elektrische Energie:

$$\eta = c_P \cdot \eta_m \cdot \eta_{Am} = \frac{P_{el}}{P_0}. \tag{4.54}$$

Die folgende Aufgabe dient der Bestimmung von grundlegenden mechanischen Kenngrößen einer Windkraftanlage:

Aufgabe 4.3

Eine nach dem Auftriebsprinzip arbeitende Windkraftanlage mit drei Rotorblättern erzeugt bei einer Nennwindgeschwindigkeit von 12 m/s in Nabenhöhe eine elektrische Nennleistung von 850 kW. Der eingesetzte Rotortyp besitzt bei Nennwindgeschwindigkeit einen Leistungsbeiwert von 0,43 und eine Schnelllaufzahl von 7. Der Gesamtwirkungsgrad der Windkraftanlage beträgt 33 %. Die Luftdichte beträgt 1,205 kg/m^3. Bestimmen Sie den erforderlichen Rotordurchmesser, die Nenndrehzahl, die Umfangsgeschwindigkeit an den Rotorblattspitzen sowie das Drehmoment an der Rotorwelle der Windkraftanlage.

Aus Gl. 4.54 kann unter Verwendung von Gl. 4.51 die elektrische Nennleistung der beschriebenen Windkraftanlage ausgedrückt werden:

$$P_{el} = c_P \cdot \eta_m \cdot \eta_{Am} \ \cdot P_0 = \eta \ \cdot P_0 = \eta \ \cdot \frac{\rho_L}{2} \cdot \frac{\pi}{4} \cdot D^2 \cdot w^3.$$

Durch Umstellung dieser Gleichung erhält man zur Bestimmung des Durchmessers D:

$$D = \sqrt{\frac{8 \cdot P_{el}}{\eta \cdot \rho_L \cdot \pi \cdot w^3}}.$$

Hieraus ergibt sich der gesuchte Rotordurchmesser

$$D = \sqrt{\frac{8 \cdot 850000 \ \text{W} \cdot \text{m}^3 \cdot \text{s}^3}{0,33 \cdot 1,205 \, \text{kg} \cdot \pi \cdot 12^3 \, \text{m}^3}} = \underline{\underline{56,12 \ \text{m}}}.$$

Die Nenndrehzahl berechnet sich aus Gl. 4.44, in der die Umfangsgeschwindigkeit durch Gl. 4.42 ersetzt wird:

$$\lambda = \frac{u}{w} = \frac{2 \cdot \pi \cdot r \cdot n}{w} = \frac{\pi \cdot D \cdot n}{w} \quad \text{bzw.}$$

$$n = \frac{\lambda \cdot w}{\pi \cdot D} = \frac{7 \cdot 12 \ \text{m}}{\pi \cdot 56,12 \ \text{m}} = 0,476 \ \text{s}^{-1} = \underline{\underline{28,58 \ \text{min}^{-1}}}$$

Die Umfangsgeschwindigkeit an den Rotorblattspitzen ergibt sich aus

$$u_{max} = \lambda \cdot w = 2 \cdot \pi \cdot r \cdot n = \pi \cdot D \cdot n = \pi \cdot 56,12 \text{ m} \cdot 0,476 \text{ s}^{-1}$$

$$= 83,92 \frac{\text{m}}{\text{s}} = 302,1 \frac{\text{km}}{\text{h}}$$

Zur Berechnung des Drehmomentes an der Rotorwelle nach Gl. 4.52 benötigt man die dem Wind durch den Rotor entnommene Leistung P_N, die aus Gl. 4.51 bestimmt wird:

$$P_N = c_P \cdot P_0 = c_P \cdot \frac{\rho_L}{2} \cdot A \cdot w^3 = c_P \cdot \frac{\rho_L}{2} \cdot \frac{\pi}{4} \cdot D^2 \cdot w^3$$

$$= 0,43 \cdot \frac{1,205 \text{ kg}}{2 \text{ m}^3} \cdot \frac{\pi}{4} \cdot 56,12^2 \text{ m}^2 \cdot 12^3 \frac{\text{m}^3}{\text{s}^3} = 1107,3 \text{ kW}$$

Für das Drehmoment an der Rotorwelle der Windkraftanlage gilt:

$$M = \frac{P_N}{\omega} = \frac{P_N}{2 \cdot \pi \cdot n} = \frac{1107370 \text{ Ws}}{2 \cdot \pi \cdot 0,476} = 370,26 \text{ kNm}.$$

Mithilfe von Gl. 4.51 kann der Energieertrag einer Windkraftanlage innerhalb eines Betrachtungszeitraums t, der in der Regel ein Jahr beträgt, unter Berücksichtigung des Windenergieangebotes am Aufstellungsort nach

$$E_{el} = \eta_m \cdot \eta_{Am} \cdot E_0 = \eta_m \cdot \eta_{Am} \cdot \sum_{i=1}^{n} E_{0_i} = \eta_m \cdot \eta_{Am} \cdot \sum_{i=1}^{n} h_i \cdot t \cdot P_{N_i} \qquad (4.55)$$

abgeschätzt werden. Aufgabe 4.4 skizziert die Vorgehensweise der Energieertragsermittlung.

Aufgabe 4.4

Für eine Windkraftanlage des Typs Nordex N80/2500 mit einem Rotordurchmesser von 80 m und einer Nabenhöhe von 70 m soll am Standort Norderney in unbebautem, ebenem Gelände eine Abschätzung des Jahresertrags an erzeugter elektrischer Energie vorgenommen werden. Hierzu sind Tab. 4.3 sowie Herstellerangaben zu Hilfe zu nehmen. Die mittlere Luftdichte kann mit 1,225 kg/m^3 angenommen werden. Der mechanische Wirkungsgrad der Windkraftanlage beträgt 95 %, der Wirkungsgrad des Generators 98 %.

Die Häufigkeitsverteilung der Windgeschwindigkeiten am Aufstellungsort in einer Messhöhe von 28 m über Grund wird Tab. 4.3 entnommen. Da das in Tab. 4.3 angegebene Geschwindigkeitsintervall von 0 bis 5 m/s auch Flauten umfasst, wird diese Windgeschwindigkeitsklasse bei der Ertragsermittlung ausgeschlossen. Zur Vereinfachung der Berechnung werden die übrigen drei Windgeschwindigkeitsbereiche jeweils durch ihren Mittelwert, d. h. 7,5 m/s, 12,5 m/s und 17,5 m/s, repräsentiert. Diese Mittelwerte $\bar{w}_{i,28\,m}$ werden anschließend unter Verwendung von Gl. 4.2 und unter Annahme von $\alpha = 0,2$ auf die mittlere Windgeschwindigkeit in Nabenhöhe $\bar{w}_{i,70\,m}$ umgerechnet. Die in der folgenden Tabelle angegebenen Leistungsbeiwerte c_{pi} bei der in 70 m Höhe jeweils herrschenden Windgeschwindigkeit stammen aus Produktunterlagen des Windkraftanlagenherstellers [6]:

i	$\bar{w}_{i,28\,m}$ [m/s]	$\bar{w}_{i,70\,m}$ [m/s] nach Gl. 4.2	h_i aus Tab. 4.3	c_{pi} nach [6]
1	7,5	9,0	0,55	0,434
2	12,5	15,0	0,17	0,241
3	17,5	21,0	0,03	0,088

Mit diesen Angaben kann für jedes Intervall i die Bestimmung des Energieertrages für den Betrachtungszeitraum von einem Jahr, d. h. $t = 8760$ h/a, zunächst ohne Berücksichtigung mechanischer Verluste und Verluste des Generators durchgeführt werden:

$$E_{0_1} = h_1 \cdot t \cdot P_{N_1} = h_1 \cdot t \cdot c_{p_1} \cdot \frac{\rho_L}{2} \cdot A \cdot w_1^3 = 0,55 \cdot 8760\,\frac{h}{a} \cdot 0,434 \cdot \frac{1,225}{2}\,\frac{kg}{m^3} \cdot \frac{\pi}{4} \cdot 80^2\,m^2 \cdot 9^3\,\frac{m^3}{s^3}$$
$$= 0,55 \cdot 8760\,\frac{h}{a} \cdot 974,07\ kW\ =\ \underline{4693\ \frac{MWh}{a}}\ .$$

$$E_{0_2} = h_2 \cdot t \cdot P_{N_2} = h_2 \cdot t \cdot c_{p_2} \cdot \frac{\rho_L}{2} \cdot A \cdot w_2^3 = 0,17 \cdot 8760\,\frac{h}{a} \cdot 0,241 \cdot \frac{1,225}{2}\,\frac{kg}{m^3} \cdot \frac{\pi}{4} \cdot 80^2\,m^2 \cdot 15^3\,\frac{m^3}{s^3}$$
$$= 0,17 \cdot 8760\,\frac{h}{a} \cdot 2504,18\ kW\ =\ \underline{3729\ \frac{MWh}{a}}$$

$$E_{0_3} = h_3 \cdot t \cdot P_{N_3} = h_3 \cdot t \cdot c_{p_3} \cdot \frac{\rho_L}{2} \cdot A \cdot w_3^3 = 0,03 \cdot 8760\frac{h}{a} \cdot 0,088 \cdot \frac{1,225}{2}\,\frac{kg}{m^3} \cdot \frac{\pi}{4} \cdot 80^2\,m^2 \cdot 21^3\,\frac{m^3}{s^3}$$
$$= 0,03 \cdot 8760\,\frac{h}{a} \cdot 2509,09\ kW\ =\ \underline{659\ \frac{MWh}{a}}$$

Anschließend wird der Jahresenergieertrag unter Berücksichtigung sämtlicher Verluste nach Gl. 4.55 ermittelt:

$$E_{el} = \eta_m \cdot \eta_{Am} \cdot \sum_{i=1}^{3} E_{0_i} = 0,95 \cdot 0,98 \cdot (4693 + 3729 + 659)\,\frac{MWh}{a} = \underline{\underline{8454,4\ \frac{MWh}{a}}}$$

Hinweise: Der Hersteller gibt die Nennleistung der betrachteten Windkraftanlage mit 2500 kW an, die bei einer Windgeschwindigkeit in Nabenhöhe ab ca. 15 m/s erzielt wird. Bei höheren Windgeschwindigkeiten wird die Leistung der Anlage auf 2500 kW begrenzt. Folglich reduzieren sich die oben berechnete Leistung und der Energieertrag in den Intervallen $i = 2$ und $i = 3$ geringfügig.

Aus dem Jahresenergieertrag und der Nennleistung erhält man die Volllaststundenzahl der untersuchten Windkraftanlage, siehe Abschn. 2.3.4. Diese beträgt unter Annahme einer technischen Verfügbarkeit von 100 % etwa 3381 h/a. Demnach handelt es sich um einen günstig gewählten Anlagenstandort; Onshore-Windkraftanlagen erreichten in Deutschland im Jahr 2015 nach Tab. 2.3 eine mittlere Volllaststundenzahl von 1780 h/a.

Für eine grobe Abschätzung des Jahresenergieertrages einer Windkraftanlage reicht die oben durchgeführte Berechnung aus. Für eine genauere Betrachtung wäre eine feinere Einteilung der Windgeschwindigkeitsintervalle notwendig. Die Ermittlung des Jahresenergieertrages würde dann zweckmäßigerweise mithilfe von Tabellenkalkulationsprogrammen erfolgen.

4.5 Bauformen von Windkraftanlagen

Mittels Windkraftanlagen erfolgt die Umwandlung der kinetischen Energie bewegter Luftmassen in mechanische oder in elektrische Energie. Mechanische Energie wird z. B. in Windmühlen zum Mahlen von Getreide, zum Antrieb von Windpumpen, von Wasser-Kolbenpumpen oder von Förderschnecken zur Entwässerung verwendet. Diese älteste Art der Nutzung der Windenergie reicht bis vor den Beginn unserer Zeitrechnung zurück. Erste nachweisliche Überlieferungen berichten vom Einsatz von Windmühlen in Persien um das Jahr 900. Die Erzeugung elektrischer Energie mithilfe eines durch einen Windrotor angetriebenen Generators begann wesentlich später in den 40er-Jahren. Grundsätzlich werden Windkraftanlagen mit vertikaler und horizontaler Drehachse unterschieden.

4.5.1 Windkraftanlagen mit vertikaler Drehachse

Windkraftanlagen mit vertikaler Drehachse besitzen folgende Vorteile: ihr Aufbau ist verhältnismäßig einfach. Schwere Komponenten, wie der Generator und das eventuell vorhandene Getriebe, sowie die elektrische Steuerung lassen sich in der Bodenstation unterbringen. Diese Bauweise gewährleistet eine einfache Zugänglichkeit aller wesentlichen Bauteile und eine unkomplizierte Wartung der Anlage. Durch die vertikale Anordnung des Rotors ist keine Windrichtungsnachführung notwendig. Anlagen mit vertikaler Drehachse eignen sich deshalb für den Einsatz in Gebieten mit häufig wechselnder Windrichtung. Wesentliche Nachteile bestehen im geringen Wirkungsgrad sowie im hohen Materialaufwand. Außerdem arbeiten Anlagen mit vertikaler Drehachse hauptsächlich in der bodennahen Strömungsgrenzschicht, in der geringere Windgeschwindigkeiten als in größerer Höhe herrschen, siehe Abb. 4.4.

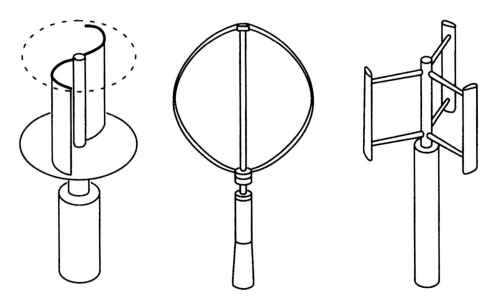

Abb. 4.16 Bauformen von Windkraftanlagen mit vertikaler Drehachse: Savonius-Rotor (*links*), Darrieus-Rotor (*Mitte*), H-Rotor (*rechts*) [5]

Wichtige Bauformen von Windkraftanlagen mit vertikaler Drehachse sind der Savonius-Rotor, der Darrieus-Rotor und der H-Rotor, Abb. 4.16. Diese Windkraftanlagen können unabhängig von der Windrichtung betrieben werden und erfordern keine Windrichtungsnachführung.

Der Savonius[1]-Rotor besteht aus zwei oder mehreren, halbkreisförmig gebogenen Schaufeln, die versetzt zueinander um die vertikale Drehachse angeordnet sind. Dieser Rotortyp nutzt überwiegend das Widerstandsprinzip; durch ein Überlappen der in Abb. 4.16 sichtbaren Halbschalen kann teilweise auch das Auftriebsprinzip genutzt werden. Der Leistungsbeiwert c_P erreicht Werte von 25 %. Der Savonius-Rotor ist in der Lage, bei geringen Windgeschwindigkeiten anzulaufen. Seine Konstruktion ist materialaufwendig, daher wird er vorzugsweise für kleine Leistungen angeboten. Der Darrieus[2]-Rotor besitzt zwei oder drei Rotorblätter. Er arbeitet nach dem Auftriebsprinzip und weist daher einen höheren Wirkungsgrad als der Savonius-Rotor auf. Ein selbständiges Anlaufen ist nicht möglich, deshalb sind Anlaufhilfen erforderlich. Der H-Rotor wurde aus dem Darrieus-Rotor abgeleitet. Er stellt einen Auftriebsläufer dar, der aus zwei oder drei geraden, senkrecht angeordneten Rotorblättern besteht, die sich um die vertikale Achse bewegen. Diese Windkraftanlage arbeitet getriebelos mit einem integrierten, permanent

[1]Benannt nach Sigurd Johannes Savoinus (1884–1931), finnischer Architekt und Erfinder.
[2]Benannt nach Georges Jeanes Mary Darrieus (1888–1979), französischer Ingenieur.

erregten Generator. Der H-Rotor eignet sich aufgrund seiner robusten Bauweise auch für den Einsatz unter extremen Witterungsbedingungen.

4.5.2 Windkraftanlagen mit horizontaler Drehachse

Windkraftanlagen mit horizontaler Drehachse bilden das überwiegend verwendete Konzept zur netzgekoppelten Stromerzeugung. Bei derartigen Anlagen wird die Drehbewegung eines Rotors über ein Getriebe oder direkt auf einen Generator transformiert, Abb. 4.17. Moderne Windkraftanlagen besitzen eine Nabenhöhe bis zu 150 m und einen Rotordurchmesser bis zu 170 m.

Im Folgenden werden die wichtigsten Komponenten von Windkraftanlagen mit horizontaler Drehachse in knapper Form erläutert. Für detaillierte Informationen wird auf die umfangreiche Fachliteratur verwiesen, z. B. [7–9].

Die Aufgabe des Rotors besteht in der Umwandlung von kinetischer Windenergie in eine mechanische Drehbewegung. Den Luftmassen wird kinetische Energie nach dem Auftriebsprinzip entnommen, wobei für ausgeführte Rotorblätter gilt $c_P < 0,5$. Die meisten Windkraftanlagen zur Stromerzeugung besitzen ein, zwei oder drei Rotorblätter. Mit steigender Anzahl der Rotorblätter wächst der Leistungsbeiwert, siehe Abb. 4.15; die Materialbeanspruchung nimmt ab. Weiterhin nimmt die Laufruhe zu, und mit sinkender Schnelllaufzahl nehmen die Geräuschemissionen ab. Einblättrige Rotoren besitzen Schnelllaufzahlen zwischen 14 und 16, zweiblättrige Rotoren zwischen 8 und 14 und dreiblättrige Rotoren zwischen 6 und 10. Jedoch führt eine größere Blattanzahl zu höheren Materialkosten. Etwa 95 % aller installierten Anlagen sind Dreiblattrotoren, die ein technisches und wirtschaftliches Optimum der konstruktiven Gestaltung des Rotors darstellen. Als Werkstoffe für die Rotorblätter werden Faserverbundwerkstoffe, glas- oder kohlefaserverstärkte Kunststoffe, eingesetzt. Die Rotornabe besteht aus Stahlguss. Übliche Drehzahlen von Dreiblattrotoren liegen im Bereich zwischen 9 und 35 min^{-1}. Die Generatordrehzahl beträgt dagegen 1000 oder 1500 min^{-1}. Daher ist eine Transformation der Drehbewegung zwischen der langsamen Rotorwelle und der schnellen Generatorwelle erforderlich. Die Übersetzung wird durch ein- oder mehrstufige Stirnrad- oder Planetengetriebe vorgenommen, deren mechanischer Wirkungsgrad je Getriebestufe bei $\eta_m = 0,98$ liegt, siehe Gl. 4.54.

Der Generator wandelt die mechanische Drehbewegung des Triebstrangs in elektrische Energie. In Windkraftanlagen werden Synchron- oder Asynchrongeneratoren verwendet. Zum Einsatz kommen in Anlagen mit Getriebe marktübliche vier- oder sechspolige Generatoren mit 1000 bzw. 1500 min^{-1}. In getriebelosen Anlagen werden speziell konstruierte vielpolige Generatoren benötigt. Der Generatorwirkungsgrad beträgt $\eta_{Am} = 0,9$–$0,98$, siehe Gl. 4.54.

Die Aufgabe der Windrichtungsnachführung besteht in der Ausrichtung des Rotors und der Gondel entsprechend der jeweils herrschenden Windrichtung. Bezüglich der Stellung von Rotor und Turm werden Leeläufer, bei denen sich der Rotor in Windrichtung hinter

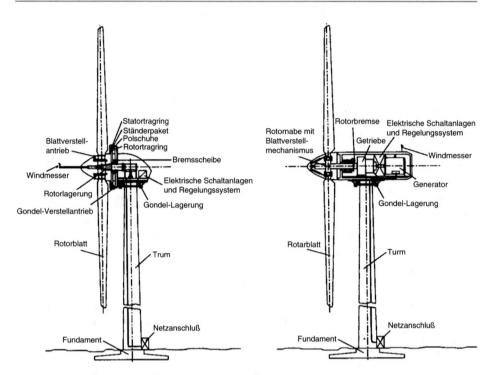

Abb. 4.17 Bauformen von Windkraftanlagen mit horizontaler Drehachse: Getriebelose Anlage (*links*), Anlage mit Getriebe (*rechts*) [3]

dem Turm befindet, und Luvläufer, bei denen der Rotor wie in Abb. 4.17 vor dem Turm angeordnet ist, unterschieden. Ein Azimutlager, das sogenannte Turmkopflager, das als Gleit- oder Wälzlager ausgeführt wird, gewährleistet die drehbare Lagerung der Maschinengondel auf dem Turm, Abb. 4.17. Die Ausrichtung der Gondel entsprechend der Windrichtung wird mit Hilfe eines Zahnkranzes durch ein mechanisch, hydraulisch oder elektromechanisch betriebenes Verstellgetriebe vorgenommen. Nach Erreichen der gewünschten Position übernimmt eine Haltebremse, die Azimutbremse, das Feststellen des Drehmechanismus. Dadurch wird gewährleistet, dass geringe Schwankungen der Windrichtung nicht zu einer mechanischen Belastung des Drehmechanismus und somit zur Verkürzung der Lebensdauer der Anlage führen. Die gesamte Windrichtungsnachführung wird über eine Windrichtungsmessanlage gesteuert.

Der Turm ermöglicht die Windenergienutzung in ausreichender Höhe über Grund. Des Weiteren dient der Turm der Aufnahme statischer und dynamischer Lasten des Rotors und der Gondel sowie deren Einleitung in das Fundament. Beispielsweise betragen bei einer 2-MW-Windkraftanlage die zu beherrschenden Massen des Rotors und der Gondel 38 bzw. 65 t. Die Mindesthöhe des Turmes ist durch den Rotorradius festgelegt. Die ausgeführte Turmhöhe stellt ein Optimum zwischen Turmkosten und Energieertrag dar. Sie liegt üblicherweise zwischen dem einfachen und dem 1,8 fachen des Rotordurchmessers. Als

mögliche Bauformen kommen Gittermasten, abgespannte Türme oder freitragende Rohr-
türme in konischer Form in Betracht. Als Werkstoffe werden Stahl, Beton oder Stahlbeton
verwendet. Zunehmende Probleme entstehen mit dem Transport des Turmes sowie dessen
Montage. Ein konischer Stahlrohrturm mit einer Höhe von 60 m, einem unteren Durchmesser von 3,65 m, einem oberen Durchmesser von 2 m wiegt beispielsweise 55 t.
Derartige Türme bestehen aus mehreren Segmenten mit einer Länge von jeweils 20 bis
30 m, die am Anlagenstandort verschweißt werden.

Das Fundament verankert den Turm im Untergrund. Seine Ausführung hängt von der
Anlagengröße, den meteorologischen Verhältnissen, den betrieblichen Belastungen und
den Bodenverhältnissen ab. Es wird zwischen einer kostengünstigeren Flachgründung, wie
in Abb. 4.17 dargestellt, und einer Tiefgründung unterschieden. Besonders aufwendig ist
die Verankerung einer Windkraftanlage vor der Küste. Derzeit werden hierfür boden-
montierte Tragkonstruktionen bevorzugt. Hauptsächliche Fundamentvarianten für Offshore-Windkraftanlagen sind das Monopile-, das Tripod- und das Jacket-Konzept.
Die Monopile-Konstruktion besteht aus einem hohlen Pfahl, der in den Meeresboden
gerammt wird. Ihr Einsatz beschränkt sich auf Wassertiefen von 15 bis 20 m. Das Tripod
stellt ein dreibeiniges Fundament aus Stahlrohren, die den Hauptpfahl stützen. Der Einsatz
ist auch bei Wassertiefen über 20 m möglich. Das Jacket besitzt eine Fachwerkstruktur aus
Stahl, die auf vier im Meeresboden verankerten Stelzen ruht. Daneben sind schwimmende
Tragkonstruktionen technisch machbar, bisher aber nur in Pilotprojekten realisiert worden.
Die Tragkonstruktion muss in Abhängigkeit von Wind-, Wellen- und Eislasten unter
Berücksichtigung der Wassertiefe und der Beschaffenheit des Untergrundes bemessen
werden.

Der Netzanschluss dient der Anbindung einer Windkraftanlage an ein Inselnetz oder an
das öffentliche Versorgungsnetz. Die Netzankopplung kann direkt über einen Asynchrongenerator oder indirekt über einen Gleichstromzwischenkreis bei Verwendung von Syn-
chrongeneratoren vorgenommen werden.

4.5.3 Geschwindigkeitsbereiche und Leistungsregelung von Windkraftanlagen

Bei jeder Windkraftanlage unterscheidet man anlagenspezifische Windgeschwindigkeitsbereiche, die zumindest teilweise Datenblättern der Hersteller entnommen werden
können. Die im Folgenden angegebenen Wertebereiche treffen für viele ausgeführte
Windkraftanlagen zur netzgekoppelten Stromerzeugung zu, im Einzelfalle sind jedoch
Abweichungen möglich.

Die Einschalt- oder Anlaufwindgeschwindigkeit liegt im Bereich von 2,5 bis 4,5 m/s.
Bei kleineren Windgeschwindigkeiten ist der Betrieb einer Windkraftanlage unwirtschaft-
lich, da dem Wind nur eine sehr geringe Leistung entnommen werden kann. Unter

Umständen ist der Eigenenergiebedarf der Anlage in diesem Falle größer als der Energie-ertrag. Deshalb wird der Rotor bei Windgeschwindigkeiten unterhalb der Einschalt-windgeschwindigkeit durch eine Rotorbremse festgehalten, Abb. 4.17.

Die Auslegungswindgeschwindigkeit erstreckt sich von 6 bis 10 m/s. Bei dieser Geschwindigkeit verfügt die Windkraftanlage über ihren maximalen Wirkungsgrad. Dem-zufolge besitzt die Windkraftanlage bei dieser Geschwindigkeit den größtmöglichen Leis-tungsbeiwert. Es gilt

$$w_{Aus} = \frac{u}{\lambda_{opt}} = \frac{2 \cdot \pi \cdot r \cdot n}{\lambda_{opt}}. \tag{4.56}$$

Aufgabe 4.5

Bestimmen Sie für einen Rotor mit einem Durchmesser von 44 m bei einer Drehzahl von 28 min^{-1} und einer optimalen Schnelllaufzahl $\lambda_{opt} = 7,5$ die Auslegungswind-geschwindigkeit!

Nach Abb. 4.15 entspricht der optimalen Schnelllaufzahl λ_{opt} der maximale Leis-tungsbeiwert c_{Popt}. Folglich besitzt die Windkraftanlage bei Auslegungswindge-schwindigkeit den maximalen Wirkungsgrad.

Die Auslegungswindgeschwindigkeit berechnet sich aus Gl. 4.56:

$$w_{Aus} = \frac{2 \cdot \pi \cdot r \cdot n}{\lambda_{opt}} = \frac{2 \cdot \pi \cdot 22\,\mathrm{m} \cdot 0,467\,\mathrm{s}^{-1}}{7,5} = 8,6\,\frac{\mathrm{m}}{\mathrm{s}}.$$

Bei Nennwindgeschwindigkeit, die von 10 bis 16 m/s reicht, gibt die Windkraftanlage ihre elektrische Nennleistung ab. Da die Nennwindgeschwindigkeit größer als die Aus-legungswindgeschwindigkeit ist, nimmt der Wirkungsgrad der Windkraftanlage in diesem Geschwindigkeitsbereich wieder ab. Oberhalb der Nennwindgeschwindigkeit wird die Leistung der Windkraftanlage – wie später beschrieben – durch verschiedene Maßnahmen begrenzt, da ansonsten die Gefahr der Überlastung von Komponenten und der Be-schädigung der Anlage bestünde.

Zum Schutz der Windkraftanlage vor Überlastung oder Beschädigung wird bei Errei-chen der Abschaltwindgeschwindigkeit im Bereich von 20 bis 30 m/s der Rotor durch eine Motorbremse festgehalten sowie der gesamte Rotor und/oder die Rotorblätter aus dem Wind gedreht.

Eine Überschreitung der Überlebenswindgeschwindigkeit von 50 bis 70 m/s kann zur mechanischen Zerstörung der Windkraftanlage führen.

Die Leistungsregelung von Windkraftanlagen dient der Verhinderung des Über-schreitens einer maximalen Rotordrehzahl nach Erreichen der Nennleistung, um eine

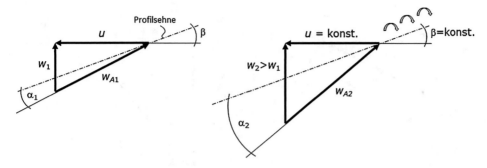

Abb. 4.18 Schematische Darstellung der Stall-Regelung

mechanische Zerstörung des Rotors bzw. anderer bewegter Teile sowie eine thermische Überlastung des Generators zu vermeiden. Eine Leistungsbegrenzung wird durch Beschränkung der Umfangsgeschwindigkeit bei Windgeschwindigkeiten oberhalb der Nennwindgeschwindigkeit erzielt. Man unterscheidet zwischen Stall-Regelung und Pitch-Regelung.

Die Stall-Regelung stellt eine passive Regelung dar, da die Rotorblätter der Windkraftanlage nicht verstellbar sind und daher einen konstanten Blatteinstellwinkel β aufweisen, siehe Abb. 4.18. Die Stall-Regelung bewirkt eine konstante Rotordrehzahl aufgrund einer konstanten Umfangsgeschwindigkeit u. Bei Zunahme der Windgeschwindigkeit von w_1 auf w_2 vergrößert sich der Anstellwinkel von α_1 auf α_2. Bei großen Anstellwinkeln erfolgt aufgrund der aerodynamischen Gestaltung des Rotorblattes ein Strömungsabriss. Folge ist die Verringerung der senkrecht zur effektiven Anströmgeschwindigkeit w_{A2} wirkenden Auftriebskraft F_A und somit die Begrenzung der Anlagenleistung. Die Stall-Regelung ist eine zuverlässige und robuste Methode zur Leistungsregelung ohne großen technischen Aufwand. Jedoch führt sie zu hohen mechanischen Belastungen der Windkraftanlage und bietet nur eingeschränkte Einflussnahme auf den Anlagenbetrieb. Aufgrund dieser Nachteile wird bei modernen Windkraftanlagen die Pitch-Regelung bevorzugt eingesetzt.

Bei der Pitch-Regelung handelt es sich um eine aktive Regelung, die auf einer gezielten Veränderung des Anstellwinkels α beruht. Sie erfordert einen wesentlich höheren konstruktiven und technischen Aufwand, da die Rotorblätter drehbar in der Rotornabe gelagert sein müssen. Der Anstellwinkel α wird durch aktive Änderung des Blatteinstellwinkels β beeinflusst. Bei höheren Windgeschwindigkeiten w_2 werden die Rotorblätter in den Wind gedreht, wodurch sich gemäß Abb. 4.19 der Anstellwinkel und in der Folge die Leistung reduzieren. Die stufenlose Blattverstellung erfolgt bei kleineren Windkraftanlagen mechanisch durch Nutzung der Zentrifugalkraft, bei größeren Anlagen mittels Elektromotoren. Die Pitch-Regelung bewirkt eine gleichmäßigere mechanische Belastung der Windkraftanlage und bietet genauere Regelungsmöglichkeiten als das Stall-Konzept.

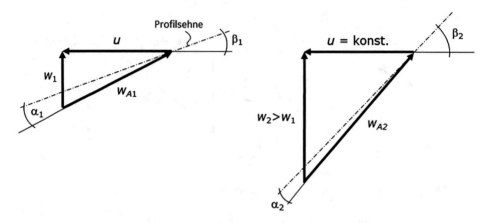

Abb. 4.19 Schematische Darstellung der Pitch-Regelung

4.5.4 Offshore-Windkraftanlagen

Alle bedeutenden Hersteller von Windkraftanlagen bieten Anlagen mit Nennleistungen von 3 bis 8 MW für den Offshore-Einsatz an. Diese Anlagen verfügen über Rotordurchmesser von über 120 m. Die Offshore-Installation von Windkraftanlagen ist aufgrund höherer durchschnittlicher Windgeschwindigkeiten und des gleichmäßigeren Windenergieangebotes über Wasserflächen vorteilhaft. In der Folge steigt die Anzahl der Volllaststunden auf 3400 h/a und mehr, vgl. auch Tab. 2.3. Ende 2015 waren in Europa 3230 netzgekoppelte Windkraftanlagen mit einer Gesamtleistung von etwa 11 GW im Offshore-Einsatz. Die Anlagen befinden sich in 84 Offshore-Windparks in elf Ländern; die durchschnittliche Leistung einer Offshore-Windkraftanlage beträgt demnach 4,2 MW [10]. Nach Einschätzungen der Europäischen Kommission aus dem Jahr 2008 kann die installierte Leistung von Offshore-Anlagen innerhalb der Europäischen Union bis zum Jahr 2020 auf 30 bis 40 GW ausgebaut werden. Bis 2030 erscheint eine Gesamtkapazität von 150 GW realisierbar; Offshore-Windkraftanlagen würden dann 13 bis 16 % des europäischen Stromverbauchs decken.

Die Errichtung von Offshore-Windparks ist mit einer Reihe von Herausforderungen verbunden. Die sichere Verankerung der Anlage im Untergrund erfordert eine aufwendige Gestaltung des Fundaments. Die durchschnittliche Wassertiefe der in Europa im Jahr 2015 errichteten Offshore-Windkraftanlagen beträgt 27,2 m, die durchschnittliche Entfernung zur Küste 43,3 km [10]. Gegenwärtig wird überwiegend die Monopile-Verankerung eingesetzt. Offshore-Windkraftanlagen müssen seewasserbeständig ausgeführt werden und für eine Fernüberwachung geeignet sein. Ferner müssen die Anlagenkomponenten einen geringen Wartungsaufwand aufweisen. Sämtliche Sicherungs- und Steuerungssysteme sind redundant auszuführen. Die Anbindung an das elektrische Netz ist durch

Unterseekabel zu realisieren. Aufgrund des erhöhten anlagentechnischen Aufwands steigen die spezifischen Investitionskosten für Offshore-Windkraftanlagen auf 2700 bis 5070 USD/kW gegenüber 1280 bis 2290 USD/kW für Onshore-Anlagen [11].

In Deutschland wurden bis Ende 2015 in Nord- und Ostsee Offshore-Windparks mit einer Gesamtleistung von knapp 3,3 GW installiert [12]. Die Nordsee bietet aufgrund ihrer größeren Ausdehnung, ihrer geringeren Wassertiefe und ihres sandigen Untergrunds ein größeres Potenzial als die Ostsee. In Nord- und Ostsee findet die Nutzung der Windenergie hauptsächlich außerhalb der Zwölf-Seemeilen-Zone in der ausschließlichen Wirtschaftszone statt. Für Windparks außerhalb der Zwölf-Seemeilen-Zone prüft das Bundesamt für Seeschifffahrt und Hydrographie die Folgen für Ökosysteme, Fischerei, Schifffahrt und Militär. Für Anlageninstallationen innerhalb der Zwölf-Seemeilen-Zone sind die Anrainerbundesländer zuständig.

Literatur

1. Kleemann, M., Meliß, M.: Regenerative Energiequellen, 2. Aufl. Springer, Berlin/Heidelberg (1993)
2. Bayerisches Staatsministerium für Wirtschaft, Infrastruktur, Verkehr und Technologie (Hrsg.): Bayerischer Windatlas. München (2010)
3. Kaltschmitt, M., Streicher, W., Wiese, A. (Hrsg.): Erneuerbare Energien, 5. Aufl. Springer, Berlin/Heidelberg (2014)
4. Rebhan, E. (Hrsg.): Energiehandbuch. Springer, Berlin/Heidelberg (2002)
5. Quaschning, V.: Regenerative Energiesysteme, 5. Aufl. Hanser, München/Wien (2007)
6. Nordex AG: Firmenunterlagen N80/2500, N90/2300. Norderstedt, Stand 01/2009
7. Gasch, R., Twele, J. (Hrsg.): Windkraftanlagen, 9. Aufl. Springer Vieweg, Wiesbaden (2016)
8. Heier, S.: Windkraftanlagen, 5. Aufl. Vieweg+Teubner, Wiesbaden (2009)
9. Hau, E.: Windkraftanlagen, 5. Aufl. Springer Vieweg, Berlin/Heidelberg (2014)
10. European Wind Energy Association (Hrsg.): The European Offshore Wind Industry – Key Trends and Statistics 2015. Brüssel (2016)
11. International Renewable Energy Agency (Hrsg.): Renewable Power Generation Costs in 2014. Abu Dhabi (2015)
12. Bundesministerium für Wirtschaft und Energie (Hrsg.): Erneuerbare Energien in Zahlen. Nationale und internationale Entwicklung im Jahr 2015. Berlin (2016)

Brennstoffzellen

5

5.1 Einleitung

Dieses Kapitel soll den Leser mit Brennstoffzellen vertraut machen. Es wird erklärt, wie eine Brennstoffzelle arbeitet und was ihre wichtigsten Vor- und Nachteile sind. In den nachfolgenden Kapiteln werden die angesprochenen Punkte vertieft, um ein fundamentales Verständnis von Brennstoffzellen zu vermitteln.

5.1.1 Was ist eine Brennstoffzelle?

Unter einer Brennstoffzelle kann man sich eine verfahrenstechnische Anlage vorstellen, die Brennstoff verbraucht und elektrische Energie produziert. Solange Brennstoff zugeführt wird, wird auch Elektrizität erzeugt. Die Brennstoffzelle ist somit wie eine Batterie ein elektrochemischer Wandler, der sich jedoch im Gegensatz zu einer Batterie nicht aufbraucht. Die Brennstoffzelle wandelt die im Brennstoff gespeicherte chemische Energie in elektrische Energie um.

Wärmekraftmaschinen, wie z. B. Verbrennungsmotoren sind so gesehen ebenfalls verfahrenstechnische Anlagen. Sie wandeln ebenfalls die im Brennstoff gespeicherte chemische Energie in mechanische oder elektrische Energie um. Was ist nun der Unterschied zwischen einem Verbrennungsmotor und einer Brennstoffzelle?

In einem konventionellen Verbrennungsmotor wird ein Brennstoff verbrannt und daraus Wärme erzeugt. Betrachten wir als einfaches Beispiel die Verbrennung von Wasserstoff:

$$H_2 + \frac{1}{2} O_2 \rightarrow H_2O \tag{5.1}$$

© Springer Fachmedien Wiesbaden GmbH 2018
G. Reich, M. Reppich, *Regenerative Energietechnik*,
https://doi.org/10.1007/978-3-658-20608-6_5

Molekular gesehen verursacht die Kollision von Wasserstoff- und Sauerstoff-Molekülen eine Reaktion, in der die Wasserstoff-Moleküle zu Wasser oxidiert werden und bei der Wärme freigesetzt wird. In einem atomaren Maßstab werden innerhalb von Picosekunden die Bindungen zwischen den beiden Wasserstoff-Atomen und den beiden Sauerstoff-Atomen aufgebrochen und eine Bindung zwischen zwei Wasserstoff-Atomen und einem Sauerstoff-Atom wird generiert. Aufbrechen und Entstehen der Bindungen erfolgt durch Elektronen-Übergänge. Die Energie des Produkts Wasser ist niedriger als die der Edukte Wasserstoff und Sauerstoff. Die Energiedifferenz wird als Wärme abgegeben. Um daraus elektrische Energie zu erzeugen, muss zunächst Wärmeenergie in mechanische Energie und anschließend in elektrische Energie umgewandelt werden. Dieser Umweg über verschiedene Energiearten ist komplex. Der Wirkungsgrad ist durch den Carnot-Faktor

$$\eta_C = \frac{T_{\max} - T_{\min}}{T_{\max}} \tag{5.2}$$

begrenzt. Dabei sind $T_{\max}$ und $T_{\min}$ die maximale und minimale Prozesstemperatur. Vor allem bei niedrigen Prozesstemperaturen ist der Wirkungsgrad klein.

Um elektrische Energie direkt aus der chemischen Reaktion zu gewinnen, müssen die Elektronen auf ihrem Weg von den hochenergetischen Verbindungen zu den niedrigenergetischen Verbindungen eingefangen und auf vorgegebene Bahnen gezwungen werden. Genau dieser Prozess läuft in Brennstoffzellen ab. Doch wie können Elektronen, die sich innerhalb von Picosekunden in subatomaren Abständen rekonfigurieren, eingefangen werden? Die Lösung heißt räumliche Trennung der Edukte Wasserstoff und Sauerstoff. Hierdurch wird ein Elektronentransport über makroskopische Wegstrecken erforderlich, um den Bindungsumbau zu vervollständigen. Die Elektronen müssen als elektrischer Strom über definierte Leitungen vom Brennstoff (Wasserstoff) zum Oxidator (Sauerstoff) wandern.

5.1.2   Die Wasserstoff-Brennstoffzelle

In einer Brennstoffzelle wird die „Verbrennung" von Wasserstoff mit Sauerstoff in zwei elektrochemische Halbreaktionen aufgeteilt:

$$H_2 \rightarrow 2H^+ + 2e^- \tag{5.3}$$

$$\frac{1}{2}O_2 + 2H^+ + 2e^- \rightarrow H_2O \tag{5.4}$$

Durch die räumliche Trennung der beiden Halbreaktionen werden die vom Brennstoff freigesetzten Elektronen gezwungen über eine externe Bahn zu fließen und so einen

Abb. 5.1 Schema einer
Brennstoffzelle

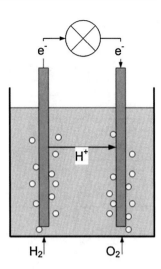

elektrischen Strom zu generieren, der elektrische Arbeit abgibt, bevor die Reaktion auf der Sauerstoffseite abgeschlossen wird.

Die räumliche Trennung wird mit Hilfe eines Elektrolyten realisiert. Ein Elektrolyt ist durchlässig für Ionen (geladene Atome), in diesem Fall für die positiv geladenen Wasserstoff-Protonen H^+, nicht jedoch für die Elektronen e^-, d. h. er ist ionenleitfähig, aber elektrisch nicht leitfähig. Der Kern einer Brennstoffzelle besteht demnach aus zwei durch ein Elektrolyt getrennten Elektroden, an denen die elektrochemischen Halbreaktionen stattfinden.

Abb. 5.1 zeigt eine einfache H_2-O_2-Brennstoffzelle. Sie besteht aus zwei in Schwefel-säure getauchte Platin-Elektroden. An der linken Elektrode wird Wasserstoff, an der rechten Elektrode Sauerstoff zugeführt. Der in Gasblasen aufsteigende Wasserstoff wird entsprechend Gl. 5.3 in Protonen und Elektronen getrennt. Die Protonen fließen durch den Elektrolyten, für Elektronen ist der Elektrolyt undurchlässig. Somit fließen die Elektronen über einen Metalldraht (elektrischer Leiter), der die beiden Elektroden verbindet, von links nach rechts. Der resultierende Strom fließt definitionsgemäß in entgegengesetzter Richtung. An der rechten Elektrode rekombinieren die Elektronen mit den Protonen und den aufsteigenden Sauerstoff-Blasen gemäß Gl. 5.4 zum Endprodukt Wasser. Wird eine elektrische Last, in diesem Beispiel eine Glühbirne, in den elektrischen Kreis integriert, geben die Elektronen Energie an die Last ab, die Glühbirne leuchtet. Die Brennstoffzelle gibt elektrische Energie ab.

5.1.3 Vorteile von Brennstoffzellen

Wie Verbrennungsmotoren sind Brennstoffzellen verfahrenstechnische Anlagen, die solange Strom produzieren, wie sie mit Brennstoff versorgt werden. Wie Batterien sind sie elektrochemische Wandler. Brennstoffzellen vereinen viele Vorteile von Verbren-nungsmotoren und Batterien.

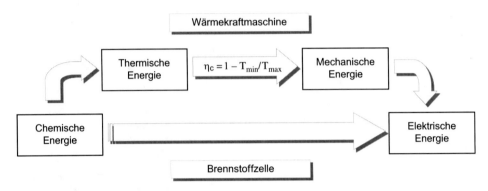

Abb. 5.2 Vergleich von Brennstoffzelle und Wärmekraftmaschine

Da Brennstoffzellen chemische Energie direkt in elektrische Energie umwandeln, und nicht über den Umweg über thermische und mechanische Energie, arbeiten sie meist deutlich effizienter als Verbrennungsmotoren und andere Wärmekraftmaschinen. Brennstoffzellen besitzen in ihrer Grundstruktur keine bewegten Teile, was bei entsprechendem Entwicklungsstand zu hoher Zuverlässigkeit und hoher Lebensdauer führen kann. Sie emittieren keine Geräusche. Unerwünschte Reaktionsprodukte, wie sie bei Verbrennungsmotoren auftreten, z. B. NO_x, SO_x oder Partikelemissionen, treten bei Brennstoffzellen praktisch nicht auf. Betreibt man die Brennstoffzelle mit Wasserstoff, entsteht Wasser als einziges Reaktionsprodukt.

Im Gegensatz zu Batterien, bei denen Leistung und Kapazität eng miteinander verknüpft sind, können bei Brennstoffzellen Leistung und Kapazität unabhängig voneinander dimensioniert werden. Die Leistung wird durch die Größe der Brennstoffzelle vorgegeben, die Kapazität durch die Größe des Brennstoffspeichers. Batterien existieren nur für kleine bis mittlere Leistungen. Dagegen decken Brennstoffzellen einen großen Leistungsbereich ab, von einigen Watt für Mobiltelefone über den Kilowatt-Bereich für Fahrzeugantriebe bis in den Megawatt-Bereich für Kraftwerke. Mit Brennstoffzellen können potentiell höhere Energiedichten als mit Batterien erreicht werden. Die Treibstofftanks der Brennstoffzelle können schnell wieder befüllt werden, Batterien hingegen benötigen einen zeitintensiven Ladevorgang. Abb. 5.2 und 5.3 zeigen schematisch Ähnlichkeiten und Unterschiede zwischen Brennstoffzellen, Batterien und Wärmekraftmaschinen.

5.1.4 Nachteile von Brennstoffzellen

Neben den beschriebenen Vorteilen besitzen Brennstoffzellen jedoch eine Reihe von Nachteilen. Hohe Kosten sind zur Zeit noch ihr größter Nachteil. Deshalb sind Brennstoffzellen heute nur in wenigen Spezialgebieten wettbewerbsfähig, z. B. in der bemannten Raumfahrt. Eine hohe Leistungsdichte ist eine wichtige Anforderung für Energiewandler. Obwohl die Leistungsdichten von Brennstoffzellen in den letzten Jahrzehnten stark erhöht

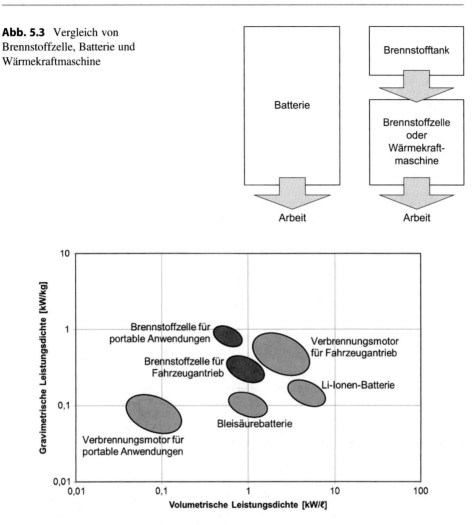

Abb. 5.3 Vergleich von Brennstoffzelle, Batterie und Wärmekraftmaschine

Abb. 5.4 Leistungsdichte verschiedener Energiewandler (nach [1])

wurden, erreichen sie noch nicht die volumetrischen Leistungsdichten (Leistung pro Volumen) von Verbrennungsmotoren oder Batterien. Die gravimetrischen Leistungsdichten (Leistung pro Masse) liegen dagegen fast gleichauf, wie in Abb. 5.4 zu erkennen ist.

Weitere Probleme sind die Verfügbarkeit und Speicherung des Brennstoffes. Brennstoffzellen arbeiten am effektivsten mit Wasserstoff, ein Brennstoff mit geringer Verfügbarkeit und einer geringen Energiedichte, siehe Abb. 5.5. Die Speicherung von Wasserstoff erfordert einen hohen Aufwand. Finden alternative Brennstoffe Verwendung, z. B. Methanol oder Erdgas, muss die Brennstoffzelle bei hohen Temperaturen betrieben werden oder der Brennstoff muss vor Eintritt in die Brennstoffzelle reformiert werden. Beide Varianten bewirken eine Verminderung des Wirkungsgrades und erfordern zusätzliche Bauteile.

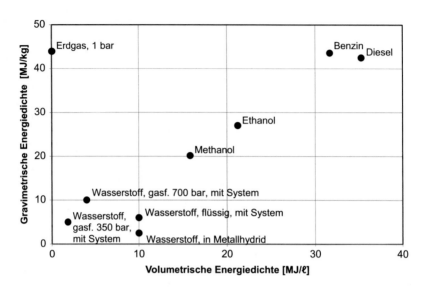

Abb. 5.5 Energiedichte verschiedener Brennstoffe

Weitere Begrenzungen für den Einsatz von Brennstoffzellen sind die zulässige Temperatur, die Empfindlichkeit gegenüber Umweltgiften wie z. B. Kohlenmonoxid oder Schwefel und die Standzeit bei häufigem An-/Ausschalten. Die Beseitigung dieser Nachteile erfordert einen hohen Forschungsaufwand und neue technologische Lösungen.

5.1.5   Bauarten von Brennstoffzellen

Obwohl in den meisten Brennstoffzellen Wasserstoff und Sauerstoff chemisch reagieren, existieren unterschiedliche Verfahren der technischen Umsetzung. Der verwendete Elektrolyt bestimmt die notwendige Zelltemperatur. Nach dem verwendeten Elektrolyten unterscheidet man fünf verschiedene Brennstoffzellen-Typen:

- *Alkalische Brennstoffzelle (AFC* = Alkaline Fuel Cell)
- *Polymerelektrolytmembran-Brennstoffzelle (PEMFC* = Polymer Electrolyte Membrane Fuel Cell, oder auch Proton Exchange Membrane Fuel Cell)
- *Phosphorsäure-Brennstoffzelle (PAFC* = Phosphoric Acid Fuel Cell)
- *Schmelzkarbonat-Brennstoffzelle (MCFC* = Molten Carbonate Fuel Cell)
- *Festoxid-Brennstoffzelle (SOFC* = Solid Oxide Fuel Cell)

Während alle fünf Zellentypen auf demselben elektrochemischen Prinzip basieren, arbeiten sie bei unterschiedlichen Temperaturen, sind aus unterschiedlichen Materialien aufgebaut und können mit unterschiedlichen Brennstoffen betrieben werden, wie in Tab. 5.1 gezeigt.

Tab. 5.1 Brennstoffzellensysteme im Überblick

	Elektrolyt	Ladungsträger	Betriebstemperatur	Katalysator	BStZ Komponenten	Brennstoff
AFC	Kalilauge	OH^-	60 °C...100 °C	Platin	Kohlenstoff-basiert	hochreiner Wasserstoff
PEMFC	Polymermembran	H^+	70 °C...90 °C	Platin	Kohlenstoff-basiert	Wasserstoff, Methanol
PAFC	Phosphorsäure	H^+	170 °C...200 °C	Platin	Kohlenstoff-basiert	Wasserstoff, Erdgas, Sondergase
MCFC	Karbonatgemisch	CO_3^{2-}	ca. 650 °C	Nickel	Edelstahl-basiert	Wasserstoff, Erdgas, Sondergase
SOFC	Keramik	O^{2-}	900 °C...1000 °C	Keramik	Keramik-basiert	Wasserstoff, Erdgas, Sondergase

5.1.6   Funktionsweise einer Brennstoffzelle

Das Prinzip der Brennstoffzelle basiert auf der Umwandlung der im Brennstoff enthaltenen chemischen Energie (Primärenergie) in elektrische Energie. Bei dieser elektrochemischen Reaktion wird die Primärenergie in einen Fluss von Elektronen umgewandelt. Diese Umwandlung benötigt eine Aktivierungsenergie und findet an einer Reaktionsfläche statt. Demnach hängt die Zahl der produzierten Elektronen von der Größe der Reaktionsfläche ab. Je größer die Reaktionsfläche ist, desto höher ist der produzierte Strom.

Um ein großes Oberflächen-Volumen-Verhältnis zu erreichen, werden Brennstoffzellen üblicherweise aus dünnen planaren Strukturen aufgebaut, wie schematisch in Abb. 5.6 gezeigt ist. Die Elektroden sind hochporös, um eine weitere Vergrößerung der Oberfläche zu erreichen und um die Zufuhr der Edukte und die Abfuhr der Produkte zu verbessern. An der Anode wird Brennstoff, an der Kathode der Oxidator zugeführt. Eine dünne Elektrolyt-Schicht dient zur räumlichen Trennung von Brennstoff und Oxidator und sorgt dafür, dass die beiden Halbreaktionen unabhängig voneinander stattfinden.

Für weitergehende Betrachtungen sollen zunächst wichtige Begriffe der Elektrochemie erläutert werden. Unter *Oxidation* versteht man einen Prozess, bei dem Elektronen freigesetzt werden. Als *Reduktion* bezeichnet man einen Prozess, bei dem Elektronen aufgenommen werden. Die *Anode* ist die Elektrode, an der die Oxidation stattfindet, sie gibt Elektronen ab. Die *Kathode* ist die Elektrode, an der die Reduktion stattfindet, sie nimmt Elektronen auf.

Bei der Wasserstoff-Brennstoffzelle wird Wasserstoff an der Anode oxidiert und Sauerstoff an der Kathode reduziert:

Abb. 5.6 Prinzipieller Aufbau einer Brennstoffzelle

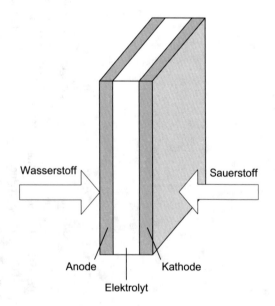

Wasserstoff

Sauerstoff

Anode

Kathode

Elektrolyt

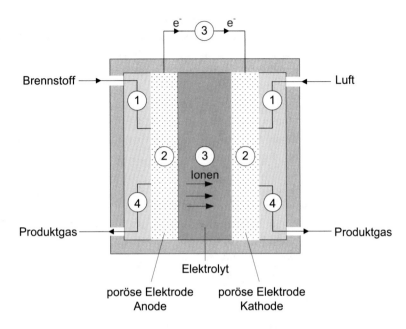

Abb. 5.7 Schnittbild einer Brennstoffzelle zur Darstellung der elektrochemischen Vorgänge. (1) Zufuhr der Reaktanten, (2) elektrochemische Reaktion, (3) Ionen- und Elektronenleitung, (4) Abfuhr der Reaktionsprodukte

$$\text{Anode : Oxidation von Wasserstoff} \qquad H_2 \rightarrow 2H^+ + 2e^- \qquad (5.5)$$

$$\text{Kathode : Reduktion von Sauerstoff} \qquad \frac{1}{2}O_2 + 2H^+ + 2e^- \rightarrow H_2O \qquad (5.6)$$

Anhand von Abb. 5.7 sollen die Vorgänge, die in einer Brennstoffzelle ablaufen, näher erläutert werden.

(1) *Zufuhr der Reaktanten* (Edukte). Um elektrischen Strom zu erzeugen, muss die Brennstoffzelle kontinuierlich mit Brennstoff und Sauerstoff versorgt werden. Soll die Brennstoffzelle mit hoher Stromdichte betrieben werden, resultieren aus diesem einfachen Zusammenhang hohe Anforderungen. Werden nicht genügend Reaktanten zugeführt, produziert die Brennstoffzelle keinen Strom. Eine effiziente Zufuhr der Reaktanten erfolgt über Strömungskanäle an poröse Elektroden. Die Strömungskanäle werden mit Verteilerplatten (flow field plates), in die Kanäle oder Nuten eingearbeitet sind, realisiert, und sorgen für eine möglichst gleichmäßige Verteilung der Medien über die Elektrodenoberfläche. Durch poröse Elektroden wird eine Vergrößerung der Reaktionsfläche erzielt.

(2) *Elektrochemische Reaktion*. Nachdem die Reaktanten den Elektroden zugeführt wurden, erfolgt die elektrochemische Reaktion. Die erzielte Stromdichte der Zelle ist umso höher, je schneller die elektrochemische Reaktion stattfindet. Hierzu werden üblicherweise Katalysatoren eingesetzt, die die für den Start der elektrochemischen Reaktion benötigte Aktivierungsenergie herabsetzen.

(3) *Ionen- und Elektronenleitung*. Die beiden elektrochemischen Halbreaktionen produzieren bzw. konsumieren Ionen und Elektronen. Diese müssen von der produzierenden zur konsumierenden Elektrode transportiert werden. Für die Elektronen ist dies einfach zu realisieren. Solange ein elektrisch leitender Pfad, z. B. ein Metalldraht existiert, können die Elektronen von einer zur anderen Elektrode fließen. Der Ionentransport gestaltet sich jedoch weitaus schwieriger, da Ionen deutlich größer als Elektronen sind. Als Transportpfad dient ein Elektrolyt, in dem die Ionen meist von einem Trägermolekül zum nächsten springen. Dies wird als Grotthuss-Mechanismus bzw. „hopping"-Mechanismus bezeichnet.

(4) *Abfuhr der Reaktionsprodukte* (Produkte). Neben dem elektrische Strom produzieren Brennstoffzelle mindestens ein Reaktionsprodukt. Bei Wasserstoff-Brennstoffzellen ist dies Wasser. Werden diese Produkte nicht oder nicht schnell genug abtransportiert, wird die Zelle bzw. werden Teile davon inaktiviert. Prinzipiell folgt der Abtransport der Produkte den gleichen Mechanismen wie die Zufuhr der Edukte und wird meist hierdurch unterstützt.

5.1.7 Leistung von Brennstoffzellen

Die Charakteristik einer Brennstoffzelle kann anhand der Strom-Spannungs-Kennlinie, wie sie in Abb. 5.8 dargestellt ist, erläutert werden. Dabei wird die Spannung U [V] über der Stromdichte $i = I/A$ [A/m^2] aufgetragen. Die Stromdichte ist der auf die Brennstoffzellenfläche bezogene Strom. Da der von einer Brennstoffzelle produzierte Strom proportional zu deren Fläche ist, liefert diese Darstellungsweise besser vergleichbare Ergebnisse.

Eine thermodynamisch ideale Brennstoffzelle könnte beliebig hohe Stromdichten liefern, während die Spannung konstant bleibt (gestrichelte Linie). Die tatsächliche Stromdichte einer realen Brennstoffzelle liegt jedoch deutlich niedriger. Mit zunehmender Stromdichte nehmen die irreversiblen Verluste zu. Dies sind:

• *Aktivierungsverluste* (bedingt durch die elektrochemische Reaktion)
• *Ohmsche Verluste* (bedingt durch Ionen- und Elektronenleitung)
• *Diffusionsverluste* (bedingt durch Massentransport)

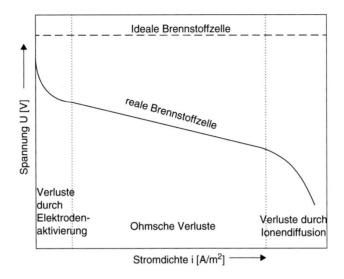

Abb. 5.8 Strom-Spannungs-Kennlinie einer Brennstoffzelle

Eine eingehende Beschreibung dieser Vorgänge findet sich in den folgenden Kapiteln. Aus der Strom-Spannungs-Kennlinie kann die Leistung der Brennstoffzelle *P* [W] wie folgt ermittelt werden.

$$P = U \cdot I = U \cdot i \cdot A \qquad (5.7)$$

5.2 Thermodynamik der Brennstoffzelle

Brennstoffzellen sind Energiewandler. Die thermodynamischen Zusammenhänge bei der Umwandlung chemischer Energie in elektrische Energie sind demnach von grundlegender Bedeutung für das Verständnis der Vorgänge in Brennstoffzellen. Mit Hilfe der Thermodynamik lässt sich feststellen, ob eine Reaktion spontan abläuft und es kann die maximal erzielbare elektrische Energie ermittelt werden, die sich bei der Reaktion erzeugen lässt. Somit liefert die Thermodynamik die theoretischen Grenzen, die eine ideale Brennstoffzelle erreichen kann. Dieses Kapitel beschäftigt sich mit der Thermodynamik von Brennstoffzellen. Eine reale Brennstoffzelle wird unterhalb dieser theoretischen Grenzen arbeiten. Um dies zu beschreiben, sind Kenntnisse der Reaktionskinetik erforderlich, die in den anschließenden Kapiteln erörtert werden.

5.2.1 Thermodynamische Grundlagen

In diesem Kapitel werden die relevanten Grundlagen der Thermodynamik wiederholt und um Zusammenhänge erweitert, die für das Verständnis von Brennstoffzellen von Bedeutung sind. Falls erforderlich sollte der Leser Literatur zur Thermodynamik [2, 3] konsultieren.

5.2.1.1 Innere Energie

Eine Brennstoffzelle wandelt die in einem Brennstoff gespeicherte Energie in elektrische Energie um. Der gesamte Energieinhalt des Brennstoffs oder irgendeiner Substanz wird durch die *Innere Energie* U_i dargestellt (der hier verwendete Index i dient zur Unterscheidung von der elektrischen Spannung U). Zur Erklärung der Inneren Energie bedarf es einer mikroskopischen Betrachtungsweise. Bei einfachen, d. h. chemisch nicht reagierenden Systemen, besteht sie aus der kinetischen Energie der ungeordneten Molekularbewegung und aus der potenziellen Energie der Moleküle aufgrund des Anziehungs- und Abstoßungs-Potenzials zwischen den Molekülen. Werden chemische Reaktionen zugelassen, wie sie bei der Brennstoffzelle stattfinden, muss man zusätzlich die zwischen den Atomen eines Moleküls wirkenden Bindungskräfte berücksichtigen. Eine Brennstoffzelle kann nur einen Teil der Inneren Energie in elektrische Energie umsetzen. Dieser Zusammenhang wird mit den beiden Hauptsätzen der Thermodynamik beschrieben.

5.2.1.2 Erster Hauptsatz der Thermodynamik

Der *Erste Hauptsatz der Thermodynamik* beschreibt die Energieerhaltung und ist nach entsprechender Erweiterung auch für Brennstoffzellen anwendbar. Für *geschlossene Systeme* bewirkt die von außen in Form von Wärme Q und Arbeit W zu- oder abgeführte Energie eine Änderung der Inneren Energie U_i.

$$\Delta U_i = Q + W \tag{5.8}$$

Wendet man den 1. Hauptsatz auf die elektrochemische Reaktion in der Brennstoffzelle an, ist neben der Volumenänderungsarbeit W_V auch die elektrische Arbeit W_{el} zu betrachten.

$$W_V = -\int p \ dV \tag{5.9}$$

$$W_{el} = U \ I \ \Delta t \tag{5.10}$$

Da die Brennstoffzelle eine Gleichspannung liefert, ist die elektrische Arbeit das einfache Produkt aus Spannung U, Strom I und Zeitspanne Δt.

Werden chemische Reaktionen zugelassen ist ΔU_i die Differenz zwischen der inneren Energie der Produkte und der Edukte. Die Wärmemenge Q und die Arbeit W werden mit einem positiven Vorzeichen versehen, wenn das System während der chemischen Reaktion Wärme bzw. Arbeit aufnimmt. Die Innere Energie U_i einer Substanz ist temperaturabhängig und ändert sich bei Zufuhr bzw. Abgabe von Wärmeenergie. Sie wird diesbezüglich in geschlossenen Systemen auch als Reaktionswärme bei konstantem Volumen bezeichnet.

Im Betriebszustand kann die Brennstoffzelle als *offenes System* mit konstanten Stoff-
strömen, d. h. als *stationärer Fließprozess* betrachtet werden. Als neue Zustandsgröße wird
hierzu die *Reaktionsenthalpie* $\Delta_R H$ eingeführt.

$$\Delta_R H = \Delta U_i + p\Delta V \qquad (5.11)$$

ΔV ist die Volumenänderung während des Prozesses. Die Reaktionsenthalpie wird auch
als Reaktionswärme bei konstantem Druck bezeichnet und ist für den Ablauf chemischer
Reaktionen wegen der notwendigen Wärmeabfuhr bzw. Wärmezufuhr während des Prozesses eine wichtige Kenngröße. Die Reaktionsenthalpie $\Delta_R H$ ist temperatur- und druckabhängig, sie wird auf den *chemischen Standardzustand* von *25 °C (298,15 K) und 10^5 Pa*
bezogen und als *Standard-Reaktionsenthalpie* $\Delta_R H^0$ bezeichnet. Die Reaktionsenthalpie
entspricht der Differenz der Bildungsenthalpien der Produkte und der Edukte und somit der
pro Formelumsatz freigesetzten oder verbrauchten Energie.

$\Delta_R H < 0 \Rightarrow$ exotherme Reaktion (Energie wird während des Prozesses frei)

$\Delta_R H > 0$
$\qquad \Rightarrow$ endotherme Reaktion (Energie wird während des Prozesses absorbiert)

Zweiter Hauptsatz der Thermodynamik

Mit der Formulierung des *Zweiten Hauptsatzes der Thermodynamik* und der Definition der
Entropie S lässt sich der Ablauf einer spontanen chemischen Reaktion beschreiben. Anschau-
lich kann die Entropie *S* als Maß für die Unordnung in einem System gedeutet werden. Je
höher die Unordnung in einem System, desto höher die Entropie *S* und die Wahrscheinlich-
keit einer spontanen chemischen Reaktion. Für eine gegebene Substanz besitzt der feste,
kristalline Zustand die höchste Ordnung und die geringste Entropie. Der gasförmige Zustand
hat die höchste Entropie und die geringste Ordnung, wobei der flüssige Zustand dazwischen
einzuordnen ist. Mathematisch wird die Änderung der Entropie aus dem Quotienten aus
zugeführter Wärme und der thermodynamischen (absoluten) Temperatur gebildet. Werden
chemische Reaktionen zugelassen gilt für die *Reaktionsentropie* $\Delta_R S$:

$$\Delta_R S = \frac{Q}{T} \qquad (5.12)$$

Eine wichtige Aussage des zweiten Hauptsatzes ist, dass die Entropie eines abgeschlosse-
nen Systems im reversiblen Fall konstant bleibt und im irreversiblen Fall nur zunehmen kann.

$$\Delta_R S \geq 0 \qquad (5.13)$$

Wendet man den zweiten Hauptsatz auf chemische Reaktionen an, lassen sich folgende Schlüsse ziehen. Für spontane chemische Reaktionen muss die Reaktionsentropie $\Delta_R S$ eines Systems zunehmen. $\Delta_R S$ ist die Differenz der Entropie der Produkte und der Edukte, die bei einem positiven Wert den spontanen Übergang des chemischen Systems zu einem wahrscheinlicheren Zustand kennzeichnet. Die Unordnung in einem System und somit die Entropie S wird erhöht, indem sich die Teilchenzahl vergrößert, Gase aus Flüssigkeiten oder Flüssigkeiten aus Feststoffen entstehen.

Analog zur Standard-Reaktionsenthalpie $\Delta_R H^0$ lässt sich die Reaktionsentropie auf den Standardzustand beziehen und als *Standard-Reaktionsentropie* $\Delta_R S^0$ definieren. An dieser Stelle sei jedoch angemerkt, dass die Reaktionsentropie keinerlei Auskunft über die Reaktionsgeschwindigkeit enthält, so können beispielsweise Wasserstoff und Sauerstoff über eine sehr lange Zeit ohne merkliche Reaktion nebeneinander existieren. Erst nach dem Aufbringen einer Aktivierungsenergie erfolgt eine merkliche chemische Reaktion zu Gunsten der Wasserbildung. Auch die Annahme, dass bei jedem negativen Reaktionsentropiewert das Produkt vollständig bzw. merklich zu den Edukten zerfällt oder die Edukte nicht miteinander reagieren, ist falsch, vielmehr kennzeichnet der Reaktionsentropiewert die Gleichgewichtslage einer chemischen Reaktion.

Für alle spontanen Reaktionen gilt, dass die gesamte Entropie des Systems zunehmen muss. Viele chemische Reaktionen treten sofort ein, andere hingegen erst nach Überwinden einer Aktivierungsenergie, beispielsweise durch Wärmezufuhr bei gegebener Temperatur T. Für die Betrachtung chemischer Reaktionen hat es sich als sinnvoll erwiesen, eine Funktion einzuführen, die nur von Zustandsänderungen des reagierenden Systems ausgeht und dennoch Auskunft über die Spontanität enthält. Die *freie Reaktionsenthalpie* $\Delta_R G$, auch *Gibbs-Enthalpie* genannt, erfasst sowohl die Enthalpie- als auch die Entropieänderung (zur detaillierten Herleitung siehe einschlägige Literatur zur Physikalischen Chemie [4, 5]).

$$\Delta_R G = \Delta_R H \; - \; T \cdot \Delta_R S \qquad (5.14)$$

Die Gleichung der freien Reaktionsenthalpie lässt erkennen, dass $\Delta_R G$ umso negativer ausfällt, je negativer $\Delta_R H$ (exotherm) und je positiver $\Delta_R S$ (Zunahme der Unordnung) ist. Die freie Reaktionsenthalpie kennzeichnet somit die Energie die pro Formelumsatz entnommen bzw. in Arbeit oder elektrische Energie umgewandelt werden kann. Zusammenfassend folgt:

$$\Delta_R G \; < \; 0 \qquad \Rightarrow \qquad \text{spontane Reaktion}$$

$$\Delta_R G = 0 \qquad \Rightarrow \qquad \text{Gleichgewicht}$$

$$\Delta_R G \; > \; 0 \qquad \Rightarrow \qquad \text{nicht spontan ablaufende Reaktion}$$

Analog zur Standard-Reaktionsenthalpie $\Delta_R H^0$ lässt sich die freie Reaktionsenthalpie auf den Standardzustand beziehen und als *freie Standard-Reaktionsenthalpie* $\Delta_R G^0$ definieren.

5.2.1.3 Thermodynamische Potenziale

Die mit Hilfe der beiden Hauptsätze der Thermodynamik ermittelten Zusammenhänge lassen sich zu den *thermodynamischen Potenzialen* zusammenfassen [4, 5]. Berücksichtigt man chemische Reaktionen, lässt sich hierfür schreiben:

- *Innere Energie ΔU_i.* Energie, die bei einer chemischen Reaktion freigesetzt wird ohne Berücksichtigung von Temperatur- und Volumenänderung.
- *Reaktionsenthalpie $\Delta_R H$.* Energie, die bei einer chemischen Reaktion freigesetzt wird unter Berücksichtigung der Volumenänderung.

$$\Delta_R H = \Delta U_i + p\Delta V \tag{5.15}$$

- *Freie Reaktionsenergie $\Delta_R F$, Helmholtz-Energie.* Energie, die bei einer chemischen Reaktion freigesetzt wird unter Berücksichtigung des Wärmeaustausches (bei konstanter Temperatur).

$$\Delta_R F = \Delta U_i - T\Delta_R S \tag{5.16}$$

- *Freie Reaktionsenthalpie $\Delta_R G$, Gibbs-Enthalpie.* Energie, die bei einer chemischen Reaktion freigesetzt wird unter Berücksichtigung der Volumenänderung und des Wärmeaustausches (bei konstanter Temperatur).

$$\Delta_R G = \Delta_R H - T\Delta_R S = \Delta U_i + p\Delta V - T\Delta_R S \tag{5.17}$$

Eine Zusammenfassung dieser Zusammenhänge zeigt Abb. 5.9.

5.2.2 Energetische Bewertung von Brennstoffzellen

Basierend auf den thermodynamischen Grundlagen sollen nun Energiebilanzen für die elektrochemischen Vorgänge in Brennstoffzellen aufgestellt werden. Um dem Umstand gerecht zu werden, dass bei einer chemische Reaktion z. B. *x mol* einer Substanz mit *y mol* einer zweiten Substanz zu *z mol* des Produktes reagieren, werden im folgenden stoffmengenbezogene (mol-spezifische) Größen verwendet.

Abb. 5.9 Darstellung der thermodynamischen Potentiale

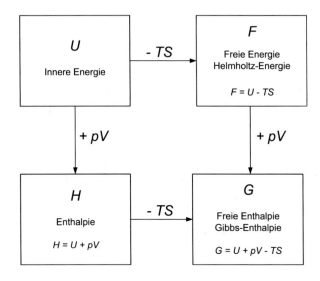

5.2.2.1 Die elektrochemische Reaktion

Reaktionsenthalpie

Die bei einer chemischen Reaktion umgesetzte Energie entspricht der Differenz der zur Bildung der Edukte und Produkte benötigten Energie. Zunächst soll die im chemischen Standardzustand bei einer Temperatur $T = 298{,}15$ K und einem Druck $p = 10^5$ Pa umgesetzte Energie betrachtet werden. Die *Standard-Reaktionsenthalpie* $\Delta_R H^0$ entspricht der Differenz der Bildungsenthalpien der bei der Reaktion entstehenden Produkte und der beteiligten Edukte im chemischen Standardzustand.

$$\Delta_R H^0 = \sum \nu_i \cdot \Delta_B H_i^0 \quad \left[\frac{\text{J}}{\text{mol}}\right] \tag{5.18}$$

Die *molaren Standard-Bildungsenthalpien* $\Delta_B H_i^0$ sind tabellarisch erfasst (siehe Anlage bzw. [5]) und werden in obige Gleichung zur Ermittlung der Standard-Reaktionsenthalpie eingesetzt. Die Reaktionsenthalpie ist stoffmengenbezogen und wird mit den *stöchiometrischen Zahlen* ν_i auf 1 mol Brennstoff bezogen. Hierbei werden die in die Reaktion eingehenden Stoffe, die Edukte, mit einem negativen Vorzeichen und die aus der Reaktion hervorgehenden Stoffe, die Produkte, mit einem positiven Vorzeichen deklariert. Beispielhaft soll die elektrochemische Reaktion von Wasserstoff und Sauerstoff zu Wasser betrachtet werden.

$$H_2 + \frac{1}{2}\ O_2 \rightarrow H_2O \tag{5.19}$$

$$\nu_{H_2} = -1 \qquad \nu_{O_2} = -\frac{1}{2} \qquad \nu_{H_2O} = +1$$

Für die Ermittlung der *Reaktionsenthalpie* $\Delta_R H$ bei beliebiger Temperatur gilt:

$$\Delta_R H = \Delta_R H^0 + \sum \nu_i \cdot C_{p,i}\big|_{T_0}^{T} \cdot (T - T_0) \quad \left[\frac{J}{mol}\right] \qquad (5.20)$$

mit $\Delta_R H^0$ $\left[\frac{J}{mol}\right]$ Standard-Reaktionsenthalpie

$\quad\quad \nu$ $[-]$ Stöchiometrische Zahl

$\quad\quad C_{p,\,i}$ $\left[\frac{J}{mol\cdot K}\right]$ molare Wärmekapazität bei konstantem Druck

$\quad\quad T$ $[K]$ Betriebstemperatur

$\quad\quad T_0 = 298{,}15\ K$ Temperatur des chemischen Standardzustandes

Die Reaktionsenthalpie ist temperatur- und druckabhängig. Der Einfluss des Druckes ist meistens jedoch gering und kann vernachlässigt werden.

Reaktionsentropie
Auch hier soll zunächst der chemische Standardzustand betrachtet werden. Die *Standard-Reaktionsentropie* $\Delta_R S^0$ entspricht der Differenz der Entropien der bei der Reaktion entstehenden Produkte und beteiligten Edukte im chemischen Standardzustand.

$$\Delta_R S^0 = \sum \nu_i \cdot S_i^0 \quad \left[\frac{J}{mol \cdot K}\right] \qquad (5.21)$$

Die *molaren Standard-Entropien* S_i^0 sind tabellarisch erfasst (siehe Anlage bzw. [5]) und werden in obige Gleichung zur Ermittlung der Standard-Reaktionsentropie eingesetzt. Die Reaktionsentropie ist stoffmengenbezogen und wird mit den stöchiometrischen Zahlen ν_i auf 1 mol Brennstoff bezogen. Hierbei werden die Edukte mit einem negativen Vorzeichen und die Produkte mit einem positiven Vorzeichen deklariert. Für die Ermittlung der Reaktionsentropie bei beliebiger Temperatur und beliebigem Druck gilt:

$$\Delta_R S = \Delta_R S^0 + \sum \nu_i \cdot C_{p,i}\big|_{T_0}^{T} \cdot \ln \frac{T}{T_0} - \sum \nu_i \cdot \bar{R} \cdot \ln \frac{p_i}{p_0} \quad \left[\frac{J}{mol \cdot K}\right] \qquad (5.22)$$

mit: $\Delta_R S^0$ $\left[\frac{J}{mol\cdot K}\right]$ Standard-Reaktionsentropie

$\quad\quad \nu$ $[-]$ Stöchiometrische Zahl

$\quad\quad C_{p,\,i}$ $\left[\frac{J}{mol\cdot K}\right]$ molare Wärmekapazität bei konstantem Druck

$\quad\quad T$ $[K]$ Betriebstemperatur

$\quad\quad T_0 = 298{,}15\ K$ Temperatur des chemischen Standardzustandes

p_i [Pa]	Partialdrücke von Edukten und Produkten
$p_0 = 10^5 \, Pa$	Druck des chemischen Standardzustandes
$\bar{R} = 8,314 \, \dfrac{J}{mol \cdot K}$	Universelle Gaskonstante

Freie Reaktionsenthalpie, Gibbs-Enthalpie

Die *freie Standard-Reaktionsenthalpie* $\Delta_R G^0$ entspricht der Differenz der freien Enthalpien der bei der Reaktion entstehenden Produkte und beteiligten Edukte im chemischen Standardzustand.

$$\Delta_R G^0 = \sum \nu_i \cdot G_i^0 \quad \left[\frac{J}{mol}\right] \tag{5.23}$$

Die *molaren freien Standard-Enthalpien* G_i^0 sind tabellarisch erfasst (siehe Anlage bzw. [5]) und werden in obige Gleichung zur Ermittlung der freien Standard-Enthalpie eingesetzt. Die freie Reaktionsenthalpie ist stoffmengenbezogen und wird mit den stöchiometrischen Zahlen ν_i auf 1 mol Brennstoff bezogen. Hierbei werden die Edukte mit einem negativen Vorzeichen und die Produkte mit einem positiven Vorzeichen deklariert. Für die Ermittlung der freien Reaktionsenthalpie bei beliebiger Temperatur und beliebigem Druck gilt:

$$\Delta_R G = \Delta_R H - T \cdot \Delta_R S \quad \left[\frac{J}{mol}\right] \tag{5.24}$$

mit: $\Delta_R H \left[\frac{J}{mol}\right]$ Reaktionsenthalpie

       $\Delta_R S \left[\frac{J}{mol \cdot K}\right]$ Reaktionsentropie

       T [K]   Betriebstemperatur

5.2.3   Reversible Spannung der Brennstoffzelle

Betrachten wir noch einmal die in Abschn. 5.1 gezeigte Wasserstoff-Brennstoffzelle mit den beiden Halbreaktionen:

$$H_2 \rightarrow 2H^+ + 2e^- \tag{5.25}$$

$$\frac{1}{2} O_2 + 2H^+ + 2e^- \rightarrow H_2O \tag{5.26}$$

Pro Wasserstoff-Molekül fließen jeweils $n = 2$ vom Brennstoff freigesetzte Elektronen über den externen Stromkreis und generieren so einen elektrischen Strom, der elektrische Arbeit abgibt. 1 mol eines Stoffes enthält immer dieselbe Anzahl von Einheiten,

z. B. Molekülen, nämlich $6{,}0221 \cdot 10^{23}$. Diese Zahl wird als *Avogadro-Konstante* $N_A = 6{,}0221 \cdot 10^{23}$ mol^{-1} bezeichnet. Pro Mol Wasserstoff werden also $2 \cdot N_A$ Elektronen freigesetzt. Dabei transportiert jedes Elektron die *Elementarladung* $q = 1{,}6022 \cdot 10^{-19}$ C. Die Ladungsmenge, die ein Mol Elektronen transportiert, wird als *Faraday-Konstante* F bezeichnet:

$$F = N_A \, q = 6{,}0221 \cdot 10^{23} \frac{1}{mol} \cdot 1{,}6022 \cdot 10^{-19} \, C = 96\,485 \frac{C}{mol} \qquad (5.27)$$

Arbeitet die Brennstoffzelle reversibel, wird die gesamte freie Reaktionsenthalpie (Gibbs-Enthalpie) in elektrische Arbeit umgesetzt. Die elektrische Arbeit ist das Produkt aus Ladung und Spannung. Somit kann geschrieben werden:

$$\Delta_R G = -n \cdot F \cdot U_{rev} = W_{BZ,m,rev} \qquad (5.28)$$

mit: $\Delta_R G \left[\frac{J}{mol} \right]$ freie Reaktionsenthalpie

   $n \, [-]$ Anzahl der pro Formelumsatz ausgetauschten Elektronen

   $F = 96\,485 \, \frac{C}{mol}$ Faraday-Konstante

   $U_{rev} \, [V]$ reversible Zellspannung

   $W_{BZ,\,m,\,rev} \left[\frac{J}{mol} \right]$ molare Arbeit bei reversibler Reaktionsführung

Die *reversible Zellspannung* U_{rev} wird auch als *Elektrodenpotenzial* oder *Leerlaufspannung* bezeichnet und kann nach Gl. 5.28 aus der freien Reaktionsenthalpie berechnet werden.

$$U_{rev} = -\frac{\Delta_R G}{n \cdot F} \qquad (5.29)$$

5.2.3.1 Reversible Spannung unter Standardbedingungen

Unter Standardbedingungen ($T = 298{,}15$ K, $p = 10^5$ Pa) erhält man die reversible Zellspannung aus der *freien Standard-Reaktionsenthalpie* $\Delta_R G^0$.

$$U^0_{rev} = -\frac{\Delta_R G^0}{n \cdot F} \qquad (5.30)$$

5.2.3.2 Reversible Spannung unter Nicht-Standardbedingungen

Bei abweichenden Temperaturen und Drücken sind Gl. 5.20, 5.22, und 5.24 zur Ermittlung der freien Standard-Reaktionsenthalpie anzuwenden, was recht aufwändig ist. Eine anschaulichere Darstellung der Druck- und Temperaturabhängigkeit erhalten wir direkt aus den thermodynamischen Potenzialen, siehe Abb. 5.9. Für die freie Enthalpie gilt:

$$G = U + pV - TS \qquad (5.31)$$

In differentieller Schreibweise erhält man:

$$dG = dU + p\,dV + V\,dp - T\,dS - S\,dT \tag{5.32}$$

Mit Hilfe des Ersten und Zweiten Hauptsatzes der Thermodynamik kann für die differentielle Änderung der Inneren Energie geschrieben werden:

$$dU = T\,dS - p\,dV \tag{5.33}$$

Eingesetzt in Gl. 5.32 erhält man für die differentielle Änderung der freien Enthalpie:

$$dG = V\,dp - S\,dT \tag{5.34}$$

Somit ist ein Zusammenhang gefunden, der den Einfluss von Druck und Temperatur auf die freie Enthalpie beschreibt. Bildet man die partiellen Differenziale unter Konstanthaltung der jeweils anderen Größe, erhält man Differenzialgleichungen, die den Einfluss von Temperatur und Druck auf die reversible Zellspannung beschreiben.

$$\left(\frac{\partial G}{\partial T}\right)_p = -S \tag{5.35}$$

$$\left(\frac{\partial G}{\partial p}\right)_T = V \tag{5.36}$$

Einfluss der Temperatur auf die reversible Zellspannung
Wendet man Gl. 5.35 auf die elektrochemische Reaktion in der Brennstoffzelle an, lässt sich schreiben:

$$\left(\frac{\partial (\Delta_R G)}{\partial T}\right)_p = -\Delta_R S \tag{5.37}$$

Durch Integration erhält man für die freie Reaktionsenthalpie

$$\Delta_R G = \Delta_R G^0 - \Delta_R S \cdot (T - T_0) \tag{5.38}$$

und mit Gl. 5.29 und 5.30 die reversible Zellspannung in Abhängigkeit von der Zellentemperatur:

$$U_{rev} = \frac{\Delta_R G}{-n \cdot F} = \frac{\Delta_R G^0}{-n \cdot F} + \frac{\Delta_R S^0}{n \cdot F} \cdot (T - T_0) = U_{rev}^0 + \frac{\Delta_R S^0}{n \cdot F} \cdot (T - T_0) \tag{5.39}$$

Hier wurde näherungsweise angenommen, dass die Reaktionsentropie temperaturunabhängig ist und $\Delta_R S = \Delta_R S^O$ gesetzt. Bei den meisten Brennstoffzellen-Reaktionen nimmt die Reaktionsentropie negative Werte an. Deshalb nimmt die reversible Zellspannung mit zunehmender Temperatur ab. Dies könnte dazu verleiten, die Brennstoffzelle bei der niedrigstmöglichen Temperatur zu betreiben. Wie später gezeigt wird, überwiegt jedoch der Einfluss der verbesserten Reaktionskinetik bei höherer Temperatur, sodass der Wirkungsgrad der Brennstoffzelle mit steigender Temperatur zunimmt, obwohl die reversible Zellspannung abnimmt.

Einfluss des Druckes auf die reversible Zellspannung

Wendet man Gl. 5.36 auf die elektrochemische Reaktion in der Brennstoffzelle an, lässt sich schreiben:

$$\left(\frac{\partial(\Delta_R G)}{\partial p}\right)_T = \Delta v_m \tag{5.40}$$

mit: $\Delta v_m \left[\frac{m^3}{mol}\right]$ Änderung des molaren Volumens

Die freie Reaktionsenthalpie ist demnach eine Funktion der Volumenänderung. Dabei ist die Volumenänderung nur in der Gasphase von nennenswerter Bedeutung. Mit Hilfe der stöchiometrischen Zahlen ν_i und der thermischen Zustandsgleichung für ideale Gasgemische lässt sich für das molare Volumen bezogen auf 1 mol Brennstoff schreiben:

$$\Delta v_m = \sum \nu_i \cdot v_{i,m} = \frac{\bar{R} \cdot T}{p} \sum \nu_i \tag{5.41}$$

Mit der in Abschn. 5.2.2 gemachten Vereinbarung für die stöchiometrischen Zahlen (Edukte: $\nu_i < 0$; Produkte: $\nu_i > 0$) stellt der Ausdruck $\Sigma \nu_i$ die Änderung der Molanzahl in der Gasphase durch die Reaktion dar. Eingesetzt in Gl. 5.40 erhält man für den Druckeinfluss auf die freie Reaktionsenthalpie:

$$\left(\frac{\partial(\Delta_R G)}{\partial p}\right)_T = \frac{\bar{R} \cdot T}{p} \sum \nu_i \tag{5.42}$$

Mit Gl. 5.29 lässt sich nun für den Druckeinfluss auf die reversible Zellspannung schreiben:

$$\left(\frac{\partial U_{rev}}{\partial p}\right)_T = -\frac{\bar{R} \cdot T}{n \cdot F \cdot p} \sum \nu_i \tag{5.43}$$

Einfluss der Konzentration auf die reversible Zellspannung

Da einer Brennstoffzelle nur in Ausnahmefällen reiner Sauerstoff zugeführt wird, muss zusätzlich zum Druck noch der Einfluss der Konzentration bzw. der Partialdrücke der einzelnen Komponenten berücksichtigt werden. Hierzu setzen wir Gl. 5.22 in Gl. 5.24 ein:

$$\Delta_R G = \Delta_R H - T \cdot \left[\Delta_R S^0 + \sum \nu_i \cdot C_{p,i}\big|_{T_0}^{T} \cdot \ln \frac{T}{T_0} - \sum \nu_i \cdot \bar{R} \cdot \ln \frac{p_i}{p_0} \right] \qquad (5.44)$$

Hält man die Temperatur konstant auf $T = T_0$, kann hierfür geschrieben werden:

$$\Delta_R G = \Delta_R G^0 + \bar{R} \cdot T \cdot \sum \nu_i \cdot \ln \frac{p_i}{p_0} \qquad (5.45)$$

Unter Anwendung der Logarithmenregeln ($ln\ a + ln\ b = ln\ (a \cdot b)$ und $a \cdot ln\ b = ln\ b^a$) lässt sich hierfür schreiben:

$$\Delta_R G = \Delta_R G^0 + \bar{R} \cdot T \cdot \ln \prod \left(\frac{p_i}{p_0} \right)^{\nu_i} \qquad (5.46)$$

Mit Gl. 5.29 und 5.30 erhält man die reversible Zellspannung in Abhängigkeit von der Konzentration:

$$U_{rev} = -\frac{\Delta_R G}{n \cdot F} = -\frac{\Delta_R G^0}{n \cdot F} - \frac{\bar{R} \cdot T}{n \cdot F} \cdot \ln \prod \left(\frac{p_i}{p_0} \right)^{\nu_i}$$

$$= U_{rev}^0 - \frac{\bar{R} \cdot T}{n \cdot F} \cdot \ln \prod \left(\frac{p_i}{p_0} \right)^{\nu_i} \qquad (5.47)$$

Bei Gl. 5.47 handelt es sich um die aus der physikalischen Chemie bekannte *Nernst-Gleichung*. In dieser Form gilt sie für ideale Gase. Die normierten Partialdrücke p_i/p_0 stellen die *Aktivitäten* a_i der beteiligten Stoffe dar. Liegt das Produktwasser flüssig vor, ist für

$$a_{H_2O} = \frac{p_{H_2O}}{p_0} = 1 \qquad (5.48)$$

zu setzen. Die Nernst-Gleichung beschreibt den Druck- und Konzentrationseinfluss auf die reversible Zellspannung.

Zusammenfassung aller Einflüsse auf die reversible Zellspannung
Kombiniert man Gl. 5.39 mit Gl. 5.47, erhält man einen Ausdruck, der den Einfluss von
Temperatur, Druck und Konzentration auf die reversible Zellspannung beschreibt.

$$U_{rev} = U_{rev}^0 + \frac{\Delta_R S^0}{n \cdot F} \cdot (T - T_0) - \frac{\bar{R} \cdot T}{n \cdot F} \cdot \ln \prod \left(\frac{p_i}{p_0}\right)^{\nu_i} \qquad (5.49)$$

5.2.4 Ideale und reale Brennstoffzelle

Die Thermodynamik liefert die obere Grenze für die maximal gewinnbare elektrische
Energie. Diese soll im Folgenden ermittelt werden. Reale Brennstoffzellen arbeiten unterhalb dieser Grenze. Ohne Kenntnisse der Reaktionskinetik, die erst weiter unten behandelt
wird, kann dies nur mit Wirkungsgraden dargestellt werden.

5.2.4.1 Arbeit
Die maximale nutzbare Arbeit einer reversiblen chemischen Reaktion entspricht der freien
Enthalpie $\Delta_R G$. Die freie Enthalpie kennzeichnet die Energie einer chemischen Reaktion,
die pro Formelumsatz entnommen bzw. in Arbeit oder elektrische Energie umgewandelt
werden kann.

$$W_{BZ,m,rev} = \Delta_R G \qquad (5.50)$$

mit: $W_{BZ, m, rev}$ $\left[\frac{J}{mol}\right]$ molare Arbeit bei reversibler Reaktionsführung

   $\Delta_R G$ $\left[\frac{J}{mol}\right]$ freie Reaktionsenthalpie

Da dies nur theoretisch möglich ist und in technischen Anlagen stets durch Verluste und
Ausgleichsvorgänge Energie abgewertet wird, verlaufen technische Prozesse stets irreversibel. Die Abwertung der Energie wird als Dissipationsenergie $W_{BZ,m,diss}$ bezeichnet
und erfolgt durch Überführen von Energie in eine technisch nicht nutzbare Form.

$$W_{BZ,m} = \Delta_R G + W_{BZ,m,diss} \qquad (5.51)$$

mit: $W_{BZ, m}$ $\left[\frac{J}{mol}\right]$ molare Arbeit bei irreversibler Reaktionsführung

   $W_{BZ, m, diss}$ $\left[\frac{J}{mol}\right]$ molare Dissipationsenergie

5.2.4.2 Wärme
Die Reaktionsenthalpie $\Delta_R H$ kennzeichnet die Energie, die pro Formelumsatz der elektrochemischen Reaktion maximal freigesetzt wird. Die elektrochemische Reaktion verläuft in
Brennstoffzellen exotherm unter Abgabe von Energie. Hierbei kann nur ein Teil der
maximal vorhandenen Energie in Arbeit umgewandelt werden, wobei der restliche Anteil

in Form von *Reaktionswärme* Q_m an die Umgebung abgegeben wird. Betrachten wir wieder die Wasserstoff-Brennstoffzelle und nehmen an, dass das Produktwasser die Brennstoffzelle gasförmig verlässt, entspricht die Reaktionsenthalpie betragsmäßig dem molaren Heizwert.

$$Q_m = \Delta_R H - W_{BZ,m} = -H_{u,m} - W_{BZ,m} \quad \left[\frac{J}{mol}\right] \tag{5.52}$$

mit: $\Delta_R H \left[\frac{J}{mol}\right]$ Reaktionsenthalpie

$H_{u,\,m} \left[\frac{J}{mol}\right]$ molarer Heizwert

5.2.4.3 Leistung

Multipliziert man die molare Brennstoffzellen-Arbeit mit dem Brennstoffmengenstrom ergibt sich die *elektrische Leistung* P_{BZ} einer Brennstoffzelle. Stromseitig kann diese aus dem Produkt der tatsächlich erzeugten Spannung U und dem elektrischen Strom I ermittelt werden.

$$P_{BZ} = \dot{n} \cdot W_{BZ,m} = U \cdot I \tag{5.53}$$

mit: P_{BZ} [W] elektrische Leistung der Brennstoffzelle

$\dot{n} \left[\frac{mol}{s}\right]$ Brennstoffmengenstrom

U [V] Spannung

I [A] elektrischer Strom

5.2.4.4 Wirkungsgrade

Wie schon in Abschn. 5.1 gezeigt wurde, unterscheidet sich die Wirkungsweise einer Brennstoffzelle grundsätzlich von der konventionellen Art der Energiewandlung in thermischen Kraftwerken über eine Wärmekraftmaschine, siehe Abb. 5.10.

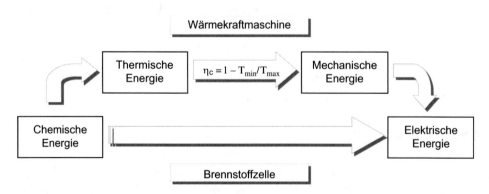

Abb. 5.10 Energiewandlung in thermischen Kraftwerken und Brennstoffzellen

In thermischen Kraftwerken wird die eingebrachte chemische Energie durch Verbrennung zunächst in thermische Energie umgewandelt und mit Hilfe eines Motors oder einer Turbine in mechanische Energie umgesetzt. Die hierbei gewonnene mechanische Energie wird zum Betrieb eines Generators und schließlich zur Gewinnung elektrischer Energie genutzt. Das Funktionsprinzip der Brennstoffzelle ermöglicht hingegen die direkte Umwandlung der eingebrachten chemischen Energie in elektrische Energie. Da bei der Brennstoffzelle der Umweg über die Wärmekraftmaschine entfällt, ist der Carnot-Faktor η_C nicht der limitierende Faktor der Energiewandlung, dieser wird in einer Brennstoffzelle weitgehend von konstruktiven Maßnahmen bestimmt.

Reversibler Wirkungsgrad

Der bei reversibler Prozessführung *maximal erreichbare Wirkungsgrad* η_{rev} einer idealen Brennstoffzelle ergibt sich aus dem Quotienten aus der freien Reaktionsenthalpie $\Delta_R G$ (pro Formelumsatz in elektrische Energie umwandelbare Energie) und der Reaktionsenthalpie $\Delta_R H$ (pro Formelumsatz freigesetzte Energie).

$$\eta_{rev} = \frac{\Delta_R G}{\Delta_R H} = 1 - T \cdot \frac{\Delta_R S}{\Delta_R H} \tag{5.54}$$

In Abb. 5.11 sind die Wirkungsgrade von Carnot-Prozess (ideale reversibel arbeitende Wärme-Kraft-Maschine) und reversibel arbeitender Brennstoffzelle aufgetragen. Vor allem bei niedrigen Prozesstemperaturen zeigen sich deutliche Vorteile der Brennstoffzelle. Erst ab rund 900 °C übersteigt der Wirkungsgrad des Carnot-Prozesses den der idealen Brennstoffzelle.

Der in realen Brennstoffzellen erreichte Wirkungsgrad beträgt zwischen 40 % und 65 % und setzt sich aus reversiblen Wirkungsgrad, Spannungswirkungsgrad, Stromwirkungsgrad und Systemwirkungsgrad zusammen.

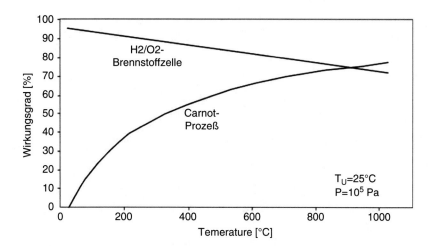

Abb. 5.11 Wirkungsgradvergleich Carnot-Prozess und ideale Brennstoffzelle

Spannungswirkungsgrad

Der Spannungswirkungsgrad ist ein Maß für die Effizienz der elektrochemischen Energie-wandlung eines realen Brennstoffzellenprozesses. Der Quotient wird durch die Verluste infolge der katalytischen Vorgänge an der Kathode, die Verluste aufgrund der begrenzten Diffusion der Gase in der Elektrode und die Ohmschen Verluste in dem Elektrolyten und den Stromkollektoren bestimmt.

$$\eta_U = \frac{U_{Kl}}{U_{rev}} \qquad (5.55)$$

mit: U_{Kl} [V] real gemessene Klemmenspannung

U_{rev} [V] Klemmenspannung bei reversibler Reaktionsführung

Die reversible Zellenspannung wurde bereits in Abschn. 5.2.3 ausführlich behandelt.

$$U_{rev} = -\frac{\Delta_R G}{n \cdot F} \qquad (5.56)$$

Stromwirkungsgrad

Im Betrieb treten zusätzlich Verluste durch unvollständige Brennstoffausnutzung auf, vor allem infolge elektrochemischer Nebenreaktionen und Undichtigkeiten. Diese Verluste werden im Stromwirkungsgrad berücksichtigt.

$$\eta_I = \frac{I}{I_{th}} \qquad (5.57)$$

mit: I [A] real gemessener Strom

I_{th} [A] theoretisch möglicher Strom

Nach dem *Gesetz von Faraday* lässt sich der theoretisch mögliche Strom wie folgt ermitteln.

$$I_{th} = \frac{\dot{n} \cdot n \cdot F}{z} = \frac{\dot{V} \cdot n \cdot F}{v_m \cdot z} \qquad (5.58)$$

mit: $\dot{n}$ $\left[\frac{mol}{s}\right]$ Brennstoffmengenstrom

$\dot{V}$ $\left[\frac{m^3}{s}\right]$ Brennstoff-Normvolumenstrom

$v_m = 22,41 \cdot 10^{-3} \frac{m^3}{mol}$ molares Normvolumen ($T_N = 273{,}15$ K; $p_N = 10^5$ Pa)

z [−] Anzahl der hintereinander geschalteten Zellen im Stack

Energiewirkungsgrad

Der Energiewirkungsgrad kennzeichnet die Effizienz der Energiewandlung in einer Brennstoffzelle.

$$\eta_E = \eta_U \cdot \eta_I \tag{5.59}$$

Systemwirkungsgrad

Um Brennstoffzellensysteme mit anderen Energiewandlungssystemen vergleichen zu können, muss der Energieaufwand für Peripheriegeräte (Pumpen, Gebläse, usw.) berücksichtigt werden. Dies geschieht zusammenfassend im Systemwirkungsgrad η_S.

Gesamtwirkungsgrad

Der Gesamtwirkungsgrad η_{ges} eines Brennstoffzellensystems resultiert somit aus dem Produkt aus reversiblem Wirkungsgrad, Spannungs-, Strom- und Systemwirkungsgrad. Er entspricht damit dem Quotienten aus Nutzen (Nutzleistung) und Aufwand (Energieinhalt des eingesetzten Brennstoffes).

$$\eta_{ges} = \eta_{rev} \cdot \eta_U \cdot \eta_I \cdot \eta_S = \frac{P_{BZ}}{\dot{n} \cdot \Delta_R H} = \frac{W_{BZ,m}}{\Delta_R H} \tag{5.60}$$

mit: P_{BZ} [W] elektrische Leistung

$\dot{n}$ $\left[\frac{mol}{s}\right]$ Brennstoffmengenstrom

$\Delta_R H$ $\left[\frac{J}{mol}\right]$ Reaktionsenthalpie

Gesamtwirkungsgrad bei Nutzwärmeauskopplung

Eine zusätzliche Nutzwärmeauskopplung verbessert die Ausnutzung des eingesetzten Brennstoffes und somit den Gesamtwirkungsgrad. Die während des Prozesses erzeugte Reaktionswärme wird hierbei nicht als Verlustwärme über den Kühlkreislauf an die Umgebung abgegeben, sondern als Nutzwärme einem Heizkreislauf, beispielsweise zur dezentralen Wärmeversorgung zugeführt. Diese vom System erbrachte Heizwärmeleistung wird im Gesamtwirkungsgrad berücksichtigt.

$$\eta_{ges} = \frac{P_{BZ} + \dot{Q}_{BZ}}{\dot{n} \cdot \Delta_R H} \tag{5.61}$$

mit: $\dot{Q}_{BZ}$ [W] Heizwärmeleistung

5.2.4.5 Typisches Betriebsverhalten von Brennstoffzellen

Einer der wesentlichen Vorteile von Brennstoffzellen im Vergleich mit Verbrennungskraftmaschinen ist neben der Geräusch- und Emissionsarmut der gute Wirkungsgrad schon bei kleinen Leistungen und das gute Teillastverhalten. Dieses gute Teillastverhalten ist dadurch bedingt, dass der Wirkungsgrad der Brennstoffzelle mit sinkender Last steigt (Abb. 5.11). Die Spannungsverluste in einer Brennstoffzelle können in drei Gruppen zusammengefasst werden:

- die Überspannung zur Elektrodenaktivierung,
- die Ohmschen Verluste durch den Elektronenfluss in den Elektroden,
- sowie die Ionendiffusionsverluste, die durch die hohe Ionendichte allerdings erst bei hohen Stromdichten zum Tragen kommen.

Hierdurch ergibt sich das charakteristische Strom-Spannungs-Diagramm einer Brennstoff-zelle, das mit einer maximalen *Leerlaufspannung* von ca. 1 V im Leerlauf beginnt und bei hohen Stromdichten zum völligen Zusammenbruch der Zellspannung führt. Abb. 5.12 zeigt einen typischen Verlauf der Strom-Spannungs-Kennlinie mit den einzelnen Ver-lustmechanismen, die im Anschluss näher erläutert werden.

Reversible Spannungsdifferenz
Unabhängig von der vorherrschenden Stromstärke verursacht eine Mischpotenzialbildung hauptsächlich an der Kathode ein Absinken des Normalpotenzials. Grund hierfür sind vor allem Oxidationsvorgänge an Verunreinigungen und Platinpartikeln bzw. an den durch die Membran wandernden Wasserstoffmolekülen. Dieser Effekt reduziert die theoretische reversible Zellspannung auf einen Wert von ca. 0,9 V. Die reversible Zellspannung senkt sich um den Wert der sogenannten reversiblen Spannungsdifferenz.

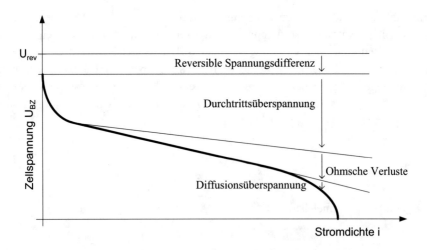

Abb. 5.12 Typischer Verlauf der Strom-Spannungs-Kennlinie einer Brennstoffzelle

Durchtrittsüberspannung

Im Bereich geringer Strombelastung zeigt die sogenannte Durchtrittsüberspannung ihren Einfluss. Sie verursacht einen exponentiellen Abfall der Brennstoffzellenspannung. Dieser Effekt wird durch kinetische Hemmung an der Phasengrenzfläche der Elektroden verursacht. Der Grund für die verlangsamte Geschwindigkeit beim Ladungsträgertransport liegt in der Ausbildung einer elektrolytischen Doppelschicht. Bei höheren Strombelastungen übt dieser Verlustmechanismus einen annähernd konstanten bzw. leicht ansteigenden Einfluss auf die Spannung aus.

Ohmsche Verluste

Im Bereich mittlerer Stromstärke überlagert der Spannungsabfall durch den Ohmschen Widerstand des Elektrolyten den Einfluss der Durchtrittsüberspannung. Die Ohmschen Verluste zeigen nach dem Ohmschen Gesetz einen linearen Verlauf. Des Weiteren werden hier Kontakt- und Durchtrittswiderstände der Elektronenleitung berücksichtigt. Diese spielen aber eine untergeordnete Rolle.

Diffusionsüberspannungen

Erreicht die Brennstoffzelle Bereiche der Grenzstromstärke, folgt ein Einbrechen der Spannung aufgrund der ungenügenden Geschwindigkeit der Brennstoffzufuhr. Es wird mehr Wasserstoff verbraucht als an die Anode nachströmen kann. Quantifiziert wird dieser Vorgang durch die sogenannte Diffusionsüberspannung. Kathodenseitig kann dieser Effekt vernachlässigt werden, wenn der Sauerstoff in stöchiometrischem Überschuss zugeführt wird.

5.3   Betriebsverhalten von Brennstoffzellen

5.3.1   Einleitung

Wie in Abschn. 5.2 erläutert wurde, gilt für the *reversible Zellspannung* U_{rev} bzw. die *Leerlaufspannung*:

$$U_{rev} = \frac{\Delta_R G}{-n \cdot F} \tag{5.62}$$

Die tatsächliche Spannung einer in Betrieb befindlichen Brennstoffzelle ist jedoch deutlich niedriger. Selbst die Leerlaufspannung einer realen Brennstoffzelle erreicht nicht den theoretischen Wert. Die typische Kennlinie einer Brennstoffzelle wurde schon in Abb. 5.8 gezeigt. In Abb. 5.13 werden die einzelnen Phänomene noch einmal verdeutlicht. Hieraus lassen sich folgende Erkenntnisse ableiten:

• Schon die Leerlaufspannung einer realen Brennstoffzelle ist niedriger als der theoretische Wert.

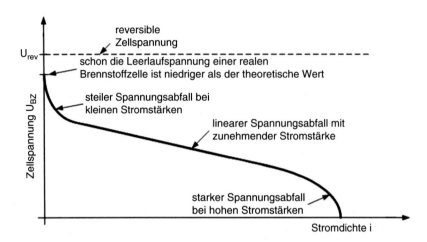

Abb. 5.13 Typischer Verlauf der Strom-Spannungs-Kennlinie einer Brennstoffzelle

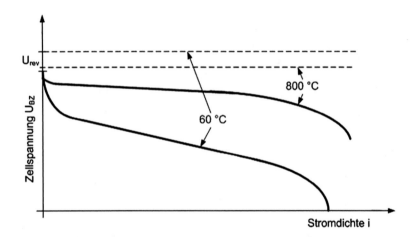

Abb. 5.14 Einfluss der Zellentemperatur auf die Strom-Spannungs-Kennlinie einer Brennstoffzelle (nach [6])

- Beim Anlegen einer Last kommt es zu einem steilen, exponentiellen Abfall der Betriebsspannung.
- Eine weitere Erhöhung der Stromstärke führt zu einem langsameren, linearen Abfall der Spannung.
- Bei hohen Stromdichten steigt der Spannungsabfall wieder stark an und es kommt schließlich zum Zusammenbrechen der Zellspannung.

Von entscheidendem Einfluss auf den Verlauf der Strom-Spannungs-Kennlinie ist auch die Betriebstemperatur, wie es in Abb. 5.14 gezeigt wird. Obwohl die reversible Zellspannung

U_{rev} mit steigender Temperatur abnimmt, ist die Betriebsspannung generell höher, weil der Spannungsabfall deutlich niedriger ist.

Dieses Kapitel beschäftigt sich mit den Ursachen für diesen Spannungsabfall und zeigt, wie das Betriebsverhalten verbessert werden kann.

5.3.2 Gründe für den Spannungsabfall in realen Brennstoffzellen

Der charakteristische Verlauf der Strom-Spannungs-Kennlinie einer Brennstoffzelle beruht auf vier Irreversibilitäten, die zu Spannungsverlusten führen. Da die Theorie zu Brennstoffzellen hochgradig interdisziplinär ist (Chemie, Verfahrenstechnik, Thermodynamik, Materialwissenschaften, Elektrotechnik), sind in der Literatur verschiedene Bezeichnungen für diese *Spannungsverluste* zu finden. In der Elektrochemie werden sie *Überspannung* oder *Überpotential* genannt. Dabei ist zu beachten, dass die Überspannung bei Brennstoffzellen zu einer Reduktion der reversiblen Zellspannung führt. In der Thermodynamik werden diese Verluste meist als *Irreversibilitäten* bezeichnet, dagegen verwendet die Elektrotechnik häufig die Bezeichnung *Spannungsabfall*. Diese Verluste werden im folgenden kurz erläutert und in den anschließenden Kapiteln näher beschrieben.

Aktivierungsverluste
Diese Verluste werden durch die Trägheit der Reaktion an den Elektrodenoberflächen verursacht. Ein Teil der erzeugten Spannung wird zur Aufrechterhaltung von elektrochemischer Reaktion und Ladungstransport aufgebracht. Der Ladungstransport ist nicht reibungsfrei. Dieser Spannungsabfall ist hochgradig nicht-linear.

Brennstoff-Übertritt und interne Ströme
Diese Verluste werden hauptsächlich durch den Durchtritt des Brennstoffes durch den Elektrolyten und zu geringen Teilen durch Elektronenleitung durch den Elektrolyten verursacht. Obwohl der Elektrolyt nur Ionen transportieren sollte, kann es zu unerwünschter Diffusion des Brennstoffes und zu Elektronenleitung kommen. Mit Ausnahme der Direkt-Methanol-Brennstoffzelle ist dieser Effekt jedoch von geringer Bedeutung. Wie weiter unten gezeigt wird, führt er allerdings zu einer merklichen Reduktion der Leerlaufspannung bei Niedertemperatur-Brennstoffzellen.

Ohmsche Verluste
Diese Verluste werden vom Ohmschen Widerstand des Elektrolyten für den Ionenfluss und der Elektroden und Leitungen für die Elektronen dominiert. Des Weiteren werden hier Kontakt- und Durchtrittswiderstände der Elektronenleitung berücksichtigt. Diese spielen aber eine untergeordnete Rolle. Die Ohmschen Verluste zeigen nach dem Ohmschen Gesetz einen linearen Verlauf.

Massentransport- oder Konzentrationsverluste

Grund für diese Verluste ist eine unzureichende Zufuhr von Reaktanten an die Elektrodenoberfläche. Verursacht werden sie durch Strömungsdruckverluste bzw. eine Kon-
zentrationsänderung der Reaktanten an der Elektrodenoberfläche.

5.3.3 Aktivierungsverluste

5.3.3.1 Die Tafel-Gleichung

Für viele elektrochemische Reaktionen steigt die Überspannung an der Oberfläche einer
Elektrode ΔU_{akt} exponentiell mit der Stromdichte an. Dieses Verhalten wurde 1905 von
Julius Tafel empirisch nachgewiesen. Nach ihm wird die mathematische Beschreibung
dieses Zusammenhangs *Tafel-Gleichung* genannt.

$$\Delta U_{akt} = A \cdot \ln \left(\frac{i}{i_0} \right) \tag{5.63}$$

Je langsamer die elektrochemische Reaktion ist, desto höhere Werte nimmt die Konstante A an. Je schneller die Reaktion ist, desto höher ist die Konstante i_0. Die Stromdichte
i_0 kann als die Stromdichte angesehen werden, an der die Überspannung von Null ansteigt.
Die Tafel-Gleichung ist nur für Werte von $i > i_0$ gültig. Die Stromdichte i_0 wird als
Austausch-Stromdichte bezeichnet. In Abb. 5.15 ist die Tafel-Gleichung grafisch dargestellt.

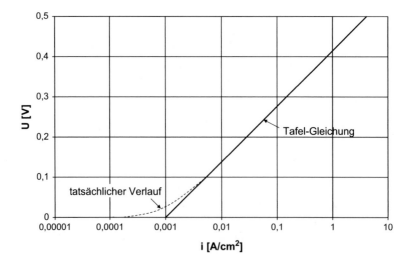

Abb. 5.15 Darstellung der elektrochemischen Reaktion mit der Tafel-Gleichung und Vergleich mit
dem tatsächlichen Verlauf

Die Theorie der Reaktionskinetik liefert einen analytischen Ansatz für die experimentell gefundene Konstante A der Tafel-Gleichung:

$$A = \frac{\bar{R}T}{\alpha n F} \tag{5.64}$$

Dabei ist $\bar{R}$ die universelle Gaskonstante, T die thermodynamische Temperatur, α der Ladungsübertragungs-Koeffizient, n die Anzahl der pro Formelumsatz ausgetauschten Elektronen und F die Faraday-Konstante. Der dimensionslose *Durchtritts-Koeffizient* α zeigt an, ob der Übergangszustand zwischen der reduzierten und oxidierten Form der elektroaktiven Spezies eher dem Edukt ($\alpha = 0$) oder eher dem Produkt ($\alpha = 1$) ähnelt [5]. Er kann als Symmetriefaktor für die elektrochemische Reaktion angesehen werden und wird von der stattfindenden Reaktion und vom Elektrodenmaterial bestimmt. Für die Wasserstoff-Elektrode beträgt sein Wert ca. 0,5 für eine Vielzahl von Elektrodenmaterialien. Für die Sauerstoff-Elektrode bewegt er sich zwischen 0,1 und 0,5. Der Einfluss des Elektrodenmaterials auf α und damit auf A kann als gering eingeschätzt werden [6]. Ebenso ist der Temperatureinfluss von geringer Bedeutung.

Von größter Bedeutung für die Höhe die Aktivierungsverluste ist die *Austausch-stromdichte* i_0, die um mehrere Größenordnungen variieren kann. Hierzu betrachten wir die elektrochemische Halbreaktion an der Kathode einer Wasserstoff-Brennstoffzelle.

$$\frac{1}{2} O_2 + 2H^+ + 2e^- \rightarrow H_2O \tag{5.65}$$

Gl. 5.65 verleitet zu der Annahme, dass bei einer Stromdichte von Null keine Elektrodenaktivität stattfindet. Dies ist jedoch nicht der Fall, die Reaktion findet zu jeder Zeit statt, aber die Gegenreaktion findet ebenfalls mit derselben Reaktionsrate statt. Es herrscht Gleichgewicht, was wie folgt ausgedrückt werden kann:

$$\frac{1}{2} O_2 + 2H^+ + 2e^- \leftrightarrow H_2O \tag{5.66}$$

Demnach existiert ein permanenter Elektronenfluss in beide Richtungen. Je höher die Stromdichte ist, desto aktiver ist die Elektrodenoberfläche und umso leichter kann ein Strom in eine bestimmte Richtung fließen. In der Brennstoffzelle wird also kein neuer Vorgang gestartet, sondern ein bereits ablaufender Prozess wird nur in eine Richtung verschoben. Die Austauschstromdichte i_0 ist von größter Bedeutung für die Effizienz einer Elektrode. Ihr Wert sollte so groß wie möglich sein.

Delogarithmiert man die Tafel-Gleichung, Gl. 5.63 erhält man mit Gl. 5.64 die *Butler-Vollmer-Gleichung* für die Stromdichte:

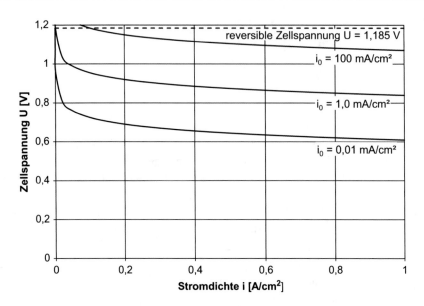

Abb. 5.16 Darstellung der Zellspannung über der Stomdichte für verschiedene Austausch-Stromdichten i_0. Annahme: Verluste nur durch Aktivierungs-Überspannung an einer Elektrode

$$i = i_0 \exp\left(\frac{\alpha\, n\, F\, \Delta U_{akt}}{\bar{R}\, T}\right) \qquad (5.67)$$

Nimmt man an, dass mit Ausnahme der Aktivierungs-Überspannung an *einer* Elektrode keinerlei Verluste existieren, kann für die Spannung geschrieben werden:

$$U = U_{rev} - A \cdot \ln\left(\frac{i}{i_0}\right) \qquad (5.68)$$

Dabei ist U_{rev} die reversible Zellspannung nach Gl. 5.29. Trägt man die Zellspannung unter Annahme eines typischen Wertes für A von 0,05 V für verschiedene Werte für i_0 von 0,01, 1,0 und 100 mA/cm² über der Stromstärke auf, erhält man die in Abb. 5.16 gezeigten Kurven. Zum Vergleich ist die reversible Zellspannung einer Wasserstoff-Brennstoffzelle im chemischen Standard-Zustand mit gasförmigem Wasser im Produktgas dargestellt.

Die Bedeutung der Austausch-Stromdichte i_0 ist klar ersichtlich. Je kleiner i_0, desto größer ist der Spannungsabfall durch Elektronenaktivierung. Tab. 5.2 zeigt experimentell ermittelte Werte für die Austausch-Stromdichte i_0 einer glatten Wasserstoff-Elektrode für verschiedene Elektroden-Materialien. Abhängig vom Material zeigt sich eine große Bandbreite. Selbst bei Platin als Katalysator liegen die Werte deutlich unter den in Abb. 5.16 angenommenen. Die Werte für die Sauerstoff-Elektrode sind noch einmal um den Faktor 10^5 kleiner. Eine funktionierende Brennstoffzelle könnte so nicht realisiert werden. Die Lösung dieses Problems ist die Rauhigkeit realer Oberflächen. Aufgrund der Porosität und

Tab. 5.2 Austausch-Stromdichte i_0 der Wasserstoffelektrode für verschiedene Materialien [6]	Elektroden-Material	i_0 [mA/cm^2]
	Blei	$2,5 \cdot 10^{-10}$
	Zink	$3,0 \cdot 10^{-8}$
	Silber	$4,0 \cdot 10^{-4}$
	Nickel	$6,0 \cdot 10^{-3}$
	Platin	$5,0 \cdot 10^{-1}$
	Palladium	$4,0 \cdot 10^{0}$

der Oberflächenrauhigkeit der Elektrode ist die tatsächliche Oberfläche um mindestens den Faktor 1000 größer als die nominale Fläche aus Breite mal Höhe. Hieraus resultiert die entsprechend höhere Austausch-Stromdichte einer realen Brennstoffzelle.

Wie gezeigt wurde, ist die Austausch-Stromdichte i_0 an der Sauerstoff-Elektrode (der Kathode) wesentlich (bis zu 10^5 mal) kleiner als an der Wasserstoff-Elektrode (der Anode). Deshalb ist bei Wasserstoff-Brennstoffzellen die Aktivierungs-Überspannung an der Anode vernachlässigbar gegenüber derjenigen an der Kathode. Für die PEM-Brennstoffzelle, eine Niedertemperatur-Brennstoffzelle, die mit Wasserstoff betrieben wird, sind typische Werte für die Austausch-Stromdichte $i_0 = 200\ mA/cm^2$ an der Anode und $i_0 = 0,1\ mA/cm^2$ an der Kathode [6].

Bei anderen Brennstoffzellen, insbesondere bei der Direkt-Methanol-Brennstoffzelle (DMFC) ist die Aktivierungs-Überspannung an der Anode nicht mehr vernachlässigbar und es müssen somit die Beiträge von Anode und Kathode berücksichtigt werden.

5.3.3.2 Maßnahmen zur Reduktion der Aktivierungs-Überspannung

Wie gezeigt wurde, ist die Austausch-Stromdichte i_0 der entscheidende Faktor für die Reduktion der Aktivierungs-Überspannung. Um den Wirkungsgrad einer Brennstoffzelle zu optimieren ist es unabdingbar, die Austausch-Stromdichte i_0 zu erhöhen, insbesondere an der Kathode. Dies kann auf folgende Art geschehen:

- *Erhöhung der Zellentemperatur.* Der Effekt einer Temperaturerhöhung kann direkt aus Abb. 5.14 abgelesen werden. Für eine mit Wasserstoff betriebene Niedertemperatur-Brennstoffzelle beträgt die Austausch-Stromdichte i_0 an der Kathode in etwa 0,1 mA/cm^2. Erhöht man die Temperatur auf 800 °C, ergeben sich ca. 10 mA/cm^2, eine 100-fache Verbesserung [6].
- *Verwendung effektiverer Katalysatoren.* Die Einfluss unterschiedlicher Materialien wurde in Tab. 5.2 gezeigt.
- *Erhöhung der Porosität bzw. Rauhigkeit der Elektroden.* Hierdurch kann die tatsächliche Oberfläche gegenüber dem Produkt Breite mal Höhe um mehrere Zehnerpotenzen erhöht werden.
- *Erhöhung der Konzentration der Reaktanten.* Dies kann z. B. durch die Verwendung reinen Sauerstoffs anstelle von Luft geschehen. Hierdurch treffen mehr Moleküle der

Reaktanten auf den Katalysator, was dessen Effizienz vergrößert. Wie in Abschn. 5.2 erläutert wurde, wird hierdurch auch die Leerlaufspannung erhöht.

- *Erhöhung des Druckes.* Hierdurch kommt es ebenfalls zu einer besseren Besetzung des Katalysators durch die Reaktanten. Ebenfalls wird eine Erhöhung der Leerlaufspannung bewirkt.

Die Erhöhung der Austausch-Stromdichte i_0 bewirkt eine Erhöhung der Zellspannung um einen konstanten Wert in einem großen Bereich der Stromdichte (siehe Abb. 5.16) und bewirkt somit eine Effizienzerhöhung der Brennstoffzelle im gesamten Arbeitsbereich.

5.3.4 Brennstoff-Übertritt und interner Strom

Obwohl der Elektrolyt einer Brennstoffzelle wegen seiner Eigenschaft als Protonenleiter ausgewählt wird, existiert dennoch eine geringe Leitfähigkeit für Elektronen. Es entsteht ein *interner Strom*. Dies wird verursacht durch die Minoritätsladungsträger-Eigenschaft von Halbleitern, in diesem Fall der Elektrolyten. Wichtiger für Brennstoffzellen ist jedoch die Tatsache, dass geringe Mengen Brennstoff von der Anode durch den Elektrolyten zur Kathode diffundieren und dort, getrieben vom Katalysator, direkt mit dem Sauerstoff reagieren ohne elektrischen Strom zu produzieren. Dieser Vorgang wird als *Brennstoff-Übertritt* oder auch als *Mischpotenzial* bezeichnet.

Beide Effekte, Brennstoff-Übertritt und interner Strom, haben die gleiche Auswirkung. Bei der Diffusion eines Wasserstoff-Moleküls durch den Elektrolyten werden genauso wie bei der Leitung der Elektronen eines Wasserstoffmoleküls durch den Elektrolyten jeweils zwei Elektronen direkt von der Anode zur Kathode transportiert, ohne elektrische Arbeit zu leisten.

Obwohl der Einfluss des Brennstoff-Übertritts den des internen Stromes überwiegt, ist es sinnvoll, beide Phänomene gemeinsam als internen Strom zusammenzufassen. Beide Effekte zusammen erzeugen eine interne Stromdichte von wenigen mA/cm^2. Der resultierende Energieverlust ist von geringer Bedeutung. Jedoch resultiert hieraus, insbesondere bei Niedertemperatur-Brennstoffzellen, ein merklicher Abfall der Leerlaufspannung von mindestens 0,2 V.

Zur theoretischen Untersuchung dieses Phänomens betrachten wir zunächst wie in Abschn. 5.3.3 eine Brennstoffzelle, deren einziger Verlust die Aktivierungs-Überspannung an der Kathode ist. Die Zellspannung beträgt dann:

$$U = U_{rev} - A \cdot \ln\left(\frac{i}{i_0}\right) \tag{5.69}$$

Für eine PEM-Brennstoffzelle, die mit Wasserstoff und Luft bei Standardbedingungen arbeitet, beträgt die reversible Zellspannung $U_{rev} = 1,185$ V. Typische Werte für die Konstanten sind $A = 0,06$ V und $i_0 = 0,04$ mA/cm^2 [6].

Aufgrund des internen Stroms ist selbst bei geöffnetem Stromkreis, also im Leerlauf, die Stromdichte innerhalb der Brennstoffzelle nicht Null. Nimmt man zum Beispiel eine interne Stromdichte von 1 mA/cm^2 an, ergibt sich eine Leerlaufspannung von U = 0,992 V. Das sind rund 0,2 V weniger als die reversible Zellspannung. Diese starke Abweichung von der reversiblen Zellspannung wird verursacht durch die große negative Anfangssteigung der Strom-Spannungs-Kurve bei kleinen Stromdichten (siehe Abb. 5.16). Die Steilheit der Strom-Spannungs-Kurve erklärt ein weiteres Phänomen von Niedertemperatur-Brennstoffzelle, die große Bandbreite der Leerlaufspannung. Kleine Änderungen von Brennstoff-Übertritt und/oder internem Strom, verursacht durch eine Änderung der Feuchtigkeit im Elektrolyten, können einen hohen Abfall der Leerlaufspannung bewirken.

Der Einfluss von Brennstoff-Übertritt und internem Strom kann mit Hilfe des beschriebenen Modells als *interne Stromdichte* i_{int} in Gl. 5.69 implementiert werden.

$$U = U_{rev} - A \cdot \ln\left(\frac{i + i_{\text{int}}}{i_0}\right) \qquad (5.70)$$

Setzt man neben den oben verwendeten Konstanten noch $i_{int} = 3$ mA/cm^2, ein Wert der nach [6] experimentell für eine PEM-Brennstoffzelle ermittelt wurde, erhält man den Spannungsverlauf nach Abb. 5.17. Für Hochtemperatur-Brennstoffzellen ist die Bedeutung des internen Stroms weitaus geringer, da hier die Austausch-Stromdichte i_0 wesentlich höher ist, und demzufolge der Spannungsabfall weniger deutlich ist.

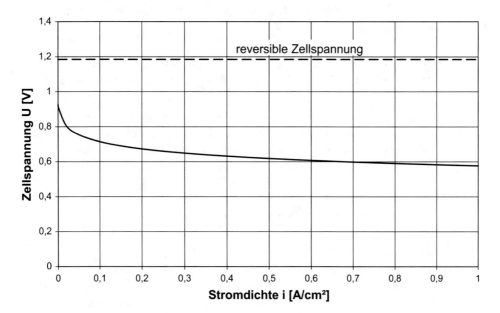

Abb. 5.17 Darstellung der Zellspannung über der Stomdichte. Berücksichtigung der Verluste durch Aktivierungs-Überspannung, Brennstoff-Übertritt und internen Strom

5.3.5 Ohmsche Verluste

Wie bei jedem elektrischen Leiter treten auch bei der Brennstoffzelle Ohmsche Verluste auf, sobald ein Strom fließt. Verursacht werden sie durch den elektrischen Widerstand in den Elektroden, durch den Widerstand für den Ionenfluss im Elektrolyten und teilweise auch durch Kontaktwiderstände. Sie lassen sich mit dem Ohmschen Gesetz

$$U = I \cdot R \tag{5.71}$$

beschreiben. Hauptverursacher für die Ohmschen Verluste ist der Widerstand für den Ionenfluss im Elektrolyten. Um die Beschreibung der Ohmschen Verluste kompatibel mit den anderen Spannungsverlusten zu machen, muss Gl. 3.10 als Funktion der Strom-dichte ausgedrückt werden. Hierzu führen wir den *(flächen-)spezifischen Widerstand r*

$$r = R \cdot A \tag{5.72}$$

ein. Hiermit lässt sich für den Spannungsabfall schreiben:

$$\Delta U_{Ohm} = i \cdot r \tag{5.73}$$

Dabei ist i die *Stromdichte* in mA/cm^2. Um einen Spannungsabfall in V zu erhalten, muss der flächenspezifische Widerstand r in kΩ cm^2 angegeben werden.

Um den internen Widerstand einer Brennstoffzellezu reduzieren, lassen sich folgende Maßnahmen durchführen:

- Verwendung von Elektroden mit möglichst hoher elektrischer Leitfähigkeit.
- Geeignetes Design und gut leitende Materialien für alle elektrisch leitenden Bauteile der Zelle.
- Verwendung einer möglichst dünnen Elektrolytschicht. Dies ist die schwierigste Auf-gabe, da gleichzeitig Kurzschlüsse zwischen den Elektroden vermieden werden müssen und der Elektrolyt häufig auch Teil der tragenden Struktur der Brennstoffzelle ist.

5.3.6 Massentransport- oder Konzentrationsverluste

Wird der Sauerstoff in Form von Luft an die Kathode geführt, ist es selbsterklärend, dass durch den Verbrauch von Sauerstoff an der Elektrode dessen Konzentration bzw. Partial-druck in Elektroden-Nähe abnimmt. Der Konzentrationsabfall steigt mit zunehmender Stromdichte und kann durch die Intensität der Luftzirkulation vermindert werden.

An der Anode wird reiner Wasserstoff zugeführt und verbraucht. Durch Strömungs-verluste in den Kanälen kommt es hier zu einem Druckabfall. Auch dieser Druckabfall steigt mit zunehmender Stromdichte und resultierendem Wasserstoff-Verbrauch.

In beiden Fällen verursacht der Druckabfall eine Reduktion der Zellspannung. Eine analytische Darstellung dieses Problems ist bislang noch nicht gelungen. Ein theoretischer Ansatz hierzu wird von Larminie und Dicks [6] beschrieben und soll im Folgenden vorgestellt werden. Nimmt man an, dass im Leerlauf in der gesamten Zelle und im Betrieb am Zelleneintritt der Druck p_0 herrscht und der Druck p an den Elektroden linear mit zunehmender Stromdichte -entsprechend dem zunehmendem Massenstrom- abnimmt, bis bei der maximalen Stromdichte i_{max} der Wert Null erreicht ist, lässt sich für den Druck schreiben:

$$\frac{p}{p_0} = 1 - \frac{i}{i_{max}} \tag{5.74}$$

Die Auswirkung des Druckabfalls durch Massentransport- oder Konzentrationsverluste auf die Zellspannung ist identisch mit einer Reduzierung des absoluten Druckes bzw. der Konzentration der Reaktanten und kann somit durch einen der Nernst-Gleichung ähnlichen Zusammenhang beschrieben werden (siehe Abschn. 5.2.3.2, Gl. 5.47).

$$\Delta U_{trans} = -\frac{\bar{R} \cdot T}{n \cdot F} \cdot \ln\left(1 - \frac{i}{i_{max}}\right) \tag{5.75}$$

Bei einer maximalen Stromdichte von $i_{max} = 1000$ mA/cm^2 ergibt sich eine gute Übereinstimmung mit den in Abb. 5.13 und 5.14 dargestellten Strom-Spannungs-Kurven. Dieser Ansatz liefert jedoch nur bei Wasserstoff/Sauerstoff-Brennstoffzellen praxisnahe Ergebnisse. Schon bei der Verwendung von Luft anstelle von reinem Sauerstoff ergeben sich große Abweichungen, sodass dieser Ansatz nicht weiter betrachtet wird.

Abhilfe schafft hier ein rein empirischer Ansatz, der ebenfalls von Larminie und Dicks [6] beschrieben wird.

$$\Delta U_{trans} = C_1 \cdot \exp\left(C_2 \cdot i\right) \tag{5.76}$$

Obwohl Gl. 5.75 und 5.76 recht unterschiedlich aussehen, ergeben sich bei geeigneter Wahl der Konstanten ähnliche Ergebnisse. Typische Werte für die Konstanten sind $C_1 = 2 \cdot 10^{-5}$ V und $C_2 = 8 \cdot 10^{-3}$ cm^2/mA (siehe Tab. 5.3). Mit Gl. 5.76 erhält man eine gute Übereinstimmung mit Messwerten für die meisten Arten von Brennstoffzellen.

Massentransport- oder Konzentrationsverluste spielen vor allem bei hohen Stromdich-ten eine bedeutende Rolle. Hauptmechanismen für die Verluste sind folgende:

Tab. 5.3 Beispiele für die Konstanten in Gl. 5.81 nach [6]

Konstante	PEM Brennstoffzelle Ballard Mark V bei 70 °C	Hochtemperatur-Brennstoffzelle, z. B. SOFC
U_{real} [V]	1,031	1,01
A [V]	0,03	0,002
r [kΩ cm^2]	$2,45 \cdot 10^{-4}$	$2,0 \cdot 10^{-3}$
C_1 [V]	$2,11 \cdot 10^{-5}$	$1,0 \cdot 10^{-4}$
C_2 [cm^2/mA]	$8,0 \cdot 10^{-3}$	$8,0 \cdot 10^{-3}$

- Wird der Wasserstoff über einen vorgeschalteten Reformer der Brennstoffzelle zugeführt, kommt es bei schnellen Leistungssteigerungen zu einer Wasserstoff-Unterversorgung an der Anode, weil die Reformerleistung nicht schnell genug angepasst werden kann.
- Wird der Sauerstoff in Form von Luft zugeführt, kann es bei ungenügender Luftzirkulation zu erhöhten Stickstoffkonzentrationen an der Kathode und damit zu einer Blockierung der Sauerstoffzufuhr kommen.
- Speziell bei PEM-Brennstoffzellen kann eine unzureichende Abflussrate des Produktwassers zu einer Überspannung führen.

5.3.7 Mathematische Darstellung aller Verluste

Zur mathematischen Beschreibung aller Verluste in der Brennstoffzelle sollen nun Aktivierungsverluste, Ohmsche Verluste und Transportverluste in einer gemeinsamen Gleichung für den Spannungsverlauf zusammengefasst werden.

$$U = U_{rev} - \Delta U_{akt} - \Delta U_{Ohm} - \Delta U_{trans} \tag{5.77}$$

Setzt man die Gl. 5.70, 5.73, und 5.76 ein, erhält man:

$$U = U_{rev} - A \cdot \ln\left(\frac{i + i_{int}}{i_0}\right) - i \cdot r - C_1 \cdot \exp\left(C_2 \cdot i\right) \tag{5.78}$$

Um die praktische Anwendung zu erleichtern, wird Gl. 5.78 häufig wie folgt vereinfacht. Der interne Strom i_{int} ist üblicherweise recht klein. Der durch ihn verursachte Spannungsabfall kann im Betrieb vernachlässigt werden, sobald nennenswerte Arbeitsströme auftreten. Mit den Logarithmenregeln kann die Gleichung für die Aktivierungs-Überspannung folgendermaßen umgeschrieben werden:

$$\Delta U_{akt} = A \cdot \ln\left(\frac{i}{i_0}\right) = A \cdot \ln(i) - A \cdot \ln(i_0) \tag{5.79}$$

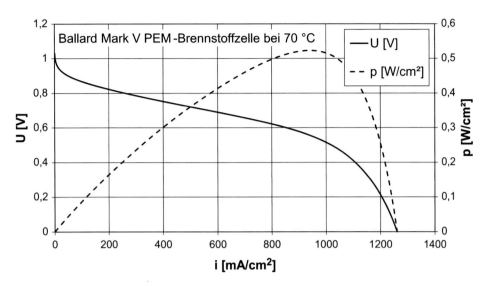

Abb. 5.18 Strom-Spannungs- und Strom-Leistungs-Kennlinie einer PEM-Brennstoffzelle (Ballard Mark V, Betriebstemperatur 70 °C) (nach [6])

Der zweite Ausdruck in Gl. 5.79 führt zu einem konstanten Spannungsabfall und ergibt mit U_{rev} die reale Leerlaufspanuung U_{real}:

$$U_{real} = U_{rev} + A \cdot \ln(i_0) \tag{5.80}$$

Die Austausch-Stromdichte i_0 ist in mA/cm² einzusetzen. Da sie kleine Werte besitzt, ergeben sich negative Logarithmen und eine gegenüber der reversiblen Zellspannung U_{rev} reduzierte reale Leerlaufspannung U_{real}. Setzt man Gl. 5.79 und 5.80 in Gl. 5.78 ein, ergibt sich:

$$U = U_{real} - A \cdot \ln(i) - i \cdot r - C_1 \cdot \exp(C_2 \cdot i) \tag{5.81}$$

Die Stromdichte i ist in mA/cm² einzusetzen. Mit dieser einfachen Gleichung kann eine hervorragende Übereinstimmung mit Messergebnissen erzielt werden. Beispiele für die Konstanten sind in Tab. 5.3 zu finden. Abb. 5.18 zeigt die Strom-Spannungs- und die Strom-Leistungs-Kennlinie mit den hier aufgeführten Parametern für die Ballard Mark V PEM-Brennstoffzelle.

5.4 Bauarten von Brennstoffzellen

Obwohl in den meisten Brennstoffzellen Wasserstoff und Sauerstoff chemisch reagieren, existieren unterschiedliche Verfahren der technischen Umsetzung. Der verwendete Elektrolyt bestimmt die notwendige Zelltemperatur, was als Hauptmerkmal zur Klassifizierung von Brennstoffzellen dient.

5.4.1   Niedertemperatur-Brennstoffzellen

5.4.1.1 Alkalische Brennstoffzelle (AFC)

Die elektrochemische Umsetzung erfolgt in der alkalischen Brennstoffzelle (**A**lkaline **F**uell **C**ell) gemäß Abb. 5.19 bei einer Betriebstemperatur von 60 °C bis 100 °C und wässriger Kalilauge als Elektrolyt.

Der wesentliche Vorteil der durch die Brennstoffzelle geleiteten Kalilauge liegt in der geringen Korrosivität, die den Einsatz einer Vielzahl preisgünstiger Materialien erlaubt. So wird beispielsweise bei den verwendeten Katalysatormaterialien unter anderem auf sehr preiswerten Nickel zurückgegriffen. Aufgrund der geringen Betriebstemperatur lassen sich hohe elektrische Wirkungsgrade von bis zu 60 % erreichen.

Für den Betrieb der alkalischen Brennstoffzelle werden jedoch hochreiner Wasserstoff und Sauerstoff als Brennstoff benötigt, da die Kalilauge mit Kohlendioxid (CO_2) unter Bildung eines unlöslichen Karbonats reagiert und dadurch die chemische Reaktion zum Stillstand kommt. Die Herstellung von hochreinem Wasserstoff und Sauerstoff ist nur mit einem hohen technischen Aufwand bei der Gasaufbereitung zu realisieren, was den Einsatz von alkalischen Brennstoffzellen auf Nischenbereiche wie die Raumfahrt und das Militär beschränkt.

Der Gesamtwirkungsgrad der alkalischen Brennstoffzelle bezogen auf den Primärenergieeinsatz hängt im Wesentlichen davon ab, mit welchen Verfahren Wasserstoff erzeugt wird und auf welche Weise Kohlendioxid aus der Reaktionsluft entfernt werden kann.

5.4.1.2 Polymerelektrolytmembran-Brennstoffzelle (PEMFC)

Die elektrochemische Umsetzung erfolgt in der Polymerelektrolytmembran-Brennstoffzelle (**P**olymer **E**lectrolyte **M**embrane **F**uel **C**ell, auch **P**roton **E**xchange **M**embrane **F**uel **C**ell) gemäß Abb. 5.20 bei einer Betriebstemperatur von ca. 70 °C … 90° C und einer festen Polymermembran als Elektrolyt.

Bei der Polymerelektrolytmembran handelt es sich um eine dünne, feste Kunststofffolie mit eingebundenen Säuregruppen (Perfluorkohlenstoffsulfonsäure, ein Sulfonsäurepolymer, Hersteller: DuPont, Handelsname Nafion), welche den Protonenfluss ermöglicht und

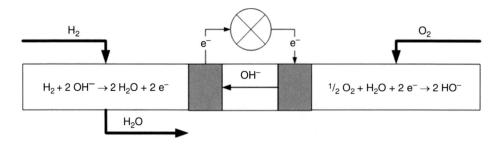

Abb. 5.19 Funktionsprinzip, Stoffströme und Reaktionsgleichung der alkalischen Brennstoffzelle

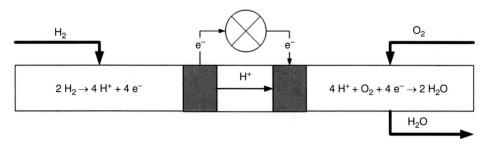

Abb. 5.20 Funktionsprinzip, Stoffströme und Reaktionsgleichung der Polymerelektrolytmembran-Brennstoffzelle

begünstigt. Hierbei wird die Membran zur Aufrechterhaltung des Protonenflusses permanent feucht gehalten, da sich die Membran im feuchten Zustand wie eine „feste" Säure verhält und entlang des Diffusionsgradienten Protonen von der Anode zur Kathode leitet. Aufgrund der geringen Betriebstemperatur lassen sich gute elektrische Wirkungsgrade von 40 %...50 % bei einer hohen Stromdichte erreichen. Zudem ist die Auskopplung von Nutzwärme möglich und damit der Einsatz als Blockheizkraftwerk (BHKW) zur dezentralen Energieversorgung im kleinen und mittleren Leistungsbereich. In diesem Bereich zeichnet sich die Polymerelektrolytmembran-Brennstoffzelle insbesondere durch ihren einfachen Aufbau, ein sehr flexibles Verhalten im Lastwechsel, die guten Kaltstarteigenschaften und eine hohe Leistungsdichte aus. Sie bietet somit ideale Voraussetzungen für den Einsatz in folgenden Bereichen:

- Antrieb in Kraftfahrzeugen und der Schifffahrt,
- Thermische und elektrische Versorgung von Ein- und Mehrfamilienhäusern,
- Kleinstanlage für den Ersatz von Batterien, Beleuchtungen oder als Notstromaggregat.

In Folge der geringen Betriebstemperatur und der eingesetzten Materialien sind Edelmetallkatalysatoren (meist Platin) notwendig. Die Brennstoffzelle besitzt daher eine geringe Kohlenmonoxid-Akzeptanz von ca. 100 ppm. Kohlenmonoxid lagert sich am Katalysators an, wodurch der Katalysator zunächst an Leistung verliert, da zur Herabsetzung der notwendigen Aktivierungsenergie von Wasserstoff kontinuierlich eine geringere Anzahl von katalytischen Plätzen zur Verfügung steht, bis schließlich der Katalysator mit Kohlenmonoxid vollständig besetzt und somit inaktiv wird. Dieses stellt an die Gasaufbereitung von Wasserstoff hohe Anforderungen, wobei aus fossilen Energieträgern gewonnener Wasserstoff durch die Shiftreaktion weitgehend von Kohlenmonoxid gereinigt werden kann.

Die Hauptentwicklungsziele bei Polymerelektrolytmembran-Brennstoffzellen sind der Ersatz der teuren perfluorierten Elektrolytmembran durch nichtfluorierte Membranen auf Kohlenwasserstoffbasis und die Reduzierung der Platinbelegung. Darüber hinaus wird

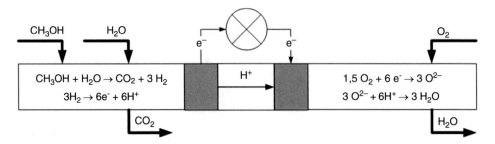

Abb. 5.21 Funktionsprinzip, Stoffströme und Reaktionsgleichung der Direkt-Methanol-Brennstoffzelle

intensiv an kohlenmonoxidresistenten Katalysatoren und einer Reduzierung des Betriebsdrucks gearbeitet.

5.4.1.3 Direkt-Methanol-Brennstoffzelle (DMFC)

Die elektrochemische Umsetzung erfolgt in der Direkt-Methanol-Brennstoffzelle (**D**irect **M**ethanol **F**uel **C**ell) gemäß Abb. 5.21 bei einer Betriebstemperatur von ca. 70 °C bis 90 °C und einer festen Polymermembran als Elektrolyt.

Die Direkt-Methanol-Brennstoffzelle ist eine Weiterentwicklung der Polymerelektrolytmembran-Brennstoffzelle und arbeitet derzeit als einzige Brennstoffzelle mit einem flüssigen Brennstoff, Methanol (CH_3OH). Anwendungsgebiete der DMFC sind die Stromversorgung portabler Geräte wie Laptops oder Camcorder und der Einsatz im Automobilbereich. Hier bietet sich die kostengünstige Nutzung des bereits vorhandenen Tankstellennetzes für die Versorgung der Fahrzeuge mit Kraftstoff an. Um Methanol zu speichern müssten vorhandene Tankstellen nicht aufwendig umgebaut werden, wie es bei Wasserstoff der Fall wäre.

Bei der niedrigen Betriebstemperatur ist ein Katalysator notwendig, der momentan die größte entwicklungstechnische Herausforderung darstellt, da während des Prozesses Methanol zu Kohlenmonoxid reduziert wird und den Katalysator „deaktiviert". Beachtet werden muss ebenfalls, dass Methanol bei höherer Konzentration toxisch und korrosiv ist und bei einer Temperatur zwischen 10 °C und 36 °C zündfähige Gemische bilden kann.

5.4.2 Mitteltemperatur – Brennstoffzellen

5.4.2.1 Phosphorsäure-Brennstoffzelle (PAFC)

Die elektrochemische Umsetzung erfolgt in der Phosphorsäure-Brennstoffzelle (**P**hosphoric **A**cid **F**uell **C**ell) gemäß Abb. 5.22 bei einer Betriebstemperatur von 170 °C bis 200 °C und konzentrierter Phosphorsäure als Elektrolyt.

Der Elektrolyt der Phosphorsäure-Brennstoffzelle ist im flüssigen Zustand in einer Matrix gebunden und erlaubt neben der Verwendung von Wasserstoff auch kohlen-

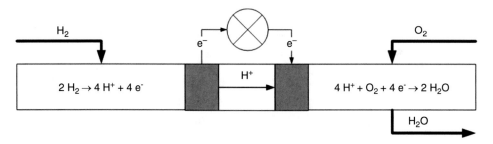

Abb. 5.22 Funktionsprinzip, Stoffströme und Reaktionsgleichung der Phosphorsäure-Brennstoffzelle

dioxidhaltige Brennstoffe wie beispielsweise Erdgas, da diese mit der eingesetzten Phosphorsäure in keine Reaktion treten. In Abhängigkeit des eingesetzten Brennstoffes werden mit der Phosphorsäure-Brennstoffzelle elektrische Wirkungsgrade zwischen 40 % und 45 % erreicht. Aufgrund des langen Aufheizvorgangs von ca. 3 Stunden auf die Betriebstemperatur von 180 °C, eignen sich Phosphorsäure-Brennstoffzellen besonders für die dezentrale Energieversorgung als Blockheizkraftwerk (BHKW) im Bereich der Grundversorgung. Zudem besteht die Möglichkeit einer Hochtemperatur-Wärmeauskopplung, welches Anwendungen mit Kraft-Wärme-Kopplung (Erzeugung von Strom und Prozessdampf) ermöglicht und somit eine Alternative zu herkömmlichen Motor-Blockheizkraftwerken bietet.

Da die Elektroden zur Beschleunigung der chemischen Umsetzung Edelmetallkatalysatoren enthalten, darf der Anteil an Kohlenmonoxid 1 % nicht überschreiten. Bei der Verwendung des eingesetzten Brenngases muss ebenfalls auf einen niedrigen Stickstoffgehalt (< 4 Vol.- %) geachtet werden, da sich sonst Ammoniaksalze im Elektrolyten ablagern und den Wirkungsgrad verschlechtern. Dieser degradiert durch Alterungsprozesse (Korrosion der Wasserrohre, Phosphorsäureaustrag) um etwa 0,1 % je 1000 Betriebsstunden, wobei häufige Lastwechsel den Alterungsprozess beschleunigen. Im Leerlauf müssen Phosphorsäure-Brennstoffzellen zudem kontinuierlich bei 40 °C bis 50 °C warm gehalten werden, damit der Elektrolyt nicht auskristallisiert.

5.4.3 Hochtemperatur – Brennstoffzellen

5.4.3.1 Schmelzcarbonat – Brennstoffzelle (MCFC)

Die elektrochemische Umsetzung erfolgt in der Schmelzcarbonat-Brennstoffzelle (**M**olten **C**arbonate **F**uel **C**ell) gemäß Abb. 5.23 bei einer Betriebstemperatur von ca. 650 °C und einer Mischung von Kaliumcarbonat (K_2CO_3) und Lithiumkarbonat (Li_2CO_3) als Elektrolyt.

Der Schmelzpunkt des Karbonatgemisches liegt bei ca. 430 °C, wobei diese in einer Matrix gebundene Salzschmelze bei einer Betriebstemperatur von ca. 650 °C eine gute

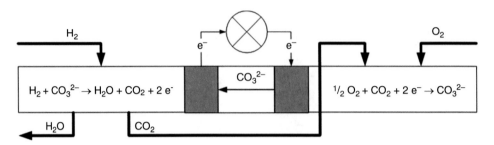

Abb. 5.23 Funktionsprinzip, Stoffströme und Reaktionsgleichung der Schmelzcarbonat-Brennstoffzelle

elektrische Leitfähigkeit aufweist. Dieses Wärmeniveau ist ausreichend um zahlreiche Kohlenwasserstoffe direkt im Anodenraum zu reformieren, was neben Wasserstoff die direkte Verwendung von zahlreichen Gasen wie beispielsweise Erdgas, Kohlegas und Biogas ermöglicht. Da Bildung und Verbrauch ausgewogen sind, gelingt die interne Reformierung mit Hilfe eines Reformkatalysators direkt im Anodenraum relativ problemlos. Charakteristisch für die Schmelzkarbonat-Brennstoffzelle ist, dass der Luftsauerstoff durch die doppelt negativ geladenen Karbonat-Ionen (CO_3^{2-}), die sich durch die Reaktion von Luftsauerstoff (O_2) und Kohlendioxid (CO_2) bilden, im Elektrolyten von der Kathode zur Anode geleitet werden und dort zu Wasser und Kohlendioxid reagieren. Das so entstandene Kohlendioxid wird als Abgas wieder der Kathode zugeführt, um den Kohlendioxidkreislauf zu schließen. Im Gegensatz zu Niedertemperatur- und Mitteltemperatur-Brennstoffzellen ist der Einsatz von Edelmetallkatalysatoren an der Anode bei Hochtemperatur-Brennstoffzellen nicht notwendig, was sie gegenüber Kohlenmonoxid unempfindlich macht.

Mit der MCFC lassen sich elektrische Wirkungsgrade in Abhängigkeit des eingesetzten Brennstoffes von ca. 50 % erreichen. Durch die zusätzliche Kopplung mit einer Dampfturbine lässt sich der Wirkungsgrad auf ca. 65 % bei Erdgasbetrieb verbessern. Aufgrund der langen Aufheizzeit von mehreren Stunden und der langsamen Abkühlung zur Vermeidung von Wärmespannungen eignet sich die Schmelzkarbonat-Brennstoffzelle hauptsächlich für die Energieversorgung im Grundlastbereich. Die hohe Abwärmetemperatur von ca. 550 °C macht die Schmelzkarbonat-Brennstoffzelle für die industrielle Kraft-Wärme-Kopplung interessant.

Die hohen Arbeitstemperaturen stellen besondere Anforderung an die verwendeten Materialien. Dieses betrifft insbesondere die flüssige Salzschmelze, die eine hohe Korrosionsbeständigkeit der verwendeten Zellkomponenten abverlangt. Zudem neigt die Karbonatschmelze dazu, aus der Zelle „herauszukriechen", wobei sorgfältig platzierte Nickel- und Edelstähle einen gewissen Schutz bieten.

Aktuelle Entwicklungsarbeiten konzentrieren sich auf die Werkstoffauswahl, da der korrosive Elektrolyt viele Materialien angreift. Diese Entwicklungsarbeiten betreffen insbesondere die Kathodenproblematik, die in der Auflösung der Kathode durch den Elektrolyten besteht.

5.4.3.2 Oxidkeramische Brennstoffzelle (SOFC)

Die elektrochemische Umsetzung erfolgt in der Oxidkeramischen Brennstoffzelle (Solid Oxide Fuell Cell) gemäß Abb. 5.24 bei einer Betriebstemperatur von 900 °C bis 1000 °C und Yttriumstabilisierter Zirkondioxidkeramik als Elektrolyt.

Die Dotierung des festen Elektrolyten mit Yttriumoxid ermöglicht oberhalb 800 °C eine gute elektrische Leitfähigkeit. Das Wärmeniveau ermöglicht neben der Verwendung von Wasserstoff die direkte Reformierung von verschiedenen Kohlenwasserstoffen im Anodenraum, ähnlich der Schmelzkarbonat-Brennstoffzelle. Bei der Betriebstemperatur von 900 °C bis 1000 °C wird der Kathode Luftsauerstoff zugeführt, der zu doppelt negativ geladenen Sauerstoff-Ionen (O^{2-}) oxidiert und im Elektrolyten von der Kathode zu Anode geleitet wird, wo er mit Wasserstoff (H_2) zu Wasser (H_2O) reagiert. Wird die Brennstoffzelle anstelle von Wasserstoff mit beispielsweise Erdgas (Hauptbestandteil Methan CH_4) betrieben, entsteht zusätzlich Kohlendioxid (CO_2) durch die Reaktion des durch die Reformierung erzeugten Kohlenmonoxids (CO) mit Sauerstoff (O_2).

Mit der Oxidkeramischen Brennstoffzelle lassen sich elektrische Wirkungsgrade von ca. 60 % erreichen, wobei die zusätzliche Kopplung der Brennstoffzelle mit einer Gasturbine den elektrischen Wirkungsgrad auf ca. 70 % verbessert. Aufgrund der langen Aufheizzeit eignet sich die Oxidkeramische Brennstoffzelle für die Energieversorgung im Grundlastbereich, wobei die hohen Abgastemperaturen den Einsatz für die industrielle Kraft-Wärme-Kopplung interessant machen. Die hohen Reaktionstemperaturen stellen allerdings bei diesem Brennstoffzellentyp große Anforderungen an die einzelnen Materialien.

Die Realisierung Oxidkeramischer Brennstoffzellen basiert derzeit auf zwei verschiedenen Konzepten.

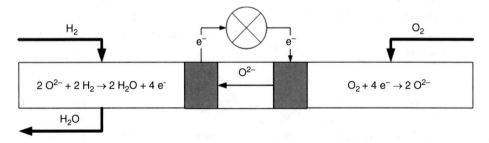

Abb. 5.24 Funktionsprinzip, Stoffströme und Reaktionsgleichung der Oxidkeramischen Brennstoffzelle

Abb. 5.25 Planarer Aufbau

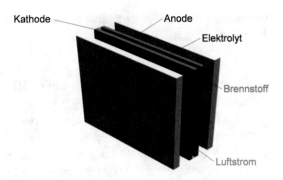

Abb. 5.26 Röhrenkonstruktion

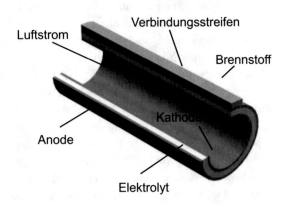

Planarer Aufbau

Hierbei werden die einzelnen Brennstoffzellenkomponenten Anode, Elektrolyt und Kathode gemäß Abb. 5.25 als dünne flache Scheiben ausgeführt.

Bei diesem Aufbau ist das Gas- und Wärmemanagement bei hohen Temperaturen insbesondere bei Druckbetrieb schwierig. Hierbei werden oft die Brennstoffzellen kathodenseitig über ein Luftgebläse mit Sauerstoff versorgt und gekühlt. Der Kompressor beansprucht jedoch ca. 10 % des Bruttostroms. Ein weiteres Problem besteht darin, dass die Reformierreaktion in dieser Hochtemperatur Brennstoffzelle schneller als die Wasserstoffoxidation abläuft, wodurch nicht unerhebliche, materialbelastende Temperaturunterschiede entstehen

Röhrenkonstruktion

Hierbei werden die Brennstoffzellenkomponenten Anode, Elektrolyt und Kathode gemäß Abb. 5.26 als einseitig geschlossene Röhre ausgeführt.

Der Vorteil einer Röhrenkonstruktion im Gegensatz zu dem planaren Konzept besteht darin, dass keine abzudichtenden Randzonen entstehen, auch werden in den Röhren keine metallischen Komponenten verwendet. Zudem erlaubt dieses System unterschiedliche Materialausdehnungskoeffizienten von Elektroden und Elektrolyt, ohne dass es zum Spannungsabfall kommt. Da der Ladungstransport allerdings entlang der gesamten Röhre erfolgt, erhöhen sich die Ohmschen Widerstände, so dass die Leistungsdichte der Röhrenkonstruktion geringer ist.

Das Hauptentwicklungsziel bei Oxidkeramischen Brennstoffzellen ist derzeit eine Absenkung der Betriebstemperatur, um den Einsatz preiswerter ferritischer Stähle anstatt teurer Speziallegierungen zu ermöglichen.

5.4.4 Brennstoffzellensysteme im Überblick

In Tab. 5.4 sind die wichtigsten Charakteristika der verschiedenen Brennstoffzellentypen zusammengefasst.

5.5 Anwendungen der Brennstoffzelle

Die Brennstoffzelle findet in den unterschiedlichsten technologischen Bereichen ihre Anwendung. Man unterscheidet den *mobilen*, den *portablen* sowie den *stationären* Einsatz. Zum mobilen Einsatzbereich zählt der Verkehrssektor, wobei zwischen dem Automobilbereich und Sonderanwendungen differenziert wird. Bei den portablen Anwendungen handelt es sich um Stromerzeugung in tragbaren elektronischen Kleingeräten. Unter stationärem Einsatz versteht man die Kraft-Wärme-Kopplung in Form von virtuellen Kraftwerken und Blockheizkraftwerken (BHKW) zur dezentralen Energieversorgung.

5.5.1 Mobiler Einsatz

Der mobile Einsatzbereich umfasst hauptsächlich den Verkehrssektor. Dazu zählen Automobile, Busse, Flugzeuge sowie Zweiräder. Daneben existieren Sondereinsatzbereiche wie Unterwasserfahrzeuge (U-Boote) und die Raumfahrt. Die zum Fahrbetrieb erforderliche Energie in Form von Treibstoff muss direkt an Bord mitgeführt werden. Der dazu erforderliche Wasserstoff kann in flüssiger und gasförmiger Form, sowie in Metallhydriden mittransportiert werden. Als Brennstoff kommt neben Wasserstoff auch Methanol zum Einsatz.

Im mobilen Bereich werden vor allem *Polymerelektrolytmembran-Brennstoffzellen* (PEMFC) eingesetzt. Darüber hinaus findet die *Direkt-Methanol-Brennstoffzelle* (DMFC), eine Weiterentwicklung der Polymerelektrolytmembran-Brennstoffzelle, Anwendung im Mobilbereich.

5.5.1.1 Einsatz der Brennstoffzelle im Verkehrssektor
Einsatz in PKW

Ein Hauptziel der Automobilindustrie in den nächsten Jahren ist, die umweltschädlichen Schadstoff- und CO_2-Emissionen zu reduzieren. Deshalb wird die Brennstoffzelle sowohl

Tab. 5.4 Brennstoffzellensysteme im Überblick

	Elektrolyt	Betriebstemperatur	Brennstoff	Entwicklungsstand	Einsatzbereich	Elektrischer Wirkungsgrad
AFC	Kalilauge	60 °C … 100 °C	hochreiner Wasserstoff	kommerziell verfügbar	Raumfahrt Militär	ca. 60 %
PEMFC	Polymermembran	70 °C … 90 °C	Wasserstoff	Labor, Versuchsanlagen	Kfz-Antrieb Kleinst-anlagen BHKW	40–50 %
DMFC	Polymermembran	70 °C … 90 °C	Methanol	Labor, Versuchsanlagen	Automobilbereich	20–30 %
PAFC	Konzentrierte Phosphorsäure	170 °C … 200 °C	Wasserstoff Erdgas Sondergase	kommerziell verfügbar	BHKW	50–60 %
MCFC	Karbonatgemisch	ca. 650 °C	Wasserstoff Erdgas Sondergase	Labor, Versuchsanlagen	BHKW Kraft-Wärme-Kopplung	50–65 %
SOFC	Yttriumstabilisierte Zirkondioxidkeramik	900 °C … 1000 °C	Wasserstoff Erdgas Sondergase	Labor, Versuchsanlagen	BHKW Kraft-Wärme-Kopplung	60–70 %

unter Nutzung konventioneller sowie regenerativer Brennstoffe als leistungsfähiger Energiewandler für PKW mit elektromotorischem Antrieb und für die Bordstromversorgung in Fahrzeugen mit herkömmlichem Verbrennungsmotor eingesetzt und getestet. Hierzu müssen folgende Voraussetzungen erfüllt werden:

- gute Kaltstarteigenschaften
- hohe Leistung bei gleichzeitig niedrigem Gewicht
- kompakte Bauweise
- ausreichende Leistungsbereitstellung für schnelle Beschleunigung
- flächendeckende Tank-Infrastruktur
- hohe Lebensdauer
- geringe bis keine Schadstoffemissionen
- konkurrenzfähige Fertigungskosten

Gegenüber Verbrennungsmotoren besitzen Brennstoffzellen Vorteile beim Einsatz in PKW. Die hohen Wirkungsgrade im Teillastbereich führen zu einem höheren Gesamtwirkungsgrad und einem damit verbundenen Verbrauchsvorteil. Brennstoffzellen-Antriebe haben das Potenzial, den spezifischen Kraftstoffverbrauch zukünftiger PKW mit Dieselmotoren zu erreichen, ja sogar zu unterbieten. Außerdem werden bei der Verwendung von Wasserstoff als Brennstoff keine, bei der Verwendung von Methanol oder anderen Kohlenwasserstoffen, verglichen mit herkömmlichen Verbrennungsmotoren, nur geringe Emissionen in die Umwelt freigesetzt.

Durch den Einsatz von Brennstoffzelle und Elektromotor ergibt sich ein weitgehender Wegfall bewegter Komponenten im Antrieb, was zu einem einfacheren mechanischen Aufbau, Vibrations- und Geräuscharmut und geringen Wartungsaufwand führt. Letzter Punkt ist kritisch zu betrachten, da je nach Systemkonzept unter Umständen ein höherer Aufwand für die Peripherie des Brennstoffzellensystems zu erbringen ist.

Daimler entwickelt seit Beginn der 90er-Jahre Fahrzeuge mit Brennstoffzellentechnologie. Mit zahlreichen Konzeptfahrzeugen, angefangen vom 1994 vorgestellten mit Wasserstoff betankten Kleintransporter Necar 1 (New Electric Car), über das mit Methanol betankte und mit Reformer versehene Necar 5 auf Basis der A-Klasse, dem 2002 vorgestellten, ebenfalls auf der A-Klasse basierenden F-Cell, der wieder direkt mit Wasserstoff betankt wurde, bis zum Mercedes-Benz B-Klasse F-Cell (Abb. 5.27). Die Brennstoffzellensysteme (PEMFC) wurden von Ballard Power Systems entwickelt.

Drei dieser Fahrzeuge absolvierten im Jahr 2011 eine Weltumrundung mit mehr als 30.000 km Fahrstrecke unter verschiedensten Umweltbedingungen. Die Wasserstoff-Infrastruktur für den F-Cell World Drive stellte die Linde Group zur Verfügung. Der während der Fahrten in Europa ermittelte Wasserstoffverbrauch betrug 1,25 kg/100 km [7]. Dies entspricht einem Dieseläquivalent von 3,3 l/100 km. Der Wasserstoff für den Betrieb der Brennstoffzelle wird mit einem Druck von 700 bar in den drei Fahrzeugtanks gespeichert. Sie können knapp 4 kg Wasserstoff aufnehmen. Der unter Serienbedingungen gefertigte Brennstoffzellen-Pkw hat mit vollem Wasserstofftank im Sandwichboden eine

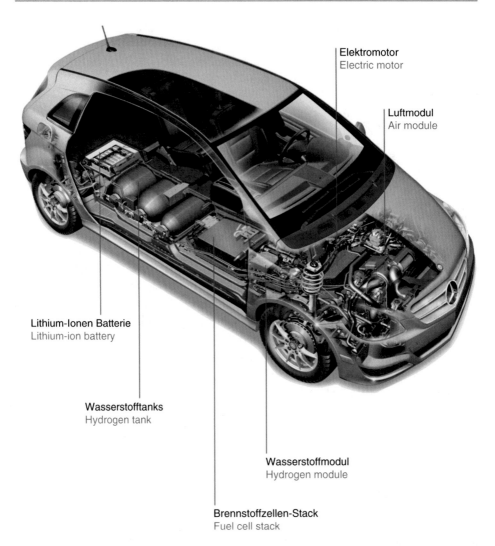

Elektromotor
Electric motor

Luftmodul
Air module

Lithium-Ionen Batterie
Lithium-ion battery

Wasserstofftanks
Hydrogen tank

Wasserstoffmodul
Hydrogen module

Brennstoffzellen-Stack
Fuel cell stack

Abb. 5.27 Mercedes-Benz B-Klasse F-Cell. (Quelle: Daimler AG)

Reichweite von zirka 400 Kilometern. Der Elektromotor leistet 100 kW, liefert 290 Nm Drehmoment und liegt damit etwa auf dem Niveau eines Zwei-Liter-Benzinmotors. Der extrem leise Brennstoffzellenantrieb ermöglicht eine Spitzengeschwindigkeit von 170 km/h [8]. Mit dem GLC F-Cell steht Ende 2017 die Markteinführung des ersten deutschen und auch europäischen Brennstoffzellenfahrzeugs in Kleinserienfertigung durch die Daimler AG kurz bevor [9].

Auch Volkswagen arbeitet an der Entwicklung von Brennstoffzellenfahrzeugen. Als Versuchsträger dienen die Brennstoffzellen-Versionen des VW Tiguan, des VW Caddy Maxi und des Audi Q5 [7]. Fast alle anderen namhaften Hersteller von PKW sind in Entwicklung und Test von Brennstoffzellenfahrzeugen involviert.

Seit 2015 sind neben dem weltweit ersten in Serie gefertigten Brennstoffzellenfahrzeug, dem Hyundai iX35 Fuel Cell, mit dem Toyota Mirai und dem Honda FCV Clarity zwei weitere Modelle auf dem Markt [9].

Einsatz in Bussen

Das europäische Busprojekt
Im Erprobungsprogramm *European Fuel Cell Bus*, den europäischen Busprojekten *CUTE* (*Clean Urban Transport for Europe*) und *ECTOS* (*Ecological City Transport System*), findet die Brennstoffzelle ihre Erprobung und Anwendung in städtischen Linienbussen. Der Citaro-Bus wurde von Daimler in Zusammenarbeit mit Ballard Power Systems entwickelt und verwirklicht. Zwischen 2003 und 2006 wurden insgesamt 30 Busse einem Test im regulären Linienverkehr in zehn europäischen Städten unterzogen. Es handelt sich dabei um die Städte Amsterdam, Barcelona, Hamburg, London, Luxemburg, Porto, Stockholm, Stuttgart und Reykjavik. Somit konnte der Brennstoffzellen-Bus in den unterschiedlichsten klimatischen und geografischen Regionen getestet werden. Von nordischer Kälte in Island über spanische Sommerhitze bis hin zu bergigen Bedingungen rund um Stuttgart.

Der Antrieb des Linienbusses erfolgt mit einer PEM-Brennstoffzelleneinheit der Firma Ballard, die eine Leistung von 200 kW liefert, und sich im Heck des Busses befindet. Die Brennstoffzelleneinheit produziert Gleichstrom, der in einem Wechselrichter in den für den Antrieb notwendigen Wechselstrom umgewandelt wird. Aufgrund der Leistung sind Spitzengeschwindigkeiten von bis zu 80 km/h möglich. Der auf 350 bar komprimierte Wasserstoff wird in drei Druckgasflaschen auf dem Dach mitgeführt, wobei die Reichweite einer Füllung 200 km beträgt.

Mit dem Anschlussprojekt *HyFLEET:Cute* absolvierten 36 Citaro-Busse zwischen 2006 und 2009 eine Fahrstrecken von mehr als 2 Millionen km [10]. Im Jahr 2009 stellte Daimler das Nachfolgemodell Citaro Fuel Cell Hybrid Bus vor, dessen Lithium-Ionen-Batterien durch Rekuperation der Bremsenergie 20 % Wasserstoff einsparen sollen. Im daran anschließenden Projekt *CHIC* (Clean Hydrogen in European Cities) wurde die Einsatzfähigkeit von brennstoffzellenangetriebenen Bussen demonstriert. Dabei wurden Reichweiten von 400 km und tägliche Einsatzzeiten bis zu 18 Stunden nachgewiesen. Bis Ende 2016 befanden sich 58 Busse in Betrieb, weitere 167 sind für die kommenden Jahre geplant [9, 11].

Einsatz in Schienenfahrzeugen
Im September 2016 hat die Alstom Transport Deutschland GmbH mit dem *Coradia iLint* einen brennstoffzellenangetriebenen Zug für 300 Passagiere vorgestellt, der mit einer Tankfüllung und einer Maximalgeschwindigkeit von 140 km/h bis zu 800 km zurücklegen kann. Ab Dezember 2017 sollen zwei dieser Züge auf der Strecke zwischen Buxtehude und Cuxhaven erprobt werden. Bis 2021 ist der Betrieb von 60 Zügen in vier Bundesländern geplant [9].

Einsatz in der Luftfahrt

Das vom DLR entwickelte viersitzige Brennstoffzellenflugzeug *HY4* absolvierte im September 2016 den erfolgreichen Erstflug. Vier PEMFC Brennstoffzellensysteme mit einer Leistung von jeweils 45 kW treiben den Elektromotor des 1500 kg schweren HY4 an. Damit kann eine Maximalgeschwindigkeit von 200 km/h erreicht werden. Durch die mitgeführten 9 kg Wasserstoff können Reichweiten von 750 bis 1500 km realisiert werden [9].

Einsatz in der Schifffahrt

Da 90 % aller Gütertransporte durch Schiffe erfolgen, ist die Brennstoffzellentechnologie in diesem Segment von besonderem Interesse. Das Projekt *e4ships* hat zum Ziel, die Energieversorgung an Bord großer Schiffe deutlich zu verbessern. Zum Einsatz kommen Hochtemperatur- und PEM-Brennstoffzellen, die eine deutliche Reduzierung von Abgasemissionen sowie des Brennstoffeinsatzes ermöglichen sollen. Die ersten Ergebnisse wurden im September 2016 vorgestellt. Zwei der Teilprojekte werden im Folgenden beschrieben.

Im Vorhaben *Pa-X-ell* wird unter Federführung der Meyer Werft der Einsatz von Hochtemperatur-PEM Brennstoffzellen auf einem Passagierschiff erprobt. Auf der Skandinavien-Fähre MS Mariella wurde ein DMFC-System mit einer Leistung von 90 kW zur Bordstromversorgung installiert. Die Anlage wird zunächst mittels eines internen Reformers mit Methanol betrieben. Mittelfristiges Ziel ist jedoch die Nutzung von Erdgas als Treibstoff unter Zuhilfenahme eines Erdgasreformers [12].

Das Projekt *SchIBZ* wird von einem Projektkonsortium realisiert, das von Thyssen-Krupp Marine Systems geleitet wird. Im Mittelpunkt steht die Entwicklung eines skalierbaren, integrierten hybriden Brennstoffzellensystems mit einer Leistungsfähigkeit von 50 bis 500 kW für die Bordstromversorgung von Hochseeschiffen. Als Brennstoff wird schwefelarmer Diesel eingesetzt. Eine Adaption des Systems für Erdgas wird mittelfristig angestrebt. Zudem soll eine thermische Nutzung der Abluftenergie berücksichtigt werden. Zur praktischen Erprobung wird eine 100 kW Anlage gebaut, die auf einem Schiff für 12 Monate im Echtbetrieb in der Versorgung des Bordnetzes auf See getestet werden soll [12].

5.5.1.2 Einsatz der Brennstoffzelle in besonderen Bereichen
Einsatz der Brennstoffzelle in der Verteidigungstechnik

Hier dient die Brennstoffzelle dem Antrieb von U-Booten der deutschen Bundesmarine. Gebaut werden die U-Boote bei der Howaltswerke-Deutsche Werft AG (HDW) im schleswig-holsteinischen Kiel sowie bei den Thyssen-Nordseewerken im ostfriesischen Emden in weiterer Zusammenarbeit mit Siemens. Dabei handelt es sich um U-Boote der Klasse 212A vom Typ 31 mit Hybridantrieb, die aktuell modernsten nicht nuklearen Unterseeboote der Welt. Bereits Anfang der 70er-Jahre begann man mit der Entwicklung einer Brennstoffzellenanlage für U-Boot-Antriebe. Im April 2003 schließlich begann für das erste U-Boot dieser Serie die Testphase mit einem umfangreichen Funktionsnachweis in der Ostsee und vor der Küste Norwegens in tieferen Gewässern. Bei der Brennstoffzellenanlage im U212A handelt es sich weltweit um den ersten außenluftunabhängigen Antrieb im Bereich der nicht nuklearen U-Boot-Technologie. Die Brennstoffzelle ist neben anderen außenluftunabhängigen Anwendungen besonders für den U-Boot-Antrieb geeignet, da sie die Tauchzeit eines U-Bootes um ein Vielfaches verlängert. Im Gegensatz zu herkömmlichen, dieselbetriebenen U-Booten, die nach zwei Tagen Unterwasserfahrt bereits mit leerer Batterie fahren, können U-Boote mit Brennstoffzellen bis zu vier Wochen unter Wasser bleiben.

Die Hybrid-Anlage setzt sich aus Dieselgenerator, Fahrbatterie, Brennstoffzellensystem und Fahrmotor zusammen. Die Brennstoffzellenanlage zeichnet sich durch einen hohen Wirkungsgrad und geringen Wartungsaufwand aus. Das Kernstück der Brennstoffzellenanlage ist die von Siemens entwickelte PEM-Brennstoffzelle. Die Brennstoffzellen werden in Reihe geschaltet und befinden sich als Gesamtmodule in einem druckfesten Behälter. Der Wasserstoff wird in Metallhydridzylindern in der hinteren Doppelhülle des U-Bootes gespeichert. Der Sauerstoff wird in flüssiger Form in isolierten Spezialtanks außerhalb des Druckbehälters mitgeführt [13].

Einsatz der Brennstoffzelle in der Raumfahrt

Der Einsatz der Brennstoffzelle im Bereich der Raumfahrt erfolgt seit mehr als 50 Jahren. Erstmals wurde sie Anfang der sechziger Jahre während der amerikanischen Gemini-Mission eingesetzt. Verwendet wurden PEM-Brennstoffzellen, die eine Leistung von 1 kW lieferten, jedoch im Gegensatz zu heute gigantische Ausmaße annahmen. Bezüglich Leistung und Gewicht waren sie den Batterien jedoch schon damals überlegen. In den siebziger Jahren folgte das Raumfahrtprogramm Apollo. Erstmals kamen drei in Serie geschaltete AFC-Brennstoffzellen mit einer maximalen Leistung von 2300 W zum Einsatz. Wie auch ihre Vorgänger waren diese deutlich größer und schwerer als heutige Brennstoffzellen..

Seit 1981 sind Brennstoffzellen in amerikanischen Space Shuttles fester Bestandteil der mitgeführten Technik. Sie dienen der Herstellung von Strom, Wärme und Wasser für die Bordsysteme. Die NASA verwendet hierfür jeweils drei Brennstoffzellen der Firma UTC Fuel Cells. Hierbei handelt es sich um alkalische Brennstoffzellen (AFC), die mit reinem Sauerstoff arbeiten. Grund hierfür ist, dass der Elektrolyt in Form einer Kalilauge und die Luft, die ja bekanntlich Kohlenstoffdioxid enthält, in einer chemischen Reaktion zu Kaliumkarbonat reagieren würden, was die Poren der Elektroden blockieren würde. Die drei Zellen im Space Shuttle arbeiten voneinander unabhängig und bieten bei einer Spannung von 28 V eine elektrische Dauerleistung von 12 kW. Somit reicht eine Zelle im Notfall aus, um die komplette Raumfähre mit Strom zu versorgen. Ein System bringt dabei ein Gewicht von 120 kg auf die Waage, die Maße belaufen sich dabei auf $40 \times 40 \times 100$ cm. Wasserstoff sowie Sauerstoff werden in flüssiger Form in isolierten Kühltanks mitgeführt. Das bei der „kalten" Verbrennung entstehende Wasser wird in Trinkwassertanks geleitet. Die frei werdende Wärme wird in den Kühlkreislauf abgeführt und dient als Vorheizung der Reaktionsgase.

5.5.2 Portabler Einsatz

Im portablen Bereich findet die Brennstoffzelle Verwendung als Alternative oder Ergänzung von Batterien und Akkumulatoren (Primär- bzw. Sekundärzellen) für die Energieversorgung von elektronischen Kleingeräten wie z. B. Digitalkameras, Laptops, Mobiltelefonen, Organizern, Taschenlampen und Videokameras. Seit Anfang der 90er-Jahre werden Brennstoffzellen als Batterieersatz erforscht und entwickelt. Hierbei handelt es sich aber weitgehend um Prototypen. So existieren bisher noch keine Geräte, in die die Brennstoffzellen-Stromquelle bereits vollständig integriert ist. Der Betrieb erfolgt hauptsächlich mit Wasserstoff und Methanol. Für den portablen Einsatzbereich sind Niedertemperaturbrennstoffzellen, speziell Direkt-Methanol- und PEM-Brennstoffzellen am besten geeignet, da sie über folgende wichtige Eigenschaften verfügen. Zum einen besitzen sie eine wesentlich höhere Energiedichte (100 bis 1000 Wh/kg) als Sekundärbatterien (30 bis 300 Wh/kg). Zum anderen besitzen sie eine vergleichsweise hohe Lebensdauer und sind besonders für den Betrieb zwischen 0 °C und 90 °C geeignet.

Wie bei allen Anwendungen gibt es auch hier entscheidende Vor- und Nachteile gegenüber Akkumulatoren und Batterien:

Vorteile:

- bis zu fünfmal höhere Lebensdauer
- geringeres Gewicht
- Aufladen der Akkus entfällt
- unbegrenzte Anzahl von Ladezyklen
- netzunabhängige Betriebszeit
- Vorteil im Preis
- Umweltfreundlichkeit

Nachteile:

- benötigter Platz
- Überhitzung bzw. Befeuchtung kleiner Geräte
- Wasserstofftanks müssen sehr sicher und leistungsfähig sein
- Verbot von Methanol in Flugzeugen (Laptops)
- bei Direktmethanol-Brennstoffzellen: Kohlendioxidausstoß
- bei Direktmethanol -Brennstoffzellen: Betrieb mit giftiger Flüssigkeit

5.5.3 Stationärer Einsatz

Stationäre Brennstoffzellen werden als Blockheizkraftwerke (BHKW) zur dezentralen Energieversorgung von Gebäuden verwendet, die einen wesentlich höheren Energiebedarf benötigen als ein gewöhnlicher Durchschnittshaushalt. Die Leistungsklassen reichen vom

Kilowatt- bis in den Megawattbereich. Beim Einsatz in der Hausenergieversorgung werden mehrere Brennstoffzellen-Heizgeräte zu sogenannten virtuellen Kraftwerken verschaltet und tragen so zu einer Dezentralisierung der Energieversorgung bei.

Thermische Wirkungsgrade von Kraftwerken zur Stromerzeugung betragen bei modernen Kohlekraftwerken etwa 45 %, bei Gasturbinen maximal 38 % und bei Diesel-Motoren bis zu 50 %. Kombinations-Kraftwerke und Gas- und Dampfturbinen-Prozesse (GuD-Prozesse) erzielen bei der Umwandlung der zugeführten Wärme in mechanische und elektrische Energie einen thermischen Wirkungsgrad von 60 %. Der gleiche Wert wird beim Einsatz von Brennstoffzellen in Kombination mit Gasturbinen-Prozessen erwartet.

Somit liegen Brennstoffzellensysteme im unteren und mittleren Leistungsbereich in Konkurrenz mit Gasturbinen und Motor-Blockheizkraftwerken. Im oberen Leistungsbereich konkurrieren sie mit GuD-Kraftwerken. Trotz gewisser Nachteile stellen Brennstoffzellen derzeit eine effiziente Alternative zu thermischen Anlagen in der Stromerzeugung dar.

Energieversorgung durch virtuelle Kraftwerke

In der Hausenergieversorgung erzeugen Brennstoffzellen-Heizgeräte gleichzeitig Strom und Wärme und sind somit die kleinste Form der Kraft-Wärme-Kopplung. Das Merkmal der Kraft-Wärme-Kopplung ist, dass neben der Stromerzeugung auch die entstandene Abwärme genutzt wird. Bisher war die Kraft-Wärme-Kopplung nur in großen Blockheizkraftwerken (BHKW) möglich, da jedoch der Wirkungsgrad von der Baugröße nicht abhängig ist, werden keine Großanlagen benötigt, und somit ist diese Art der Energienutzung ideal für die Versorgung von Haushalten mit Energie geeignet. Ein Zusammenschluss der Hausanlagen zu einem Netzwerk liefert ein sogenanntes virtuelles Kraftwerk und bietet unter Verwendung der Brennstoffzellentechnologie wichtige Vorteile:

- Energie wird günstig und verbrauchernah erzeugt
- Leitungs- und Transportverluste entfallen
- überschüssiger Strom kann ins örtliche Netz geleitet werden
- reduzierte Treibhausgase und somit Schutz der Umwelt

In diesen Kleinanlagen mit Temperaturen von max. 90 °C kommen hauptsächlich PEM-Brennstoffzellen zum Einsatz. Deren größter Nachteil ist die aufwendige Reformierung des Erdgases zum benötigten reinen Wasserstoff in einem vorgeschalteten Reformer.

Ein Beispiel für den Einsatz von Brennstoffzellen in der Hausenergieversorgung ist das 2008 gestartete *Callux*-Projekt mit dem hierbei eingesetzten Brennstoffzellen-Heizgerät *Vaillant Brennstoffzelle Mikro-KWK* (Abb. 5.28). Im Gegensatz zum Vorläufermodell, das von einer PEM-Brennstoffzelle mit vorgeschaltetem Reformer angetrieben wurde, ist dessen Herzstück eine Festoxid-Brennstoffzelle (SOFC), die Erdgas bzw. Bio-Erdgas direkt verarbeiten kann. Bei einem Brennstoffverbrauch von 3,7 kW wird die frei werdende Wärme von 2 kW direkt in den Heizkreislauf eingespeist, der erzeugte Strom von 1 kW wird dem elektrischen Netz zugeführt [14].

Abb. 5.28 Vaillant-Brennstoffzellen-Heizgerät (Exponat 2011). (Quelle: Vaillant GmbH)

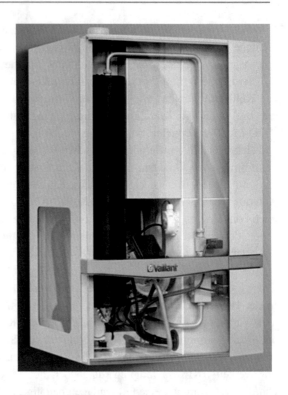

In Japan haben Micro-KWK-Anlagen mit Brennstoffzellen die erfolgreiche Markteinführung bereits bestanden. Im Juni 2016 versorgten bereits mehr als 170.000 solcher Anlagen japanische Haushalte mit Strom und Wärme. In Europa startete im Juni 2016 das Projekt *Pace* (Pathway to a Competitive European FC mCHP market), in dem bis 2021 insgesamt 2650 neue Anlagen der Hersteller Bosch, Solidpower, Vaillant und Viessmann installiert und deren Betrieb auf Optimierungsmöglichkeiten analysiert werden sollen [9].

Energieversorgung durch Blockheizkraftwerke (BHKW)

Industriebetriebe, Hotels und Kliniken haben einen wesentlich höheren Strom- und Wärmebedarf als normale Haushalte, der durch kompakte Hausgeräte nicht aufgebracht werden kann. Somit werden Blockheizkraftwerke erforderlich. Brennstoffzellenbetriebene Blockheizkraftwerke können die herkömmlichen motorbetriebenen Anlagen nach und nach ersetzten, da sie einen besseren Wirkungsgrad besitzen und außer Wasser und Kohlendioxid keine weiteren Schadstoffe emittieren.

In großen Blockheizkraftwerken werden Mitteltemperatur- und Hochtemperatur-Brennstoffzellen eingesetzt. Dazu zählen die Phosphorsäure-Brennstoffzelle (PAFC), die Schmelzcarbonat-Brennstoffzelle (MCFC) und die oxidkeramische Brennstoffzelle (SOFC). Ihr Vorteil besteht darin, dass sich die erzeugte Wärme sehr gut für industrielle Prozesse und für die Weiternutzung in Gas- und Dampfturbinen eignet. Ein Nachteil sind die für die Verwendung der Hochtemperaturwerkstoffe anfallenden hohen Kosten, die auf lange Sicht ein Problem für die Serienproduktion darstellen. Die einzig kommerziell verfügbare und auch serienmäßig angebotene Brennstoffzelle ist die Phosphorsäure-Brennstoffzelle der amerikanischen Firma UTC Fuel Cell. Sie erreicht in Verwendung als Blockheizkraftwerk einen elektrischen Wirkungsgrad von 40 % und eine elektrische und thermische Leistung von jeweils etwa 200 kW.

Ein Beispiel für diese Art der Verwendung ist das Rhön-Klinikum im fränkischen Bad Neustadt an der Saale, das durch ein Brennstoffzellen-Blockheizkraftwerk mit Strom und Wärme versorgt wird. Das *HotModule* der Firma MTU Friedrichshafen liefert eine elektrische Leistung von 250 kW und eine thermische Leistung von 170 kW. Die heiße Abluft wird zur Erzeugung von Hochdruck-Wasserdampf verwendet, mit dem die OP-Bestecke und die Betten sterilisiert und Teile der Klinik klimatisiert werden [15].

Das weltweit größte Brennstoffzellen-Blockheizkraftwerk mit einer Leistung von 5,6 MW wurde im November 2016 im Pfizer Forschungs- und Entwicklungszentrum in Connecticut in Betrieb genommen. Zum Einsatz kommen Schmelzcarbonat-Brennstoffzellen (MCFC) der Firma Fuel Cell Technology [9].

In Japan hat Mitsubishi Hitachi Power Systems ein Hybridkraftwerk, bestehend aus einer Oxidkeramischen Brennstoffzelle (SOFC), die mit Wasserstoff und Kohlenstoffmonoxid aus einem Erdgasreformer betrieben wird, und einer Mikrogasturbine entwickelt. Die Anlage hat im September 2016 ihren Testbetrieb aufgenommen. Bei einer elektrischen Leistung von 250 kW erreicht das Kraftwerk einen Wirkungsgrad von bis zu 55 % [9].

Literatur

1. O'Hayre, R., Cha, S.-W., Colella, W., Prinz, F.B.: Fuel Cell Fundamentals, 2. Aufl. Wiley, New York (2009)
2. Reich, G.: Technische Thermodynamik. Skriptum zur Vorlesung, Augsburg (2017)
3. Cerbe, G., Wilhelms, G.: Technische Thermodynamik, 17. Aufl. Hanser, München (2013)
4. Czeslik, C., Seemann, H., Winter, R.: Basiswissen Physikalische Chemie, 4. Aufl. Vieweg + Teubner, Wiesbaden (2010)
5. Atkins, P.W., de Paula, J.: Kurzlehrbuch der Physikalischen Chemie, 4. Aufl. Wiley-VCH, Weinheim (2008)
6. Larminie, J., Dicks, A.: Fuel Cell Systems Explained, 2. Aufl. Wiley, New York (2005)
7. Friedrich, K.A.: Brennstoffzellen. BWK (Brennstoff-Wärme-Kraft). **64**, 110–116 (2012)
8. http://media.daimler.com/dcmedia/0-921-1258086-49-1258474-1-0-0-0-0-0-11702-854934-0-1-0-0-0-0-0.html. Zugegriffen am 07.05.2012
9. Mitzel, J., Friedrich, K.A.: Wasserstoff und Brennstoffzellen. BWK. **69**, 124–134 (2017)
10. HyFLEET:CUTE: A Report on the Achievements and Learnings from The HyFLEET:CUTE Project 2006–2009, gofuelcellbus.com/uploads/HyFLEETCUTE_Brochure_Web.pdf. Zugegriffen am 30.01.2018
11. http://chic-project.eu/. Zugegriffen am 03.07.2017
12. http://www.e4ships.de/ziele-20.html. Zugegriffen am 03.07.2017
13. http://www.hdw.de. Zugegriffen am 07.05.2012

14. http://www.bhkw-prinz.de/vaillant-group-mikro-kwk-mit-brennstoffzelle/1865#Daten. Zugegriffen am 07.05.2012
15. http://www.tognum.com/presse/pressemitteilungen/presse-detail/news/fuel_cell_power_plant_for_rhoen_klinikum_hospital/news_smode/text/cHash/9337db8e8f/index.de.html. Zugegriffen am 07.05.2012

Wasserstoffherstellung und -speicherung   6

6.1   Einleitung

Wasserstoff wird als Grundstoff in zahlreichen chemischen Prozessen eingesetzt. Jährlich werden in Deutschland ca. 20 Milliarden Normkubikmeter, weltweit 600 Milliarden Normkubikmeter Wasserstoff hergestellt. Dabei fallen rund 40 % des Wasserstoffs als Nebenprodukt bei petrochemischen Prozessen wie der Benzinreformierung und der Ethylen- und Methanol-Herstellung an.

60 % des Wasserstoffs werden in hierfür eigenen Verfahren hergestellt. Das meistverbreitete Herstellungsverfahren ist die Reformierung oder die partielle Oxidation von Kohlenwasserstoffen. Ein weiteres Verfahren ist die Aufspaltung von Wasser mittels Elektrolyse. Mit dem steigenden Ausbau der Nutzung alternierender regenerativer Energien wie Windkraft und Solarstrahlung wird die Elektrolyse zunehmend an Bedeutung gewinnen. Als Energiespeichermedium kann Wasserstoff dazu beitragen, Lastspitzen fluktuierender Energien abzufangen, zu speichern und bedarfsgerecht wieder bereit zu stellen.

Die thermische Spaltung von Kohlenwasserstoffen erfolgt bei hohen Temperaturen und ist energieintensiv. Weitere thermochemische Verfahren zur Wasserstoffherstellung sind die Vergasung von Kohle, Kohlenwasserstoffen und Biomasse. Noch in der Entwicklung befinden sich derzeit biologische und photochemische Verfahren zur Wasserstofferzeugung.

6.2   Thermochemische Verfahren zur Wasserstoffherstellung aus Kohlenwasserstoffen

Gängige Verfahren zur Wasserstoffgewinnung im großtechnischen Maßstab beruhen auf der Freisetzung von chemisch gebundenem Wasserstoff aus fossilen Brennstoffen. Bewährt hat sich insbesondere die Dampfreformierung mit der Wassergas-Shift-Reaktion.

© Springer Fachmedien Wiesbaden GmbH 2018
G. Reich, M. Reppich, *Regenerative Energietechnik*,
https://doi.org/10.1007/978-3-658-20608-6_6

Zudem befinden sich abgewandelte und teilweise kombinierte Verfahren in Entwicklung oder Anwendung, welche Wasserstoff aus regenerativen Quellen generieren. Je nach Kettenlänge des eingesetzten Kohlenwasserstoffes ergeben sich Wasserstoffausbeuten von ca. 60 % bis 75 %.

6.2.1 Dampfreformierung

Als Reformierung wird die Umwandlung von Kohlenwasserstoffen und Alkoholen in Wasserstoff bezeichnet. Als Nebenprodukt fallen dabei Wasserdampf, Kohlenstoffmonoxid (CO) und Kohlenstoffdioxid (CO_2) an. Wird Luft als Oxidationsmittel eingesetzt, findet sich zusätzlich auch noch Stickstoff im Produktgas des Reformers. Die Dampfreformierung besteht aus mehreren Einzelschritten, wie sie in Abb. 6.1 aufgezeigt sind.

Die Dampfreformierung ist das meist verwendete Verfahren zur Herstellung von Synthesegas, einer Mischung von Kohlenstoffmonoxid und Wasserstoff, aus kohlenstoffhaltigen Energieträgern. Bei diesem Verfahren werden leichte Kohlenwasserstoffe, wie z. B. Methan, mit Wasserdampf in einem endothermen Prozess in das Synthesegas umgewandelt. Mit einem Anteil von ca. 60 % trägt die Dampfreformierung wesentlich zur Bereitstellung von Wasserstoff bei. Der Gesamtwirkungsgrad bestehender Anlagen liegt bei 70–80 %. Die Dampfreformierung findet in ähnlicher Weise auch in der Wasserstoffgewinnung aus Biogas, Bioethanol bzw. Biomethanol Anwendung. Bei der Reformierung wird überhitzter Dampf verwendet, der bei Temperaturen um 800 °C und bei Drücken von 15 bis 25 bar nach folgender Reformierungsreaktion, am Beispiel von Methan, umgesetzt wird.

$$CH_4 + H_2O \quad \rightarrow \quad CO \ + \ 3H_2 \qquad \Delta_R H^0 \ = \ 206,1 \ \frac{kJ}{mol} \qquad (6.1)$$

Um den Methangehalt im Synthesegas weiter zu minimieren, gleichzeitig die Wasserstoff-Ausbeute zu maximieren und die Bildung von elementarem Kohlenstoff und dessen Ablagerung auf den Katalysatoren zu vermeiden, wird im praktischen Betrieb der Reformer mit einem höheren Dampf/Kohlenstoff-Verhältnis als theoretisch nötig betrieben. Ein hoher Konversionsgrad bei dieser Art der Wasserstoffgewinnung wird durch hohe Temperaturen, geringe Drücke und großen Dampfanteil gefördert.

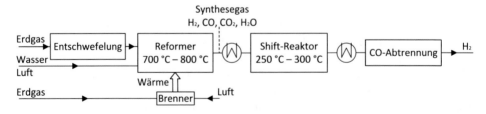

Abb. 6.1 Schema zur Dampfreformierung von Erdgas

Das Produktgas enthält noch sehr viel CO, das in der anschließenden exothermen Wassergas-Shift-Reaktion bei Temperaturen zwischen 200 °C und 500 °C mit Wasserdampf zu CO_2 oxidiert wird. Nebeneffekt dieser Reaktion ist die Bildung von Wasserstoff.

$$CO + H_2O \rightarrow CO_2 + H_2 \qquad \Delta_R H^0 = -41,1 \; \frac{kJ}{mol} \tag{6.2}$$

Damit ergibt sich folgende Gesamtreaktion:

$$CH_4 + 2H_2O \rightarrow CO_2 + 4H_2 \qquad \Delta_R H^0 = 164,9 \; \frac{kJ}{mol} \tag{6.3}$$

Da die Gesamtreaktion endotherm ist, muss die benötigte thermische Energie durch eine externe Feuerung zugeführt werden.

6.2.2   Partielle Oxidation

Eine weitere großtechnische Methode für die Herstellung von Wasserstoff ist die partielle Oxidation. Dabei werden Erdgas oder schwere Kohlenwasserstoffe mit Sauerstoff unterstöchiometrisch zu Synthesegas (Kohlenmonoxid und Wasserstoff) umgesetzt. Aufgrund der höheren Bindungsstärke des Sauerstoffs zu Kohlenstoff entsteht ungebundener Wasserstoff. Der Prozess verläuft exotherm. Am Beispiel von Methan ergibt sich folgende Reaktion:

$$CH_4 + \frac{1}{2}O_2 \rightarrow CO + 2H_2 \qquad \Delta_R H^0 = -35,7 \; \frac{kJ}{mol} \tag{6.4}$$

Unter Sauerstoffmangel werden Temperaturen von 800 °C bis 1500 °C bei Drücken bis ca. 90 bar angewendet. Nachteile bei dieser Art der Wasserstoffgewinnung sind neben dem hohen Sauerstoffbedarf die mögliche Belagerung der Katalysatoren durch den während der Reaktion entstehenden Ruß und den hohen Anteil an CO im Produktgas. Auf Grund des hohen CO-Anteils wird eine nachgeschaltete Shift-Reaktion nahezu unumgänglich [1].

6.2.3   Autotherme Reformierung

Die autotherme Reformierung kombiniert die Dampfreformierung mit der partiellen Oxidation. Die exotherme partielle Oxidationsreaktion deckt dabei im Idealfall den Energiebedarf für die endotherme Dampfreformierungsreaktion ab. Der Wasserstoffgehalt des entstehenden Produktgases und somit der Wirkungsgrad sind höher als bei der partiellen

Oxidation, jedoch niedriger als bei der Dampfreformierung. Hauptgrund für den größeren Wirkungsgrad ist der höhere Wasserstoffgehalt des Produktgases.

$$2\,CH_4 + \frac{1}{2}O_2 + H_2O \quad \rightarrow \quad 2\,CO \;+\; 5\,H_2 \qquad \Delta_R H^0 \;=\; 170{,}4 \; \frac{kJ}{mol} \qquad (6.5)$$

6.2.4 Thermisches Cracken (Pyrolyse)

Beim thermischen oder katalytischen Cracken werden Kohlenwasserstoffe unter hohen Temperaturen aufgebrochen und in ihre Bestandteile Kohlenstoff und Wasserstoff zerlegt. Dieser Vorgang findet unter Sauerstoffabschluss statt und wird auch als Pyrolyse bezeichnet. Beispielsweise kann Propan an einem Katalysator bei Temperaturen oberhalb von 800 °C wie folgt zerlegt werden:

$$C_3H_8 \quad \rightarrow \quad 3\,C \;+\; 4\,H_2 \qquad \Delta_R H^0 \;=\; 103{,}9 \; \frac{kJ}{mol} \qquad (6.6)$$

Die Reaktion verläuft endotherm. Die zum Aufspalten von Propan benötigte Energie muss dem Prozess zugeführt werden. Dies kann beispielsweise durch die Oxidation des als Produkt anfallenden Kohlenstoffes erreicht werden. Beim thermischen Cracken wird nur der im Ausgangsmaterial enthaltene Wasserstoff umgesetzt, weshalb die Wasserstoffausbeute im Vergleich zur Dampfreformierung relativ gering ist. Jedoch fällt bei diesem Verfahren hochreiner Kohlenstoff an, welcher direkt weiterverwendet werden kann und sich somit positiv auf den Gesamtwirkungsgrad des Prozesses auswirkt [1].

6.2.5 Kværner-Verfahren

Beim Kværner-Verfahren werden Kohlenwasserstoffe bei Temperaturen von rund 1600 °C in einem Plasmabogen unter Energiezufuhr in Kohlenstoff (Reinstkohle) und Wasserstoff aufgespalten. Ein großer Vorteil dieses Verfahrens gegenüber allen anderen Reformierungsmethoden ist, dass reiner Kohlenstoff anstelle von Kohlenstoffdioxid entsteht. Eine 1992 in Kanada erbaute Pilotanlage erreichte einen Wirkungsgrad von nahezu 100 %, wovon 48 % in Wasserstoff, 40 % in Aktivkohle und 10 % in Heißdampf übergehen. Ein Nachteil dieses Verfahrens ist der hohe Energiebedarf. Am Beispiel von Methan ergibt sich folgende Reaktionsgleichung:

$$CH_4 \quad \rightarrow \quad C \;+\; 2\,H_2 \qquad \Delta_R H^0 \;=\; 74{,}8 \; \frac{kJ}{mol} \qquad (6.7)$$

6.3   Wasserstoffherstellung durch Elektrolyse

Bei der Elektrolyse wird ein elektrischer Gleichstrom durch zwei Elektroden in eine leitfähige Flüssigkeit – den Elektrolyten – geleitet. An den Elektroden entstehen durch die Elektrolyse Reaktionsprodukte aus den im Elektrolyten enthaltenen Stoffen. Die angelegte Spannung muss mindestens der Zersetzungsspannung entsprechen. Kationen wandern zur Kathode, Anionen zur Anode.

- An der Anode werden Elektronen abgegeben, es erfolgt eine Oxidation.
- An der Kathode werden Elektronen aufgenommen, es erfolgt eine Reduktion.

Die bei der Elektrolyse ablaufenden Vorgänge sind denen der Brennstoffzelle entgegengesetzt.

6.3.1   Chloralkali-Elektrolyse

Mit der Chloralkali-Elektrolyse werden die Grundchemikalien Chlor und Natronlauge aus einer wässrigen Lösung von Natriumchlorid erzeugt. Es ist das wichtigste Verfahren zur großtechnischen Gewinnung von Chlor und Alkalihydroxiden. Wasserstoff fällt als Nebenprodukt an. Dabei laufen folgende Reaktionen ab:

Kathode:

$$4\ H_2O \quad \rightarrow \quad 2H_3O^+ \ + \ 2OH^- \tag{6.8}$$

$$2\ H_3O^+ \ + \ 2\ e^- \quad \rightarrow \quad H_2 \ + \ 2H_2O \tag{6.9}$$

Anode:

$$2\ NaCl \quad \rightarrow \quad 2Na^+ \ + \ 2Cl^- \tag{6.10}$$

$$2\ Cl^- \quad \rightarrow \quad Cl_2 \ + \ 2e^- \tag{6.11}$$

Gesamtreaktion:

$$2\ H_2O \ + \ 2\ NaCl \quad \rightarrow \quad H_2 \ + \ Cl_2 \ + \ 2\ Na^+ \ + \ 2\ OH^- \tag{6.12}$$

6.3.2   Elektrolyse wässriger Lösungen

Bei der Wasserelektrolyse wird Wasser mit Strom in Sauerstoff und Wasserstoff gespalten. Wird die hierzu benötigte elektrische Energie aus regenerativen Energien gewonnen, liegt ein ökologisch besonders hochwertiges Verfahren zur Wasserstoffherstellung vor. So können die fluktuierenden Energien aus Windkraft und Solarstrahlung in Form von Wasserstoff gespeichert werden, der bei entsprechendem Energiebedarf in Brennstoffzellen rückverstromt wird.

Wie bei den Brennstoffzellen lassen sich die verschiedenen Elektrolyseverfahren nach der Art des ionenleitenden Elektrolyten und der Betriebstemperatur einteilen:

- Alkalische Elektrolyse mit wässriger Kalilauge als Elektrolyt,
- Membran-Elektrolyse mit einer protonenleitenden Elektrolytmembran,
- Hochtemperatur-Dampfelektrolyse mit einer Keramikmembran als Ionenleiter.

Wie in Abb. 6.2 zu erkennen ist, sind die Reaktionsenthalpie $\Delta_R H$ und die freie Reaktionsenthalpie bzw. Gibbs-Enthalpie $\Delta_R G$ vom Aggregatzustand (flüssig bzw. dampfförmig) des zugeführten Wassers und von der Temperatur abhängig. Mit zunehmender Temperatur sinkt die aufzuwendende elektrische Energie $\Delta_R G$, die zuzuführende Prozesswärme $\Delta Q_{max} = T \cdot \Delta_R S$ steigt entsprechend an.

6.3.2.1 Alkalische Elektrolyse (AEL)

Die alkalische Elektrolyse (**A**lkaline **E**lectrolysis) ist die meistverbreitete Technologie der elektrochemischen Spaltung von Wasser in seine Bestandteile Wasserstoff und Sauerstoff. Abb. 6.3 zeigt das Prinzip. Als Elektrolyt kommt wässrige Kalilauge mit einer Konzen-

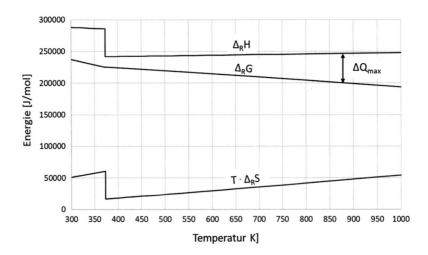

Abb. 6.2 Energieverbrauch der Wasserelektrolyse in Abhängigkeit von der Temperatur

Abb. 6.3 Prinzip der
alkalischen Elektrolyse

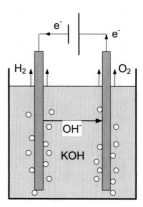

tration von 20–40 % zur Anwendung. Anode und Kathode sind durch ein für die OH$^-$-Ionen durchlässiges Diaphragma getrennt. Alkalische Elektrolyseure werden mit Temperaturen von 50 bis 80 °C und Drücken von 1 bis 30 bar betrieben. Diese Technologie ist seit Jahren erprobt und kommerziell verfügbar. So wurde bereits im Jahr 1960 am Assuan Staudamm in Ägypten eine drucklose AEL-Anlage mit einer elektrischen Leistung von 156 MW in Betrieb genommen [3, 4].

Dabei laufen folgende Reaktionen ab:

Kathode:

$$2\ H_2O\ +\ 2\ e^-\ \rightarrow\ H_2\ +\ 2\,OH^- \tag{6.13}$$

Anode:

$$2\ OH^-\ \rightarrow\ \frac{1}{2}\ O_2\ +\ H_2O\ +\ 2\ e^- \tag{6.14}$$

Gesamtreaktion:

$$H_2O\ \rightarrow\ H_2\ +\ \frac{1}{2}\ O_2 \qquad \Delta_R H^0\ =\ 285{,}8\ \frac{kJ}{mol} \tag{6.15}$$

6.3.2.2 Polymerelektrolytmembran-Elektrolyse (PEMEL)

Ein weiteres elektrochemisches Verfahren zur Wasserstoffherstellung ist die Polymerelektrolytmembran-Elektrolyse (**P**olymer **E**lectrolyte **M**embrane **E**lectrolysis). Wie bei der Polymerelektrolytmembran-Brennstoffzelle (PEMFC) kommt als Membran eine Kunststofffolie mit eingebundenen Säuregruppen (Perfluorkohlenstoffsulfonsäure, ein Sulfonsäurepolymer) zum Einsatz, welche den Protonenfluss ermöglicht.

Die hierbei ablaufenden Reaktionen sind:
Kathode:

$$2\ H^+\ +\ 2\ e^-\quad\rightarrow\quad H_2 \tag{6.16}$$

Anode:

$$H_2O\quad\rightarrow\quad 2\ H^+\ +\ \frac{1}{2}\,O_2\ +\ 2\ e^- \tag{6.17}$$

Gesamtreaktion:

$$H_2O\quad\rightarrow\quad H_2\ +\ \frac{1}{2}\,O_2\qquad \Delta_R H^0\ =\ 285,8\ \frac{kJ}{mol} \tag{6.18}$$

6.3.2.3 Hochtemperatur-Dampfelektrolyse (HTES)

Bei der Hochtemperatur-Dampfelektrolyse (**H**igh **T**emperature **E**lectrolysis of **S**team) wird ein Teil der Energie, die zur Trennung von Wasserstoff und Sauerstoff benötigt wird, durch Wärme bei Temperaturen von 850 bis 1000 °C zugeführt. Somit sinken der Stromverbrauch und die benötigte Zellspannung im Vergleich zu AEL und PEMEL.

Die hierbei ablaufenden Reaktionen sind:
Kathode:

$$H_2O\ +\ 2\ e^-\quad\rightarrow\quad H_2\ +\ O^{2-} \tag{6.19}$$

Anode:

$$O^{2-}\quad\rightarrow\quad \frac{1}{2}\,O_2\ +\ 2\ e^- \tag{6.20}$$

Gesamtreaktion:

$$H_2O\quad\rightarrow\quad H_2\ +\ \frac{1}{2}\,O_2\qquad \Delta_R H^0\ =\ 241,8\ \frac{kJ}{mol} \tag{6.21}$$

Da das Wasser in der Dampfphase vorliegt, ist die Reaktionsenthalpie um die Verdampfungswärme niedriger als bei den beiden anderen Verfahren.

6.4 Biologische Verfahren zur Wasserstoffherstellung

Bei verschiedenen biologischen Prozessen wird Wasserstoff freigesetzt oder tritt als Zwischenprodukt auf. Bei der Photolyse gewinnen Bakterien oder Algen aus Wasser und Solarstrahlung Energie und Wasserstoff. Bei der *Fermentation* erzeugen Bakterien aus biologischen Stoffen Wasserstoff. Die biologischen Verfahren zur Wasserstoffherstellung befinden sich im Konzept- oder Laborstadium.

6.4.1 Photolyse

Bei der photobiologischen Wasserstofferzeugung gewinnen biologische Organismen wie Bakterien oder Algen aus Wasser und Sonnenlicht Energie und Wasserstoff. Dieser Prozess kann als oxigene oder anoxigene Photosynthese ablaufen.

Bei der oxigenen Photosynthese wird mit Hilfe von Cyanobakterien oder Grünalgen Wasser unter Verwendung von Sonnenenergie enzymatisch in Wasserstoff und Sauerstoff gespalten. Für die Spaltung sind bestimmte Enzyme verantwortlich. Diese Enzyme wirken als biologische Katalysatoren und senken die Aktivierungsenergie von chemischen Prozessen. Cyanobakterien wandeln durch Nitrogenase Stickstoff in biologisch zugängliche Stickstoffverbindungen wie Ammoniak um. Elektronen- und Protonenlieferanten können z. B. aus der sauerstoffbildenden Photosynthese stammen, die parallel abläuft [5].

Bei der anoxigenen Photosynthese bilden phototrophe Bakterien mit Hilfe von Solarstrahlung aus organischen Substanzen oder reduzierenden Schwefelverbindungen Wasserstoff und Kohlenstoffdioxid bzw. oxidierte Schwefelverbindungen. Hierbei wird kein Sauerstoff freigesetzt [6].

6.4.2 Fermentation

Durch Mikroorganismen werden in einem anaeroben Gärprozess die in der Biomasse enthaltenen organischen Verbindungen (Kohlenhydrate, Fette, Proteine) unter anderem zu H_2, CO_2 sowie oxidierten organischen Verbindungen umgewandelt. Häufig findet der Stoffwechsel bei fermentativen Bakterien nur unter Sauerstoffausschluss statt. Hierfür muss die Biomasse vor der Vergärung zur Oberflächenvergrößerung zerkleinert werden. Mit der Einschränkung, dass die letzte Verfahrensstufe, die sogenannte Methanogenese bei der Wasserstoffherstellung nicht stattfindet, ist der Prozess in großen Teilen identisch zur Biogasproduktion. Wasserstoff weist für ein Stoffwechselprodukt einen vergleichsweise hohen Energiegehalt auf, da den Mikroorganismen ohne Sauerstoff eine weitere Erschließung nicht möglich ist. Die für ihren Stoffwechsel benötigte Energie ziehen die Mikroorganismen aus den organischen Verbindungen [7].

Als vorteilhaft bei der Fermentation gilt, dass ein breites Substratspektrum eingesetzt werden kann, da ein Zusammenschluss aus verschiedensten wasserstoffproduzierenden

Bakterienarten für das Verfahren herangezogen wird. Die erzielten Wirkungsgrade schwanken zwischen 2 und 20 % in Abhängigkeit von den verwendeten Mikroorganismen und der eingesetzten Biomasse.

6.5   Speicherung und Transport von Wasserstoff

Im gasförmigen Zustand hat Wasserstoff einen hohen gravimetrischen Heizwert von 120 MJ/kg. Der volumetrische Heizwert von 10 MJ/m_N^3 ist jedoch sehr gering. Um deutlich höhere volumetrische Speicherdichten zu erreichen, können folgende Methoden angewandt werden:

- Druckspeicherung von gasförmigem Wasserstoff,
- kryogene Speicherung von flüssigem Wasserstoff,
- Metallhydridspeicher,
- Adsorptionsspeicher.

6.5.1   Druckspeicher

Noch vor wenigen Jahren waren Druckgastanks mit 200 bis 350 bar üblich. Durch den Einsatz von Verbundmaterialien konnte der Druck auf 700 bar erhöht werden. Diese Druckbehälter bestehen aus Faserverbundwerkstoffen, die die hohen Druckkräfte aufnehmen. Auf der Innenseite wird ein Metall- oder Kunststoff-Liner aufgebracht, der die Diffusion der Wasserstoffmoleküle unterbindet.

6.5.2   Kryogene Speicher

Die Speicherung von flüssigem Wasserstoff erfolgt bei Umgebungsdruck und bei einer Temperatur von -252 °C. Trotz bestmöglicher Isolation ist ein Wärmeeintrag nicht zu vermeiden. Um einen daraus resultierenden unkontrollierbaren Druckanstieg zu unterbinden, kann der durch den Wärmeeintrag verdampfende Wasserstoff durch eine Abdampföffnung entweichen. Die so entstehenden Abdampfverluste bewegen sich in der Größenordnung bis zu einigen Prozent pro Tag. Aus diesem Grund sind kryogene Speicher nicht als Langzeitspeicher geeignet.

6.5.3   Metallhydridspeicher

Bei der Speicherung von Wasserstoff in einer Metallhydridbindung handelt es sich um eine Absorption. Dabei diffundiert Wasserstoff in metallische Legierungen. An Zwischengitterplätzen werden Wasserstoffatome eingebunden. Während der Beladung wird Energie freigesetzt, wodurch es zu einer Erwärmung des Speichers kommt. Um den Speicher zu entladen, muss entsprechend wieder Energie zugeführt werden.

Die Aufnahmekapazität von Metallhydriden für Wasserstoff liegt bei 2 bis 5 Gewichtsprozent. Damit kann eine hohe volumetrische Energiedichte erreicht werden. Die gravimetrische Energiedichte ist aufgrund des Eigengewichts der Metalllegierung sehr niedrig, bzw. die Speichermasse sehr hoch, sodass Metallhydridspeicher nur in einigen Spezialfällen zum Einsatz kommen. Zum Beispiel werden die U-Boote des Typs 212 A unter Wasser mit Brennstoffzellen angetrieben. Der hierzu benötigte Wasserstoff wird in Metallhydridspeichern mitgeführt.

6.5.4 Adsorptionsspeicher

Auf Festkörperoberflächen kann Wasserstoff physikalisch als H_2-Molekül oder chemisch als Wasserstoffatom adsorbieren. Die bei der physikalischen Adsorption auftretende Bildungsenergie ist dabei deutlich geringer als bei der chemischen Adsorption. Um eine große Menge Wasserstoff zu speichern, sollte der Festkörper eine hohe volumenspezifische Oberfläche besitzen, also möglichst porös sein. Geeignet sind hierzu Kohlenstoff-Nanotubes. Bisher konnten in diesen Strukturen bei niedrigen Temperaturen von 50 bis 80 K bis zu 5 Gewichtsprozent Wasserstoff gespeichert werden. Problematisch ist eine ausreichend schnelle Entladung des Speichers [2].

Literatur

1. Töpler, J., Lehmann, J.: Wasserstoff und Brennstoffzelle. Springer Vieweg, Wiesbaden (2014)
2. Eichlseder, H., Klell, M.: Wasserstoff in der Fahrzeugtechnik, 2. Aufl. Vieweg + Teubner, Wiesbaden (2010)
3. Sterner, M., Stadler, I.: Energiespeicher – Bedarf, Technologien, Integration. Springer Vieweg, Wiesbaden (2014)
4. Smolinka, T., Günther, M., Garche, J.: Stand und Entwicklungspotential der Wasserelektrolyse zur Herstellung von Wasserstoff aus regenerativen Energiequellen. NOW-Studie, Abschlussbericht (2011)
5. Bley, T.: Biotechnologische Energieumwandlung. Springer, Wiesbaden (2009)
6. Lexikon der Biologie.: http://www.spektrum.de/lexikon/biologie/phototrophe-bakterien/51383. Zugegriffen am 26.06.2017
7. http://biowasserstoff.de/. Zugegriffen am 26.06.2017

A Anhang

A.1 Einheiten der Energie, ihre Umrechnungen, Zehnerpotenzen und Vorsätze

J	Energie, Arbeit, Wärmemenge J = Ws = Nm
W	Energiestrom, Leistung, Wärmestrom W = J/s
kWh	elektrische Energie
kg SKE, t SKE kg RÖE, t RÖE	gebräuchliche Maßeinheiten der Energie in Energiebilanzen und -statistiken zum Vergleich verschiedener Energieträger; orientieren sich am Energieinhalt (Heizwert) von Steinkohle bzw. Rohöl
kcal	nicht mehr zulässige Einheit der Energie
BTU	British Thermal Unit, angelsächsische Einheit der Energie

	Zieleinheit					
Ausgangseinheit	Megajoule	kg SKE	kg RÖE	1000 kcal	kWh	1000 BTU
1 Megajoule (MJ)	–	0,034	0,024	0,2388	0,278	0,95
1 kg Steinkohleeinheit (SKE)	29,308	–	0,7	7	8,14	27,767
1 kg Rohöleinheit (RÖE)	41,869	1,429	–	10	11,63	39,667
1000 Kilokalorien (kcal)	4,1868	0,143	0,1	–	1,163	3,967
1 Kilowattstunde (kWh)	3,6	0,123	0,0861	0,8598	–	3,411
1000 British Thermal Unit (BTU)	1,055	0,036	0,025	0,2521	0,293	–

Anmerkung: Um von der Ausgangseinheit (z. B. MJ) in die Zieleinheit (z. B. RÖE) umzurechnen, muss der Ausgangswert mit dem Tabellenwert (im Beispiel: 0,024) multipliziert werden

© Springer Fachmedien Wiesbaden GmbH 2018
G. Reich, M. Reppich, *Regenerative Energietechnik*,
https://doi.org/10.1007/978-3-658-20608-6

10^3	Tausend	Kilo	k	10^{12}	Billion	Tera	T
10^6	Million	Mega	M	10^{15}	Billiarde	Peta	P
10^9	Milliarde	Giga	G	10^{18}	Trillion	Exa	E

A.2   Gegenüberstellung konventioneller und regenerativer Stromerzeugungstechnologien in Deutschland

(Quellen: M. Kaltschmitt, W. Streicher, A. Wiese (Hrsg.): Erneuerbare Energien. 4. Aufl. Berlin: Springer 2006; Fraunhofer Institut für Solare Energiesysteme (Hrsg.): Aktuelle Fakten zur Photovoltaik in Deutschland. Freiburg 2013; Fraunhofer-Institut für Solare Energiesysteme (Hrsg.): Studie Stromgestehungskosten Erneuerbare Energien, Freiburg 2012; V. Fthenakis, H. C. Kim, R. Frischknecht, M. Raugei, P. Sinha, M. Stucki , 2011, Life Cycle Inventories and Life Cycle Assessment of Photovoltaic Systems, International Energy Agency (IEA) PVPS Task 12, Report T12-02:201; eigene Angaben)

Konventionelle Stromerzeugungsanlagen		Steinkohlekraftwerk (Staubfeuerung)	GuD-Kraftwerk (Erdgas)
Elektrische Nennleistung		600 MW	600 MW
Volllaststunden	h/a	5000	5000
Nutzungsgrad (netto)	%	45	58
Technische Lebensdauer	a	30	25
Primärenergetisch bewerteter Erntefaktor	–	8,8	10,0
Investitionskosten	€/kWh	1100	500
Stromgestehungskosten	€/kWh	0,035	0,036
CO_2-Äquivalent-Emissionen	t/GWh	746	348
NO_x-Emissionen	kg/GWh	578	448
SO_2-Äquivalent-Emissionen	kg/GWh	1044	318

Regenerative Stromerzeugungsanlagen		Photovoltaikanlagen	Windkraftanlagen	Wasserkraftanlagen
Elektrische Nennleistung		1 kW_p – 53 MW_p	10 kW – 7,5 MW	10 kW – 5000 MW
Volllaststunden	h/a	800 – 1020	1400 – 4000	4500 – 6500
Nutzungsgrad	%	6 – 20	25 – 35	ca. 70
Technische Lebensdauer	a	20 – 30	20	80
Primärenergetisch bewerteter Erntefaktor	–	> 10	15,0 – 48,0	30 – 60
Investitionskosten	€/kWh	1600 – 1900	1200 – 3200	4100 – 12800
Stromgestehungskosten	€/kWh	0,13 – 0,18	0,07 – 0,14	0,049 – 0,073
CO_2-Äquivalent-Emissionen	t/GWh	18,0 – 38,0	22,6 – 48,1	10,0 – 21,1
NO_x-Emissionen	kg/GWh	k. A.	42,0 – 88,0	35,0 – 51,0
SO_2-Äquivalent-Emissionen	kg/GWh	k. A.	151,0 – 334,0	54,0 – 119,0

A.3 Molare Bildungsenthalpie, absolute Entropie und freie Enthalpie verschiedener Stoffe im chemischen Standardzustand (25 °C, 100 kPa)

(Quellen: nach Baehr, H.D.: Thermodynamik. Berlin: Springer; Lucas, K.: Thermodynamik. Berlin: Springer; G^0 berechnet; siehe auch Landolt/Börnstein)

		$\Delta_B H^0$ $\left[\frac{J}{mol}\right]$	S^0 $\left[\frac{J}{mol \cdot K}\right]$	G^0 $\left[\frac{J}{mol}\right]$
Wasserstoff	$H_{2(g)}$	0	130,684	-38.963
Sauerstoff	$O_{2(g)}$	0	205,142	-61.163
Methan	$CH_{4(g)}$	-74.873	186,256	-130.405
Methanol	$CH_3OH_{(fl)}$	-238.700	128,000	-276.863
Wasser	$H_2O_{(fl)}$	-285.838	69,940	-306.691
Wasser	$H_2O_{(g)}$	-241.827	188,833	-298.128
Kohlendioxid	$CO_{2(g)}$	-393.522	213,795	-457.265

Sachwortverzeichnis

© Springer Fachmedien Wiesbaden GmbH 2018
G. Reich, M. Reppich, *Regenerative Energietechnik*,
https://doi.org/10.1007/978-3-658-20608-6

Printed in the United States
By Bookmasters